ARITHMÉTIQUE

ÉLÉMENTAIRE

THÉORIQUE ET PRATIQUE

A L'USAGE DES

ÉCOLES DES FRÈRES DE L'INSTRUCTION CHRÉTIENNE

PAR

G. M. F. B., ET TH. LE G. F. B.

Professeurs de Mathématiques.

—

SECONDE ÉDITION.

FIGURES DANS LE TEXTE.

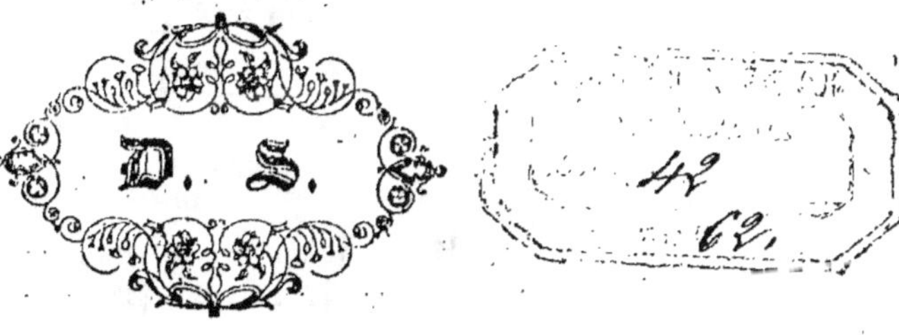

SE TROUVE

A. VANNES
Librairie de la Maison De Lamarzelle.

A. SAINT-BRIEUC
Chez M. Huguet, libraire-relieur.

A. RENNES
Chez MM. Hauvespre et Thébault, libr.

A. LORIENT
Chez M. Charles, libraire.

1862

Les Exemplaires exigés par la loi ont été déposés.
Tous ceux qui ne seraient pas revêtus de la signature
G. F. MORIN, F. B., ou de T. LE G. F. B., seront
réputés contrefaits.

ERRATA.

Page	No	Ligne	Au lieu de	Lisez
66...	150...	11...............	$3^{hl},76^{l}$...........	$3^{hl},79^{l}$.
95...	223...	6...............	$8\frac{1}{3}.2\frac{1}{4}$...........	$8\frac{1}{3}:2\frac{1}{4}$.

AVERTISSEMENT.

Quoique nous ayons presque toujours joint la théorie à la pratique, nous ne prétendons nullement qu'on doive les faire marcher de front pour tous les Elèves, sans distinction ; nous pensons, au contraire que le mécanisme d'un calcul quelconque doit être connu, avant d'en exiger la théorie.

La Table fera suffisamment connaître les matières traitées dans ce volume, sans qu'il soit nécessaire d'entrer ici dans de longs détails : nous nous bornerons donc à en mentionner quelques-unes.

La Leçon V du Chapitre II, et les Leçons II et IV du Chapitre VIII, contiennent quelques *abréviations* usitées dans les opérations fondamentales de l'Arithmétique, et dans l'extraction des Racines. Ces abréviations sont peu connues. Si nous nous sommes décidés à en parler dans cet Ouvrage élémentaire, c'est à cause de leur simplicité, et des avantages qu'elles présentent en beaucoup de circonstances.

Le Chapitre III contient l'exposé du *Système métrique*. Pour en parler aux Elèves, il ne faut pas attendre qu'ils aient vu tout ce qui précède. Quand ils connaissent la Numération, et pendant qu'ils apprennent l'Addition, la Soustraction,... il faut les familiariser avec les diverses unités concrètes, en se bornant à l'usage de ces unités, sans entrer dans la théorie. On leur met en main *le mètre,* et on leur fait mesurer la longueur, la largeur, la hauteur d'un banc, d'une table, d'une salle,... On leur montre les unités de poids, et, au moyen de la balance, on pèse des objets; avec le litre, le décalitre,... on mesure la contenance de différents vases;......

Le Chapitre VII contient les *Règles de Trois* résolues exclusivement par la *Méthode de l'unité*. Ce procédé si simple, qui exige seulement la connaissance des quatre premières opérations, a généralement prévalu en Arithmétique, sur les Proportions, qu'on n'emploie plus guère que dans la Géométrie et dans les autres sciences qui en dépendent.

Le Chapitre IX renferme des notions de *Métrage* et d'*Aréage*. Quoique nous ayons l'intention de revenir, dans un traité spécial, sur cette importante matière, nous n'avons pas cru devoir les passer ici sous silence, à cause des Elèves qui n'ont pas le temps de l'étudier ailleurs.

L'*Appendice* traite de la résolution de quelques Problèmes qui n'ont pu trouver place dans les Chapitres précédents. Il est important de familiariser de bonne heure les Elèves avec l'analyse des Problèmes; mais beaucoup de Maîtres hésitent à entreprendre cette tâche, parce qu'ils la croient impossible. C'est une erreur : les enfants sont plus susceptibles qu'on ne le croit d'ordinaire d'être formés au raisonnement. Nous avons souvent obtenu d'Elèves de 11, 12 ans des résultats vraiment remarquables, auxquels nous étions loin de nous attendre, avant d'en avoir fait l'expérience. Il ne faut que de la persévérance et de la bonne volonté : avec ces éléments, on triomphe de bien des difficultés que l'on croyait insurmontables.

Puisse ce modeste traité venir en aide à nos Confrères dans la carrière si pénible, mais si méritoire, de l'enseignement! Veuille le Seigneur couronner de succès un travail entrepris pour sa gloire !

NOTA. Les renvois *Arith. G. M. F. B.*, ou simplement *Arith. in-8°*, se rapportent à notre *Traité d'Arithmétique*, contenant la théorie et les applications; un volume in-8° d'environ 600 pages, destiné spécialement aux Maîtres.

LEÇONS ÉLÉMENTAIRES

D'ARITHMÉTIQUE

THÉORIQUE ET PRATIQUE.

CHAPITRE I. — NUMÉRATION. — OPÉRATIONS FONDAMENTALES SUR LES NOMBRES ENTIERS.

LEÇON I. — Définitions préliminaires.

1. On appelle *grandeur* ou *quantité*, tout ce qui est susceptible d'augmentation ou de diminution : *l'étendue, la durée, le poids,...* sont des quantités.

2. Il y a deux sortes de quantités. 1° Celles dont les parties, distinctes les unes des autres, sont égales ou inégales, et peuvent se *compter* : tels sont les feuillets d'un livre, les lignes d'une page, les mots d'une ligne, et ces parties sont des *unités*. 2° Celles qui, comme la hauteur d'un arbre, le poids d'un objet, la durée d'un travail, ne présentent aucune distinction de parties, et dont on ne peut se faire une idée nette qu'en les *mesurant*.

3. *Mesurer une quantité*, c'est chercher combien de fois elle contient une autre quantité connue de même espèce : cette seconde quantité, que l'on peut prendre comme on veut, se nomme encore *unité*. Ainsi, *l'unité* est, dans ce second cas, une quantité prise arbitrairement pour servir de terme de comparaison à d'autres quantités de même espèce. Quand on dit qu'*un mur a trente mètres de long*, on compare la longueur de ce mur à celle d'un mètre : l'unité est donc *un mètre*.

4. Le résultat de la comparaison d'une quantité quelconque à son unité est un nombre : ainsi, *le nombre* est ce qui exprime de combien d'unités ou de parties d'unité une quantité est composée. Dans : *ce mur a trente mètres de long*, le nombre est *trente*.

5. Il y a trois sortes de nombres : le nombre *entier*, qui n'est composé que d'unités entières, comme dans TROIS *heures* ; 2° le nombre *fractionnaire*, qui est composé d'unités entières et d'un excédant moindre que l'unité, comme dans TROIS *heures* ET DEMIE ; 3° le nombre *fraction*, qui se compose d'une ou de plusieurs parties de l'unité, valant ensemble moins qu'une unité, comme dans TROIS QUARTS *d'heure*.

6. Un nombre quelconque est *concret*, lorsqu'en l'énonçant on exprime le nom de l'unité, comme dans *ce volume coûte* CINQ *francs* ; et on l'appelle *abstrait*, lorsque le nom de l'unité n'est pas exprimé, comme dans DEUX *et* TROIS *font* CINQ.

7. *L'arithmétique* est la science des nombres ; elle établit des règles certaines, pour effectuer sur les nombres toutes les opérations possibles.

8. Les diverses opérations qu'on fait sur les nombres, pour les augmenter, les diminuer, les combiner d'une manière quelconque les uns avec les autres, constituent ce que l'on appelle le *calcul arithmétique*.

Avant de passer au calcul, il est nécessaire de connaître les noms que l'on a donnés aux nombres, ainsi que la manière dont on est convenu de les représenter : tel est le but de la Numération.

Leçon II. — Numération des Nombres entiers.

9. *La numération* est l'art 1° de former et d'énoncer les nombres; 2° de les représenter : elle se divise donc en deux parties, la numération parlée et la numération écrite.

La numération parlée a pour objet de *former* les nombres, et de les *énoncer* au moyen d'une certaine quantité de mots.

La numération écrite a pour objet de *représenter* les nombres au moyen de caractères particuliers appelés *chiffres*.

Numération parlée.

10. Pour *former* les nombres, on part de l'unité qu'on regarde comme le premier nombre et qu'on appelle *un*; à cette unité, on en ajoute une autre, et l'on a une collection dont le nombre s'appelle *deux*; ajoutant un à deux, on a *trois*; ajoutant un à trois, on a *quatre*. On continue ainsi.

11. Les premiers nombres *un, deux, trois, quatre, cinq, six, sept, huit, neuf,* sont appelés *unités simples,* ou *unités du premier ordre.*

12. En ajoutant un à neuf, on forme un nouveau nombre appelé *dix*; et cette collection de dix unités simples est regardée comme formant une unité d'un ordre supérieur appelée *dizaine* ou *unité du second ordre*.

On compte par dizaines comme on a compté par unités simples; toutefois, on a donné des noms particuliers aux neuf premières dizaines : *une dizaine* s'énonce *dix,* ainsi que nous venons de le dire; ensuite,

deux dizaines   s'énoncent *vingt*;
trois dizaines   .... *trente*;
quatre dizaines .... *quarante*;

cinq dizaines s'énoncent *cinquante ;*
six dizaines .... *soixante ;*
sept dizaines .... *soixante-dix,* ou *septante ;*
huit dizaines .... *quatre-vingts,* ou *octante ;*
neuf dizaines .... *quatre-vingt-dix,* ou *nonante.*

En plaçant tour à tour les noms des unités du premier ordre (11) à la suite des mots dix, vingt, trente, quarante, cinquante, soixante, soixante-dix, quatre-vingts et quatre-vingt-dix, on a formé les noms de tous les nombres, depuis dix jusqu'à *quatre-vingt-dix-neuf,* inclusivement.

Les six premiers nombres qui suivent dix, font exception ; on ne dit pas : dix-un, dix-deux, dix-trois, dix-quatre, dix-cinq, dix-six ; ces mots sont remplacés par *onze, douze, treize, quatorze, quinze, seize ;* on revient ensuite à la règle, et l'on dit : *dix-sept, dix-huit, dix-neuf.* — La même exception se reproduit à la suite de soixante-dix et de quatre-vingt-dix ; on dit : *soixante et onze, soixante-douze,... soixante-seize ; quatre-vingt-onze, quatre-vingt-douze,... quatre-vingt-seize.*

Partout ailleurs, la formation est régulière. On dit : *vingt et un, vingt-deux, vingt-trois,... vingt-neuf; trente et un, trente-deux, trente-trois,... trente-neuf;* etc., etc. — Ainsi, au moyen des dizaines et des unités, on compte jusqu'à *quatre-vingt-dix-neuf,* inclusivement.

13. En ajoutant un à quatre-vingt-dix-neuf, qui contient neuf dizaines et neuf unités, on a neuf dizaines et *dix* unités (12) ; et comme dix unités font une dizaine, on a en tout *dix dizaines,* collection qui a reçu le nom de *cent* ou *centaine :* c'est *l'unité du troisième ordre.*

On compte par centaines comme on a compté par unités simples. On dit : une centaine, deux centaines, trois centaines,... neuf centaines ; ou bien : *cent, deux cents, trois cents,... neuf cents.* Et plaçant à la suite de chaque centaine les noms des quatre-vingt-dix-neuf premiers nombres, on a formé les noms de tous les nombres, depuis cent jusqu'à *neuf cent-quatre-vingt-dix-neuf,* inclusivement.

14. En ajoutant un à neuf cent quatre-vingt-dix-neuf,

qui renferme neuf centaines, neuf dizaines et neuf unités, on a neuf centaines, neuf dizaines et *dix* unités, ce qui fait neuf centaines et *dix* dizaines, car (12) dix unités forment une dizaine; et comme dix dizaines forment une centaine (13), on a en tout *dix centaines*, collection qui a reçu le nom de *mille : c'est l'unité du quatrième ordre.*

On regarde *mille*, non-seulement comme étant l'unité du quatrième ordre, mais encore comme formant une nouvelle *unité principale*, en sorte que l'on compte par mille, dizaines de mille, centaines de mille, jusqu'à neuf cent quatre-vingt-dix-neuf mille, de la même manière que l'on a compté par unités, dizaines et centaines, jusqu'à neuf cent quatre-vingt-dix-neuf (11, 12, 13).

Dix mille font *une dizaine de mille*, qui est *l'unité du cinquième ordre ;* et dix dizaines de mille font *une centaine de mille : c'est l'unité du sixième ordre.*

Plaçant à la suite de chaque mille les noms des neuf cent quatre-vingt-dix-neuf premiers nombres, on forme les noms de tous les nombres, jusqu'à *neuf cent quatre-vingt-dix-neuf mille neuf cent quatre-vingt-dix-neuf.*

15. En ajoutant un à ce dernier nombre, on a neuf cent quatre-vingt-dix-neuf mille et mille, ou *mille mille*, collection à laquelle on a donné le nom de *million*. Une collection de mille millions forme *un billion* (en terme de finances, *milliard*); mille billions forment *un trillion;* mille trillions forment *un quatrillion*, et ainsi de suite.

Les millions, les billions, les trillions,... sont, comme les unités simples et les mille, des unités principales (que l'on appelle aussi *ternaires*), et que l'on compte par unités, dizaines, centaines : le million est *l'unité du septième ordre;* dix millions font une dizaine de millions, qui est *l'unité du huitième ordre;* dix dizaines de millions font une centaine de millions, ce qui est *l'unité du neuvième ordre;* etc., etc.

16. De ce que nous venons de dire, il suit que le principe fondamental de la numération parlée est que

DIX unités d'un ordre quelconque font une unité de l'ordre immédiatement supérieur ; et que la réunion de MILLE *unités principales forme une unité d'une classe immédiatement supérieure.* — Les unités simples forment la première classe d'unités ; les mille forment la seconde ; les millions, la troisième ; les billions, la quatrième ;...

17. Le tableau suivant résume la numération parlée :

1re CLASSE : Unités simples.	Unités simples, ou unités du premier ordre ; Dizaines.................. du deuxième ordre ; Centaines .... du troisième ordre.
2o CLASSE : Mille.	Mille, unités du quatrième ordre ; Dizaines de mille, ... du cinquième ordre ; Centaines de mille,...... du sixième ordre.
3e CLASSE : Millions.	Millions, unités du septième ordre ; Dizaines de millions,.... du huitième ordre ; Cent. de millions, ... du neuvième ordre.
4e CLASSE : Billions.	Billions, unités du dixième ordre ; Dizaines de billions,..... du onzième ordre ; Cent. de billions, ... du douzième ordre.
5e CLASSE : Trillions.	Trillions, unités du treizième ordre ; Dizaines de trillions,.... du quatorzième ord. ; Cent. de trillions, ... du quinzième ordre.

Etc., etc. — Dans l'usage ordinaire, on ne passe pas les billions.

18. La suite des nombres entiers, *un, deux, trois, quatre, cinq,...* forme ce que l'on appelle *la suite naturelle* des nombres ; chaque nombre entier s'appelle *terme* de la suite naturelle.

Numération écrite.

19. Les nombres se représentent au moyen des *dix* caractères ou chiffres suivants :

1, 2, 3, 4, 5, 6, 7, 8, 9, 0 ;

et pour y parvenir, on est convenu que *Tout chiffre*

placé à la gauche d'un autre, représente des unités de l'ordre immédiatement supérieur, et que le premier chiffre à droite représente des unités simples.

20. Les neuf premiers chiffres représentent les nombres

un, deux, trois, quatre, cinq, six, sept, huit, neuf,

dont ils portent les noms. Quant au dixième, nommé *zéro*, il n'a aucune valeur par lui-même, mais il se met à la place des unités d'un ordre quelconque qui manquent dans l'énoncé d'un nombre.

21. D'après ces principes (**19** et **20**), les dizaines se représentent par

10, 20, 30, 40, 50, 60, 70, 80, 90;

et, en remplaçant le zéro tour à tour par chacun des neuf premiers chiffres, on représente tous les nombres depuis *dix* jusqu'à *quatre-vingt-dix-neuf.* — Ainsi, *dix* étant représenté par 10, les nombres *onze, douze, treize, quatorze,... dix-neuf,* se représentent par

11, 12, 13, 14,... 19.

De même, *vingt* étant représenté par 20, les nombres *vingt et un, vingt-deux, vingt-trois, vingt-quatre,... vingt-neuf,* se représentent par

21, 22, 23, 24,... 29.

Quatre-vingt-dix-neuf se représente par 99.

22. Les centaines se représentent par

100, 200, 300, 400, 500, 600, 700, 800, 900;

et si le nombre à écrire renferme en outre des dizaines et des unités, on remplace les zéros par les chiffres qui représentent ces nombres de dizaines et d'unités. — Ainsi, le nombre

Cent vingt-trois, contenant *une* centaine, *deux* dizaines et *trois* unités, se représente par 123;

Trois cent soixante-cinq, contenant *trois* centaines, *six* dizaines et *cinq* unités, se représente par 365;

Six cent neuf, contenant *six* centaines, *aucune* dizaine et *neuf* unités, se représente par 609 ;

Cinq cent quarante, contenant *cinq* centaines, *quatre* dizaines et *aucune* unité, se représente par 540.

On verra de même que

Deux cent cinquante-sept, se représente par	257 ;
Cinq cent soixante-dix-huit, par	578 ;
Six cent quatre-vingt-quinze, par	695 ;
Sept cent huit, neuf cent vingt, par	708,…920 ;
Neuf cent quatre-vingt-dix-neuf, par	999.

23. Les MILLE, depuis *mille* jusqu'à *neuf cent quatre-vingt-dix-neuf mille,* se représentent comme les unités depuis un jusqu'à neuf cent quatre-vingt-dix-neuf (**20, 21, 22**). A la droite des mille, on place les centaines, les dizaines et les unités simples, en ayant soin d'écrire un zéro pour chacun des ordres qui manquent. — Les *millions* se placent à la gauche des mille, comme ceux-ci à la gauche des trois premiers ordres d'unités ; de même, les *billions* se placent à la gauche des millions, les *trillions* à la gauche des billions, les *quatrillions* à la gauche des trillions, et ainsi de suite. — *Exemples.*

I. Ecrire *trente-quatre* MILLIONS, *quatre cent vingt-cinq* MILLE, *sept cent dix-huit* UNITÉS. — La classe des millions sera représentée par 34, d'après le Nᵒ **21** ; celle des mille le sera par 425 (Nᵒ **22**), et celle des unités, par 718 : donc, le nombre dicté sera représenté par 34 425 718.

II. Ecrire *neuf* BILLIONS, *six* MILLIONS, *huit cent* MILLE, *trois cent cinq* UNITÉS. — La classe des billions sera représentée par 9 ; celle des millions le sera par 6 ; celle des mille, par 800 ; et celle des unités simples, par 305. Mais il ne s'ensuit pas que le nombre dicté soit représenté par 96 800 305. En effet, le 9 devant représenter des billions, doit occuper le dixième rang (Nᵒ **17**) ; et comme il est maintenant au huitième, il faut écrire deux zéros entre le 9 et le 6. On a ainsi 9 006 800 305, où l'on voit que la classe des millions doit être représentée par 006, ce qui montre que *chaque classe d'unités,* contenant *trois* ordres, *doit être représentée par* TROIS *chiffres,* excepté celle des plus hautes unités qui peut en contenir moins.

III. Ecrire *quatre-vingt-douze* TRILLIONS, *cinquante-deux* BILLIONS, *six cent sept* MILLE, *huit* UNITÉS. — La classe des trillions sera représentée par 92 ; celle des billions le sera par 052 (*Exemple II*) ; celle des mille par 607 ; et celle des unités simples par 008. Mais (Nᵒ **17**), entre les billions et les mille, se trouve la classe des millions : comme le nombre dicté n'en contient pas, il faudra représenter cette classe par trois zéros, et l'on aura, pour le nombre demandé, 92 052 000 607 008.

24. RÈGLE : *Pour représenter par des chiffres un nombre énoncé en langage ordinaire, on écrit à la suite les uns des autres les différents nombres qui indiquent combien le nombre énoncé contient d'unités de chaque classe. S'il manque dans une classe un ou plusieurs ordres d'unités, on les remplace par autant de zéros ; et si,* après la classe des plus hautes unités, *il se trouve des classes non énoncées on met trois zéros à la place de chacune.*

25. Il est maintenant aisé de comprendre comment un nombre entier, quelque grand qu'on le suppose, pourra se représenter au moyen des dix chiffres. Pour application, proposons-nous d'exprimer par des chiffres le nombre des grains de blé contenus dans un litre.

1º Distribuons ces grains par petits tas de dix, et nous aurons des dizaines ; s'il y a un reste 6, par exemple, il formera les unités du nombre à trouver.

2º Groupons les dizaines dix par dix ; les nouveaux tas seront des centaines ; et s'il y a un reste 5, il formera les dizaines du nombre demandé.

3º Groupons les centaines dix par dix, et nous aurons des mille ; s'il n'y a point de reste, le chiffre des centaines de notre résultat sera 0.

4º Groupons les mille dix par dix, et nous aurons des dizaines de mille ; s'il y a un reste 3, ce sera le chiffre des mille de notre résultat.

5º Enfin, s'il y a seulement 2 *dizaines de mille,* le nombre demandé, qui contient en outre 3 *mille,* 5 *dizaines* et 6 *unités* (ou grains), sera représenté par 23 056.

26. Mais, un nombre étant écrit en chiffres, comment le traduire en langage ordinaire ? — Deux cas se présentent.

1º *Si le nombre écrit n'a pas plus de trois chiffres, on énonce d'abord les centaines, puis les dizaines, et ensuite les unités,* comme l'enseigne la numération parlée (**11, 12, 13**). Ainsi, le nombre 567, contenant *cinq* centaines, *six* dizaines et *sept* unités (Nº **19**), s'énonce : *cinq cent soixante-sept* UNITÉS.

2º *Si le nombre écrit a plus de trois chiffres, on le sépare en tranches de trois chiffres, en partant de la droite.* La première à droite représente la classe des unités simples (**17**, **23**); la seconde représente celle des mille; la troisième, celle des millions; la quatrième, celle des billions; la cinquième, celle des trillions;... Ensuite, *commençant par la gauche, on énonce chaque tranche comme si elle était seule* (**1°**), *en lui donnant le nom de la classe d'unités qu'elle représente. Si une tranche ne renferme que des zéros, on n'en fait pas mention.*

Ainsi, 34 567 008 972, qu'on peut ainsi séparer 34·567·008·972, s'énonce : *Trente-quatre* BILLIONS, *cinq cent soixante-sept* MILLIONS, *huit* MILLE, *neuf cent soixante-douze* UNITÉS.

Et 1 203 045 000 689, ou bien 1·203·045·000·689, s'énonce : *Un* TRILLION, *deux cent trois* BILLIONS, *quarante-cinq* MILLIONS, *six cent quatre-vingt-neuf* UNITÉS. On ne parle point des mille, dont la tranche ne contient que des zéros.

Suite de la Numération. — Remarques.

27. Soit le nombre   23 456 078 :

on peut l'énoncer chiffre à chiffre, et dire : 2 *dizaines de millions*, 3 *millions*, 4 *centaines de mille*, 5 *dizaines de mille*, 6 *mille*, 7 *dizaines*, 8 *unités*. Cela résulte des N[os] **19** et **17**.

28. Le nombre 4560 peut s'énoncer : 456 *dizaines.*

En effet, une centaine valant dix dizaines, et le mille valant dix centaines, si on prend *la dizaine* pour terme de comparaison, c'est-à-dire pour unité, le 6 sera le chiffre des nouvelles unités, le 5 sera celui des dizaines, et le 4, celui des centaines; donc, le nombre 4560 vaudra 456 de ces nouvelles unités, c'est-à-dire 456 *dizaines.* — On démontrerait de même que

12300 peut s'énoncer : 123 *centaines*, ou 1230 *dizaines*;
920 000 peut s'énoncer : 92 *dizaines de mille*, ou 9200 *cent.*, ou, etc.

29. *Pour rendre un nombre entier* DIX FOIS PLUS GRAND, *il suffit d'écrire un zéro à sa droite* (a). Ainsi, 1230 est dix fois plus grand que 123.

(*a*) On dit qu'*un nombre est dix fois plus grand qu'un autre,* lorsque le premier contient dix fois le second. On dit aussi dans ce cas que *le second est dix fois plus petit* que le premier.— On

En effet, 1230 peut s'énoncer 123 dizaines (N° 28) ; il contient donc autant de dizaines que 123 contient d'unités ; or, les dizaines sont dix fois plus grandes que les unités, puisque chaque dizaine vaut 10 unités (12) : donc, 1230 est dix fois plus grand que 123.

30. On démontrerait, de la même manière, qu'en écrivant *deux* zéros à la droite d'un nombre entier, on le rend 100 fois plus grand ; qu'en écrivant *trois* zéros, on le rend 1000 fois plus grand ; qu'en écrivant *quatre* zéros, on le rend 10 000 fois plus grand ;... En sorte que

6800 est 100 fois plus grand que 68 ;
234 000 est 1000 fois plus grand que 234 ;
350 000 est 10 000 fois plus grand que 35 ;...

31. De ce que nous venons de dire (**29** et **30**), il résulte que

123 est 10 fois plus petit que 1230 ;
68 est 100 fois plus petit que 6800 ;
234 est 1000 fois plus petit que 234 000 ;
35 est 10 000 fois plus petit que 350 000 ;...

donc, en supprimant *un* zéro sur la droite d'un nombre entier, on le rend *dix* fois plus petit ; en supprimant *deux* zéros, on le rend 100 fois plus petit ; en supprimant *trois* zéros, on le rend 1000 fois plus petit ; en supprimant *quatre* zéros, on le rend 10 000 fois plus petit ;...

32. Les caractères 1, 2, 3, 4, 5, 6, 7, 8, 9, sont appelés *chiffres significatifs*. Ils ont deux espèces de valeurs : l'une qu'on nomme *absolue*, et qui n'est autre chose que celle du chiffre considéré seul, est invariable ; l'autre qu'on nomme *relative*, et qui est celle qu'il tire de sa position, varie suivant la place qu'il occupe à l'égard des autres chiffres. — Dans 234, la valeur relative du chiffre 3 est *trente* ; dans 2340, elle est de *trois cents* ; dans 23 400, elle est de *trois mille* ;... et sa valeur absolue est toujours *trois*.

33. La numération que nous venons d'exposer, et dans laquelle on emploie *dix* caractères, s'appelle, à cause de cela, *numération décimale.*

---

verra facilement, d'après cela, ce qu'on doit entendre par un nombre 100 fois, 1000 fois, 10 000 fois,... plus grand ou plus petit qu'un autre.

Chiffres romains.

34. Ces chiffres ne sont point en usage dans les calculs; mais on s'en sert en certains cas pour désigner des nombres d'ordre, comme les dates sur les monuments, les numéros des chapitres, des leçons d'un livre, etc. Ils sont au nombre de sept : les voici, avec leurs valeurs.

Chiffres I,   V,   X,   L,   C,   D,   M;
Valeurs 1... 5... 10... 50... 100... 500... 1000.

L'écriture des nombres au moyen des chiffres romains, repose sur cette double convention :

1° Tout chiffre placé *à droite* d'un autre égal ou plus fort, *s'ajoute* à celui-ci. — Ainsi, XVI représente 16 ;

2° Tout chiffre placé *à gauche* d'un autre plus fort, *se retranche* de ce dernier. — Ainsi, IV représente 4.

D'après ces conventions, on verra aisément que

II	représente	2	XXX	représente	30
III	....	3	XL	....	40
IV	....	4	L	....	50
V	....	5	LX	....	60
VI	....	6	LXX	....	70
VII	....	7	LXXX	....	80
VIII	....	8	XC	....	90
IX	....	9	C	....	100
X	....	10	CC	....	200
XI	....	11	CCC	....	300
XII	....	12	CD	....	400
XIII	....	13	D	....	500
XIV	....	14	DC	....	600
XV	....	15	DCC	....	700
XVI	....	16	DCCC	....	800
XVII	....	17	CM	....	900
XVIII	....	18	M	....	1000
XIX	....	19	MC	....	1100
XX	....	20	MDCC	....	1700
XXI	....	21	MDCCCXXV	....	1825
XXII	....	22	MDCCCXL	.....	1840
	Etc,		MDCCCLXI	.....	1861

35. Mesures françaises.

LONGUEURS.

Le myriamètre,
Le kilomètre,
L'hectomètre,
Le décamètre,
Le mètre,
Le décimètre,
Le centimètre,
Le millimètre.

SURFACES AGRAIRES.

L'hectare,
L'are,
Le centiare.

PETITES SURFACES.

Le mètre carré,
Le décimètre carré,
Le centimètre carré,
Le millimètre carré.

VOLUMES. — BOIS.

Le décastère,
Le stère,
Le décistère.

AUTRES VOLUMES.

Le mètre cube,
Le décimètre cube,
Le centimètre cube,
Le millimètre cube.

CAPACITÉS.

L'hectolitre,
Le décalitre,

Suite des Capacités.

Le litre,
Le décilitre,
Le centilitre.

POIDS.

Le millier, ou le tonneau,
Le quintal,
Le myriagramme,
Le kilogramme,
L'hectogramme,
Le décagramme,
Le gramme,
Le décigramme,
Le centigramme,
Le milligramme.

MONNAIES.

Le franc,
Le décime,
Le centime.

TEMPS.

Le siècle,
L'année,
Le mois,
La semaine,
Le jour,
L'heure,
La minute,
La seconde.

CERCLE.

Le degré,
La minute,
La seconde.

Maintenant que nous savons énoncer et représenter les nombres entiers, nous allons apprendre à les soumettre au *calcul* (No **8**). — L'arithmétique ne contient que quatre opérations principales, savoir : *l'Addition, la Soustraction, la Multiplication* et *la Division*.

Leçon III. — Addition des Nombres entiers.

36. L'ADDITION *est une opération dont le but est de trouver un nombre qui renferme à lui seul toutes les parties de plusieurs autres nombres.* — Le résultat de l'addition s'appelle *somme*, ou *total*.

37. Pour indiquer l'addition, on se sert du signe $+$ qu'on énonce *plus*, et qu'on place devant tous les nombres à ajouter, excepté le premier. Par exemple, pour indiquer qu'on ajoute 1 à 3, on écrit $3 + 1$, qui s'énonce : 3 *plus* 1. D'ailleurs, pour marquer que deux quantités sont égales, on place entre elles le signe $=$, qui s'énonce *égale*, ou *est égal à*. Ainsi, comme en ajoutant 1 à 3, on a 4, on écrit : $3 + 1 = 4$, et on lit : 3 *plus* 1 *égale* 4.

38. Pour ajouter 3 à 5, il faut joindre à 5 toutes les unités du nombre 3. Comme $3 = 1 + 1 + 1$, on peut dire : 5 *et* 1 *font* 6, *et* 1 *font* 7, *et* 1 *font* 8 ; ainsi, la *somme* des deux nombres 5 et 3, est 8, ce qu'on indique ainsi : $5 + 3 = 8$. — On trouve de même que $4 + 3 = 7$, que $6 + 4 = 10, \ldots$

Toutes ces sommes que l'on trouve en ajoutant un nombre d'un chiffre à un nombre d'un chiffre, sont bientôt gravées dans la mémoire. En attendant, on peut se servir de la table suivante, appelée *Table d'Addition*

0	1	2	3	4	5	6	7	8	9	10
1	2	3	4	5	6	7	8	9	10	11
2	3	4	5	6	7	8	9	10	11	12
3	4	5	6	7	8	9	10	11	12	13
4	5	6	7	8	9	10	11	12	13	14
5	6	7	8	9	10	11	12	13	14	15
6	7	8	9	10	11	12	13	14	15	16
7	8	9	10	11	12	13	14	15	16	17
8	9	10	11	12	13	14	15	16	17	18
9	10	11	12	13	14	15	16	17	18	19

39. Pour former la Table d'Addition, on écrit sur une même ligne, d'abord *zéro*, puis les dix premiers nombres entiers : on a ainsi *la première ligne horizontale*.

On forme la seconde, en ajoutant 1 à chaque nombre de la première; puis la troisième, en ajoutant 1 à chaque nombre de la seconde, et ainsi de suite.

40. Pour trouver, au moyen de cette Table, la somme de deux nombres d'un seul chiffre, on prend l'un dans la première ligne ; on descend verticalement jusque vis-à-vis de l'autre, pris dans la première colonne à gauche : le nombre où l'on arrive est la somme des deux nombres proposés. — *Exemples.*

I. $5 + 4 = 9.$ III. $8 + 6 = 14.$
II. $7 + 8 = 15.$ IV. $9 + 9 = 18.$

41. Si l'un des deux nombres a plus d'un chiffre, on ajoute le plus petit au chiffre des unités du plus grand (N° 40) : si la somme n'est pas plus grande que 9, on l'écrit à la suite des dizaines du plus grand nombre ; si elle passe 9, on écrit le chiffre de ses unités à la suite des mêmes dizaines augmentées d'une. — *Exemples.*

I. $14 + 5 = 19.$ III. $18 + 7 = 25.$
II. $32 + 6 = 38.$ IV. $49 + 8 = 57.$

42. RÈGLE GÉNÉRALE : *Pour faire l'addition des nombres entiers, on les écrit les uns sous les autres, de manière que les unités de même ordre soient dans une même colonne, c'est-à-dire que les unités soient sous les unités, les dizaines sous les dizaines, les centaines sous les centaines,... et on souligne le dernier. Ensuite, commençant* PAR LA DROITE *, on ajoute ensemble les chiffres de la première colonne : si la somme se représente par un seul chiffre, on l'écrit au-dessous ; si elle en a plusieurs, on écrit celui des unités, et on retient le nombre des dizaines pour l'ajouter à la colonne suivante. On opère sur celle-ci comme sur la première, et l'on continue de même jusqu'à la colonne la plus à gauche, sous laquelle on écrit la somme telle qu'on la trouve.* — EXEMPLES.

I. *Trouver la somme des deux nombres 4513 et 2326.*

Ayant écrit ces deux nombres l'un sous l'autre, suivant la règle, je dis en commençant par la droite : 3 *et* 6 *font* 9, que j'écris sous les unités,

Passant aux dizaines : 1 *et* 2 *font* 3 , que j'écris sous les dizaines. — Aux centaines : 5 *et* 3 *font* 8, que j'écris sous les centaines.— Enfin, aux mille : 4 *et* 2 *font* 6, que j'écris sous les mille.

```
4513
2326
----
6839
```

Le nombre 6839, trouvé par cette opération, est la somme des deux nombres donnés, car il en renferme toutes les unités, les dizaines, les centaines et les mille (36).

Nota. Il est d'usage de sous-entendre le verbe. Au lieu de : 5 et 7 *font* 12, et 6 *font* 18 et 9 *font* 27, on dit : 5 et 7, 12 ; et 6, 18 ; et 9, 27.

II. *Trouver la somme des quatre nombres 4856, 423, 7895, 879.*

Ayant écrit ces nombres les uns sous les autres, je dis en commençant par la droite ; 6 et 3, 9 ; et 5, 14 ; et 9, 23. En 23 unités, il y a 2 dizaines et 3 unités : j'écris donc 3 sous la colonne des unités, et je retiens les 2 dizaines, pour les joindre à la colonne des dizaines.

```
4856
 423
7895
 879
-----
14053
```

Passant à cette colonne, je dis : 2 de retenue et 5, 7 ; et 2, 9 ; et 9, 18 ; et 7, 25. En 25 dizaines, il y a 2 centaines et 5 dizaines : j'écris 5 sous la colonne des dizaines ; et je retiens les 2 centaines, pour les joindre à la colonne des centaines.

Passant aux centaines, je dis : 2 de retenue et 8, 10 ; et 4, 14 ; et 8, 22 ; et 8, 30. En 30 centaines, il y a juste 3 mille : j'écris 0 sous la colonne des centaines, et je retiens les 3 mille, pour les joindre à la colonne des mille.

Passant aux mille, je dis : 3 de retenue et 4, 7 ; et 7, 14 : j'écris 14 sous la colonne des mille, qui est la dernière.

Le nombre 14053 est bien la somme demandée, car, d'après l'opération que nous venons de faire, il renferme toutes les unités, toutes les dizaines, toutes les centaines, tous les mille, en un mot, toutes les parties des quatre nombres donnés.

43. Si l'on avait à trouver la somme d'une grande quantité de nombres, on pourrait en former plusieurs groupes ; faire une somme des nombres de chaque groupe particulier; puis, par une nouvelle addition, réunir toutes les sommes partielles en une seule, qui serait le résultat cherché.

Preuve de l'Addition.

44. En général, on appelle *preuve* d'une opération arithmétique, une autre opération par laquelle on s'assure de l'exactitude du résultat de la première.

45. Il y a plusieurs manières de faire la preuve de l'addition. La plus simple est de recommencer l'opération, mais dans un ordre différent. Si, la première fois, on a additionné de haut en bas, la seconde fois on additionne de bas en haut : il est évident que si l'opération est bonne, on doit trouver le même résultat.

Ainsi, dans le second exemple du N° 42, en additionnant de *haut en bas,* nous avons trouvé 14053 pour somme des quatre nombres 4856, 423, 7895, 879. Pour faire la preuve, j'additionne de *bas en haut,* et je dis, première colonne : 9 et 5, 14; et 3, 17; et 6, 23 : je pose 3, et retiens 2. — Seconde colonne : 2 de retenue et 7, 9; et 9, 18; et 2, 20; et 5, 25 : je pose 5, et retiens 2. — Troisième colonne : 2 de retenue et 8, 10; et 8, 18; et 4, 22; et 8, 30 : je pose 0, et retiens 3.—Quatrième colonne : 3 de retenue et 7, 10; et 4, 14 : je pose 14.—Comme je trouve le même résultat 14,053, j'en conclus que l'opération a été bien faite.

```
 4856
  423
 7895
  879
-----
14053
```

Usage de l'Addition. — Problèmes.

46. L'usage de l'addition est indiqué par la définition même de cette opération (36).— Il est évident d'ailleurs qu'on ne peut ajouter ensemble que des nombres exprimant des unités de même nature, et que les unités du résultat sont aussi de même nature que celles des quantités ajoutées.

47. On appelle *problème*, une question à résoudre. *Résoudre un problème*, c'est trouver un ou plusieurs nombres *inconnus*, en opérant sur des nombres connus par l'énoncé de la question, et que l'on appelle *données du problème*. — *Exemples*.

I. *Une école est divisée en quatre classes. La première contient 42 élèves ; la seconde en contient 57 ; la troisième, 65 ; et la quatrième, 72. Combien y a-t-il d'élèves dans cette école ?*

Il est clair que le nombre total des élèves est la somme des quatre nombres 42, 57, 65, 72. Ainsi,

Nombre demandé $42 + 57 + 65 + 72 = 236$ élèves.

II. *Une marchandise coûte 12345 francs ; combien faut-il la revendre pour gagner 853 francs ?*

Pour faire ce profit, il faut revendre la marchandise 853 francs de plus qu'elle n'a coûté : donc,

Quantité demandée $12345 + 853 = 13198$ francs.

III. *Une plantation contient 324 chênes, 567 châtaigniers, 543 sapins, 258 peupliers, 621 pommiers et 769 poiriers : combien contient-elle d'arbres en tout ?*

Il faut faire la somme des six nombres donnés et l'on trouve

$324 + 567 + 543 + 258 + 621 + 769 = 3082$ arbres.

IV. *L'arrondissement de Nantes contenait 240440 habitants, en 1851 ; en cette même année l'arrondissement d'Ancenis contenait 48102 habitants ; celui de Château-briant en contenait 71462 ; celui de Paimbœuf, 46767 ; et celui de Savenay 128893. Ces cinq arrondissements forment le département de la Loire-Inférieure. Trouver quelle était, en 1851, la population de ce département.*

Il faut ajouter ensemble les cinq nombres d'habitants, et l'on trouve 535664 pour la population demandée.

—

Leçon IV. — Soustraction des Nombres entiers.

48. La Soustraction *est une opération par laquelle, connaissant la somme de deux nombres, et l'un de ces nombres, on trouve l'autre.* Le résultat de la soustraction s'appelle *reste, excès,* ou *différence.*

49. Pour indiquer la soustraction, on place devant le nombre à soustraire le signe —, qu'on énonce *moins.* Ainsi, pour marquer qu'on veut soustraire 3 de 8, on écrit 8 — 3, qu'on énonce : 8 *moins* 3.

50. Soustraire 3 de 8, c'est, d'après la définition (**48**), trouver un nombre qui, ajouté à 3, donne 8 : ainsi, le reste est 5, parce que 5 et 3 font 8, ce qu'on indique ainsi :

$$8 - 3 = 5, \quad \text{parce que } 5 + 3 = 8.$$

Par conséquent, la Table d'addition (N° **39**) peut servir à trouver le reste, toutes les fois qu'il ne doit pas surpasser 9, et que le nombre à soustraire n'est pas plus grand que 10 ; et pour cela, *On prend, dans la première ligne horizontale, le nombre qu'on veut soustraire ; on descend verticalement jusqu'à ce qu'on trouve celui dont on veut soustraire : le nombre qui se trouve vis-à-vis de ce dernier, dans la première colonne à gauche, est le reste.* — Exemples.

I.	$8 - 5 = 3,$	parce que $3 + 5 = 8.$
II.	$9 - 3 = 6,$	parce que $6 + 3 = 9.$
III.	$12 - 4 = 8,$	parce que $8 + 4 = 12.$
IV.	$19 - 10 = 9,$	parce que $9 + 10 = 19.$

51. Règle générale. *Pour faire la soustraction des nombres entiers, on écrit le plus petit nombre sous le plus grand, de manière que les unités de même ordre se correspondent verticalement, c'est-à-dire que les unités de l'un soient sous les unités de l'autre, les dizaines sous les dizaines,... et on souligne le nombre inférieur. Ensuite,* *commençant* PAR LA DROITE, *on retranche chaque chiffre inférieur du chiffre supérieur correspondant* (**50**); *on écrit le reste au-dessous. Si un chiffre supérieur est trop faible, on l'augmente de* 10, *et l'on compte* 1 *de plus au chiffre inférieur suivant. On continue ainsi jusqu'à la dernière colonne à gauche.* — EXEMPLES.

I. *Soustraire* 6724 *de* 8769.

J'écris le plus petit nombre 6724 sous le plus grand 8769, suivant la Règle; puis, commençant par la droite, je dis : 4 *de* 9, *reste* 5 (*a*), que j'écris sous les unités.

   8769

   6724

  —————

   2045

—Passant aux dizaines : 2 *de* 6, *reste* 4, que j'écris sous les dizaines.—Aux centaines : 7 *de* 7, *reste* 0, que j'écris sous les centaines.— Aux mille : 6 *de* 8, *reste* 2, que j'écris sous les mille.— Ainsi, *le reste est* 2045.

En effet, d'après la définition de la soustraction (**48**), le plus grand nombre 8769 est la somme du plus petit nombre 6724 et du reste; donc, 8769 contient toutes les parties de 6724, et toutes celles du reste (**36**); par conséquent, si de 8769 on ôte toutes les parties de 6724, on aura le reste demandé; or, c'est précisément ce que nous avons fait dans l'opération précédente.

II. *Soustraire* 43947 *de* 80639.

Ayant écrit le plus petit nombre sous le plus grand, je commence par les unités, et je dis : 7 *de* 9, *reste* 2, que j'écris au-dessous.

   80639

   43947

  —————

Reste 36692

Passant aux dizaines : 4 *de* 3, *ne se peut;* aux trois dizaines, j'ajoute *une centaine* ou 10 dizaines, ce qui donne 13 dizaines, et je dis : 4 *de* 13, *reste* 9, que j'écris sous les dizaines.

Ayant augmenté le plus grand nombre d'une centaine, j'augmente aussi le plus petit d'une centaine. Je dis donc aux centaines : 1 *et* 9, 10, *de* 6, *ne se peut;* aux 6 centaines, ajoutant *un mille* ou 10 centaines, j'ai 16 centaines, et je dis : 10 *de* 16, *reste* 6, que j'écris sous les centaines.

Ayant augmenté le plus grand nombre d'un mille, j'augmente aussi le plus petit d'un mille. Je dis donc : 1 *et* 3, 4, *de* 0, *ne se peut;* j'ajoute *une dizaine de mille* au nombre supérieur, et je dis : 4 *de* 10, *reste* 6, que j'écris sous les mille.

———————————————————

(*a*) Cette façon de parler, admise pour faciliter la rapidité du calcul, peut être considérée comme une abréviation de celle-ci; ôter 4 *de* 9, *donne pour reste* 5.

Ayant ajouté une dizaine de mille au plus grand nombre, j'en ajoute aussi une au plus petit ; c'est pourquoi je dis : 1 *et* 4, *5*, *de* 8, *reste* 3, que j'écris sous les dizaines de mille.

Le reste est donc 36692. En effet, comme nous l'avons déjà dit (*Exemple I*), pour avoir le reste, il faut ôter de 80639 toutes les parties de 43947, et c'est ce que nous avons fait. Toutefois, il faut remarquer que le plus grand nombre a été augmenté successivement *d'une centaine, d'un mille, d'une dizaine de mille* ; mais le plus petit nombre ayant été augmenté des mêmes quantités, le reste n'a pas dû changer, car il est évident que *la différence de deux nombres ne change pas, quand on les augmente également.* — AUTRES EXEMPLES.

Plus grand nombre...	1234560...	300410...	180094
Plus petit nombre....	987023...	3468...	91080
Reste........	247537...	296942...	89014

52. Il arrive quelquefois que l'on a besoin d'ôter d'un nombre donné la somme de plusieurs autres nombres. Par exemple, si de 123456, on veut ôter la somme 12345 + 6963 + 783 + 48976 : on peut opérer de plusieurs manières.

1° On peut faire la somme des quatre nombres à retrancher, puis l'ôter de 123456 ;

2° On peut ôter d'abord 12345 de 123456, puis 6963 du reste, ensuite 783 du second reste, et enfin 48976 du troisième reste ;

3° Mais il est préférable d'effectuer à la fois l'addition et la soustraction. Pour cela, on écrit d'abord le nombre dont il faut retrancher ; on écrit au-dessous tous les nombres à retrancher, comme on le voit ci-après ; puis, commençant par *en bas*, on dit : 6 et 3, 9, et 3, 12, et 5, 17 ; ôter 17 de 6, ou même de 16, ne se peut ; on ajoute 2 dizaines ou 20 au chiffre 6, et l'on dit : 17 de 26, reste 9, que l'on écrit au-dessous.—Ayant ajouté 2 dizaines au plus grand nombre, il faut, pour que la différence ne change pas, ajouter aussi 2 dizaines à la quantité à soustraire ; c'est pourquoi l'on dit : 2 de retenue et 7, 9, et 8, 17, et 6, 23, et 4, 27 ; ôter 27 de 5, ou de 15, ou de 25, ne se peut ; mais 27 de 35, reste 8. — On continue l'opération de la même manière, en disant : 3 de retenue (à cause des 3 centaines ajoutées aux 5 dizaines du plus grand nombre), et 9,

123456
12345
6963
783
48976
54389

12, et 7, 19, et 9, 28, et 3, 31, de 34, reste 3 ; on retient 3, et 8, 11, et 6, 17, et 2, 19, de 23, reste 4 ; on retient 2, et 4, 6, et 1, 7, de 12, reste 5. — Ainsi, le reste cherché est 54389.

Cette troisième méthode a l'avantage de n'employer que les nombres nécessaires ; de plus, elle dispose à la soustraction qui se fait dans la division.

Preuve de la Soustraction.

53. Pour faire la preuve de la soustraction, on ajoute le reste au plus petit nombre, et si l'opération est bien faite, on trouve le plus grand, qui en est la somme (48).

Usage de la Soustraction. — Problèmes.

54. Il faut faire une soustraction toutes les fois que, d'après l'énoncé de la question, le plus grand des nombres donnés est la somme de l'autre nombre donné et du nombre demandé (48).—Il est évident, au surplus que la nature des unités est la même dans les deux nombres proposés et dans le résultat de l'opération.

PROBLÈME I. *Quelqu'un avait 45 francs; il en a dépensé 18 : combien en a-t-il encore?*

Il est évident qu'en ajoutant ensemble ce qu'il a dépensé et ce qu'il lui reste, on aurait ce qu'il avait d'abord; ainsi, la quantité 45 francs contient 18 francs, *plus* ce qu'il lui reste : donc

Il a encore $45 - 18 = 27$ francs.

PROBLÈME II. *Une marchandise coûtait 827 francs; elle est revendue 901 francs : combien gagne-t-on?*

Le gain ajouté au prix d'achat 827 francs donnerait le prix de vente 901 francs; ainsi 901 est la somme de 827 et du nombre demandé : donc

On a gagné $901 - 827 = 74$ francs.

PROBLÈME III. *Saint Vincent de Paul naquit en 1576, et mourut en 1660 : à quel âge est-il mort?*

L'âge ajouté à 1576 donnerait 1660 : donc, retranchons 1576 de 1660, et nous aurons l'âge demandé, 84 ans.

PROBLÈME IV. *En 1820, la population de la France était de 30 451 187 habitants; et en 1851, elle était de 35 783 059 habit. : de combien a-t-elle augmenté de 1820 à 1851, c'est-à-dire en 31 ans?*

La population de 1851 contient celle de 1820, *plus* l'augmentation demandée : donc, pour trouver celle-ci, retranchons 30 451 187 de 35 783 059. Ainsi,

Augmentation $35\,783\,059 - 30\,451\,187 = 5\,331\,872$ habit.

LEÇON V. — Multiplication des nombres entiers.

55. LA MULTIPLICATION *est une opération par laquelle on prend un nombre appelé* MULTIPLICANDE *autant de fois qu'il y a d'unités dans un autre appelé* MULTIPLICATEUR. Le résultat de la multiplication s'appelle *produit*.

Ainsi, multiplier 4 par 3, c'est prendre 3 fois 4 : alors le multiplicande est 4, le multiplicateur est 3 ; et comme 3 fois 4 font 12, le produit est 12.

56. Pour indiquer la **multiplication**, on se sert du signe $\times$, ou du *point :* l'un et l'autre s'énoncent *multiplié par*.

Ainsi, le produit de 4 par 3 s'indique 4×3, ou 4.3, et s'énonce *4 multiplié par 3*. — Le produit $4 \times 3 \times 2$, ou 4.3.2, qui s'énonce *4 multiplié par 3 multiplié par 2*, signifie qu'il faut multiplier 4 par 3, et le produit par 2.

57. Le multiplicande et le multiplicateur s'appellent, d'un nom commun, *facteurs* du produit.

Dans 4.3, il y a deux facteurs, 4 et 3 ;
Dans 43.8.100, il y en a trois, 43, 8, et 100.

58. Si un facteur se compose de plusieurs *parties*, on le renferme entre parenthèses, ou entre crochets [ ] ; les accolades { } s'emploient aussi dans le même sens (a).

Ainsi, pour marquer qu'on veut multiplier

4 + 3 par 2, on écrit   (4 + 3).2 ;
5 + 6 par 7 — 3, on écrit   (5 + 6).(7 — 3) ;
(4 + 3).2 + 5 par 6, on écrit [(4 + 3).2 + 5].6

59. Lorsque les facteurs d'un produit sont égaux, on

(a) Les *parties*, qu'on appelle aussi *termes*, sont les quantités séparées par le signe +, ou le signe — ; il ne faut pas les confondre avec des facteurs. Dans (5 + 4 — 2).(6 + 7), il n'y a que deux facteurs ; mais le premier 5 + 4 — 2 est composé de trois parties, et le second 6 + 7 en contient deux.

se contente ordinairement d'écrire l'un d'eux une seule fois, et l'on met à sa droite, un peu au-dessus, le nombre qui marque combien de fois il est facteur : ce nombre s'appelle *exposant*, et le produit qu'il indique est une *puissance* du nombre multiplié. Ainsi,

$$\text{Au lieu de } 6.6, \text{ on écrit} \qquad 6^2;$$
$$\text{Au lieu de } 38.38.38, \text{ on écrit} \qquad 38^3;\ldots$$

Dans 6^2, l'exposant est 2 ; dans 38^3, l'exposant est 3 : l'exposant marque donc le nombre des facteurs égaux, et par conséquent,

$$8^4 \text{ est la même chose que } 8.8.8.8 ;$$
$$92^3 \text{ est la même chose que } 92.92.92 ;\ldots$$

Table de Multiplication.

60. Pour calculer avec justesse et promptitude, il est essentiel de savoir de mémoire les produits de tous les nombres d'un seul chiffre, multipliés entre eux deux à deux : ils sont réunis dans le tableau suivant, appelé *Table de Multiplication*. On l'attribue à Pythagore.

1	2	3	4	5	6	7	8	9	10	11	12
2	4	6	8	10	12	14	16	18	20	22	24
3	6	9	12	15	18	21	24	27	30	33	36
4	8	12	16	20	24	28	32	36	40	44	48
5	10	15	20	25	30	35	40	45	50	55	60
6	12	18	24	30	36	42	48	54	60	66	72
7	14	21	28	35	42	49	56	63	70	77	84
8	16	24	32	40	48	56	64	72	80	88	96
9	18	27	36	45	54	63	72	81	90	99	108

61. Pour former la Table de Multiplication, on écrit sur une même ligne les nombres 1, 2, 3, 4, 5, 6, 7, 8, 9, 10, 11, 12 (a) : on a ainsi *la première ligne*.

(a) On pourrait se contenter des neuf premiers nombres : nous allons jusqu'à 12, parce que la multiplication par ce nombre revient souvent dans certains calculs.

On forme la seconde, en ajoutant chaque nombre de la première à lui-même ; puis la troisième, en ajoutant chaque nombre de la seconde au nombre correspondant de la première ; la quatrième, en ajoutant chaque nombre de la troisième à son correspondant dans la première, et ainsi de suite.

62. Pour trouver, au moyen de la Table de Multiplication, le produit de deux nombres d'un seul chiffre, on prend le multiplicande dans la première ligne ; on descend verticalement jusque vis-à-vis du multiplicateur pris dans la première colonne à gauche : le nombre auquel on arrive est le produit cherché.— *Exemples.*

I. $4.3 = 12.$ III. $7.4 = 28.$
II. $6.5 = 30.$ IV. $9.8 = 72.$

Cas où le Multiplicateur n'a qu'un chiffre

63. RÈGLE : *Pour multiplier un nombre de plusieurs chiffres par un nombre d'un seul chiffre, on écrit le multiplicateur sous le multiplicande, et on souligne le tout. Ensuite, on multiplie le chiffre des unités du multiplicande par le multiplicateur (**62**) : si le produit n'a qu'un chiffre, on l'écrit au-dessous ; s'il a deux chiffres, on écrit celui des unités, et on retient celui des dizaines. — On multiplie le chiffre des dizaines du multiplicande par le multiplicateur ; au produit, on ajoute les dizaines retenues, s'il y en a : si la somme n'a qu'un chiffre, on l'écrit à la gauche du premier chiffre calculé ; si elle a deux chiffres, on écrit celui des unités, et on retient celui des dizaines.* — On continue de même jusqu'au dernier chiffre à gauche, sous lequel on écrit le produit joint aux dizaines retenues, tel qu'on l'a trouvé. — *Exemples.*

I. *Trouver le produit de 3457 par 8.*

J'écris le multiplicateur 8 sous le multiplicande 3457 ; puis, commençant par la droite, je dis : 8 fois 7, 56 ; en 56 unités, il y a 5 dizaines et 6 unités : je pose les 6 unités, et retiens les 5 dizaines, pour les joindre au produit des dizaines par 8. Passant aux dizaines, je dis : 8 fois 5, 40,

```
        3457
           8
       ─────
Produit 27656
```

et 5 de retenue, 45; en 45 dizaines, il y a 4 centaines et 5 dizaines : je pose les 5 dizaines à gauche des 6 unités, et je retiens les 4 centaines.

Aux centaines : 8 fois 4, 32, et 4 de retenue, 36; en 36 centaines, il y a 3 mille et 6 centaines : je pose les 6 centaines, et retiens les 3 mille.

Enfin, aux mille : 8 fois 3, 24, et 3 de retenue, 27; je pose 27, car je suis au dernier chiffre.

Le produit de 3457 par 8 est donc 27656.

En effet, multiplier 3457 par 8, c'est prendre 8 fois 3457 (N° **55**); on peut donc écrire 8 fois 3457, et faire l'addition : la somme sera le produit demandé. Or, la somme ainsi trouvée sera composée de 8 fois les 7 unités, 8 fois les 5 dizaines, 8 fois les 4 centaines, et 8 fois les 3 mille : donc, pour obtenir le produit, il faut multiplier tous les chiffres du multiplicande par le multiplicateur, ce que nous avons fait. — *Autres Exemples.*

II. $\quad 78932.4 = 315728.$

III. $\quad 900831.5.3 = 4504155.3 = 13512465.$

IV. $\quad 8^4 = 8.8.8.8 = 64.8.8 = 512.8 = 4096.$

Cas où le multiplicateur est un chiffre suivi de zéros.

64. *Pour multiplier un nombre entier par l'unité suivie de zéros, il suffit d'écrire à la droite de ce nombre tous les zéros qui sont à la suite de l'unité;* car, (**29** et **30**), pour rendre un nombre entier 10, 100, 1000,... fois plus grand (ce qui n'est autre chose que le multiplier par 10, 100, 1000,...), il suffit d'écrire à sa droite un, deux, trois,... zéros. Ainsi,

$$234.10 = 2340; \qquad 87.100 = 8700.$$

65. *Pour multiplier un nombre entier par un chiffre quelconque suivi de zéros, on peut le multiplier par ce chiffre, puis écrire tous les zéros à la droite du produit.* Par exemple, pour multiplier 437 par 6000, je multiplie 437 par 6, ce qui me donne 2622; puis j'écris trois zéros, et j'ai 2622000 pour le produit cherché.

En effet, comme 6000 = 6.1000, en multipliant 437 par 6, je multiplie par un nombre 1000 fois trop petit;

donc, le produit obtenu 2622 est 1000 fois trop petit; donc, pour le rendre à sa vraie valeur, il faut le multiplier par 1000, ce qui se fait en écrivant trois zéros à sa droite (64). — *Autres Exemples.*

$$123.200 = 24\,600; \quad 87.90\,000 = 7\,830\,000.$$

Cas où le Multiplicande et le Multiplicateur ont plusieurs chiffres.

66. RÈGLE : *Pour multiplier un nombre de plusieurs chiffres par un nombre de plusieurs chiffres, on écrit le multiplicateur sous le multiplicande, on souligne le tout. On multiplie d'abord tout le multiplicande par le chiffre des unités du multiplicateur, comme on multiplie par un nombre d'un seul chiffre* (63). *On multiplie ensuite, de la même manière, tout le multiplicande par le chiffre des dizaines du multiplicateur, et on place le premier chiffre du nouveau produit sous les dizaines du premier. On continue de même de multiplier tout le multiplicande par chacun des chiffres du multiplicateur, et l'on écrit chaque produit sous le précédent, de manière que son premier chiffre occupe, à l'égard du premier produit, le même rang que le chiffre par lequel on multiplie.* Faisant la somme de tous les produits particls, on a *le produit cherché.*

EXEMPLE I. *Trouver le produit de 98 213 par 4056.*

J'écris le multiplicateur sous le multiplicande. Je souligne le tout. Je multiplie tout le multiplicande par 6, ce qui me donne 589 278. Je multiplie ensuite tout le multiplicande par les 5 dizaines; j'écris le nouveau produit 491 065 sous le précédent, en plaçant son premier chiffre 5 sous les 7 dizaines du premier. Enfin, je multiplie tout le multiplicande par les 4 mille; j'écris le troisième produit 392 852 sous le précédent, en plaçant son premier chiffre 2 sous les mille du premier. Faisant maintenant l'addition, je trouve 398.351 928 : c'est le produit demandé.

$$
\begin{array}{r}
98213 \\
4056 \\
\hline
589278 \\
491065 \\
392852 \\
\hline
398351928
\end{array}
$$

En effet, multiplier 98 213 par 4056, c'est (N° **55**) prendre 4056 fois le multiplicande 98 213. Il est évident que pour obtenir le produit, il suffit de prendre le multiplicande 6 fois, 50 fois, et 4000 fois, puis d'ajouter ensemble les trois produits partiels. Or, 6 fois le multiplicande donnent 589 278; 50 fois le multiplicande donnent 4 910 650 (N° **65**), ou 491 065 dizaines; et 4000 fois le multiplicande donnent 392 852 000, ou 392 852 mille. Donc, le produit demandé est égal à 589 278 unités + 491 065 dizaines + 392 852 mille, ce qui fait 398 351 928.

EXEMPLE II.   456 789 . 123 = 56 185 047.

EXEMPLE III. 246^3 = 246 . 246 . 246 = 60 516 . 246 = 14 886 936.

Cas où les Facteurs sont terminés par des zéros.

67. *Pour faire la multiplication, lorsque les facteurs sont terminés par des zéros, on peut opérer comme si ces zéros n'y étaient point ; ensuite, à la droite du produit écrire tous les zéros qui sont sur la droite des facteurs.*

```
   45600
   24000
  ───────
    1824
    912
  ───────
1094400000
```

Ainsi, pour trouver le produit de 45 600 par 24 000 je multiplie 456 par 24, ce qui donne 10 944; puis comme le multiplicande est terminé par *deux* zéros, et le multiplicateur par *trois* zéros, j'en écris *cinq* à la droite de 10 944, et j'ai 1094400000 : c'est le produit cherché.

En effet, le produit de 456 par 24 étant 10 944, celui de 45 600 par 24 est évidemment 1 094 400. Or, comme 24 000 = 24 . 1000, en multipliant 45 600 par 24, on multiplie par un nombre 1000 fois trop petit; donc le produit 1 094 400 est 1000 fois trop petit; donc, pour le rendre à sa vraie valeur, il faut le multiplier par 1000, ce qui revient (**64**) à écrire trois zéros à sa droite, et l'on a 1 094 400 000, c'est-à-dire le produit de 456 par 24, suivi de *deux* + *trois*, ou *cinq* zéros. — *Autres Exemples.*

40 800 . 540 = 22 032 000.

1 203 050 . 408 000 = 490 844 400 000.

$234\,500^2$ = 234 500 . 234 500 = 54 990 250 000.

Remarque.

68. Il arrive quelquefois qu'un même nombre doit être multiplié séparément par beaucoup d'autres : dans ce cas, il est plus commode de former, une fois pour toutes, les produits de ce nombre par 1, 2, 3, 4, 5, 6, 7, 8, 9. Pour cela, on écrit le nombre donné, c'est son produit par 1 ; on l'ajoute à lui-même, on a son produit par 2 ; on l'ajoute à son produit par 2, on a son produit par 3 ; on l'ajoute à son produit par 3, on a son produit par 4 ; on continue ainsi jusqu'au produit par 9, inclusivement. On vérifie l'exactitude de tous ces produits, en ajoutant le nombre donné à son produit par 9 ; on doit avoir son produit par 10 ; celui-ci doit donc (64) être égal au premier suivi d'un zéro : s'il est exact, il faut en conclure que tous les autres dont il est déduit, sont aussi exacts.

Soit 82123 un nombre à multiplier séparément par plusieurs nombres, et soit 4872 un des multiplicateurs. Je commence par former les produits de 82123 par chacun des neuf premiers nombres entiers.

Prod. par				Produit de 82123	
1...	82123				
2...	164246				
3...	246369		par 4000...	328492000	
4...	328492		800...	65698400	
5...	410615		70...	5748610	
6...	492738		2...	164246	
7...	574861				
8...	656984		par 4872...	400103256	
9...	739107				
10...	821230				

Ensuite, comme 4872 = 4000 + 800 + 70 + 2, je prends le produit de 82123, par 4, et (65) je mets *trois* zéros à sa droite ; puis le produit par 8, à la droite duquel je place *deux* zéros ; ensuite le produit par 7, que je fais suivre d'*un* zéro ; enfin, ajoutant le produit par 2 aux trois précédents, j'obtiens 400103256 pour le produit cherché.

Preuve de la Multiplication.

69. PRINCIPE. *Le produit de deux facteurs reste le même dans quelque ordre qu'on les multiplie.* Par exemple, 5.4 = 4.5

En effet, écrivons les unes sous les autres, *quatre* lignes horizontales contenant chacune *cinq* unités. Si, pour trouver le nombre total de ces unités, on compte par lignes, on aura 4 *fois* 5 ou 5.4 ; si l'on compte par colonnes, on aura 5 *fois* 4, ou 4.5. Donc 5.4 = 4.5, puisque chacun de ces produits exprime le nombre total des unités du tableau. — Tout autre cas se démontrerait de la même manière.

$$1 + 1 + 1 + 1 + 1$$
$$+ 1 + 1 + 1 + 1 + 1$$
$$+ 1 + 1 + 1 + 1 + 1$$
$$+ 1 + 1 + 1 + 1 + 1$$

70. Pour faire la *preuve* de la multiplication, on peut prendre le multiplicateur pour multiplicande, et le multiplicande pour multiplicateur, puis refaire la multiplication : on doit (69) retrouver le même produit.

Par exemple, ayant trouvé (N° 66) que $98213.4056 = 398351928$, pour faire la preuve, je multiplierai 4056 par 98213, et je dois trouver le même résultat, à moins d'erreur dans la première, ou dans la seconde multiplication.

71. Mais ce procédé ne peut servir, si les facteurs sont composés des mêmes chiffres placés dans le même ordre : alors, on peut multiplier l'un des facteurs par 2 et l'autre par 5, puis refaire la multiplication : le nouveau produit doit être égal au premier $\times 2 \times 5$, ou au premier $\times 10$, c'est-à-dire (64) qu'il doit être égal au premier suivi d'un zéro.

Exemple. On a $1234^2 = 1234.1234 = 1522756$.

Preuve. Multiplier 1234.2 par 1234.5, c'est-à-dire 2468 par 6170 : on doit trouver 15 227 560.

Résultat et Usages de la Multiplication.

72. D'après la définition de la multiplication (55), on pourrait faire cette opération par l'addition, en écrivant le multiplicande autant de fois qu'il y a d'unités dans le multiplicateur ; formant ensuite la somme, on aurait le produit cherché. Mais (46) les unités de la somme sont de même nature que celles des quantités ajoutées : donc, *Les unités du produit sont de même nature que celles du multiplicande.*

73. La multiplication sert

1° *A trouver la valeur totale de plusieurs unités de même valeur.* Pour trouver cette valeur totale, il faut multiplier la valeur de l'unité par le nombre des unités : le produit est la valeur totale cherchée.— *Exemples.*

I. *Combien coûteront 24 mètres de drap, à 32 francs le mètre ?*

Un mètre coûtant 32 francs, 24 mètres coûteront 24 *fois* 32 *francs* : ainsi (55), il faut multiplier 32 francs par 24, et l'on a

Prix demandé $32.24 = 768$ francs.

II. *Combien aura-t-on de mètres de ruban pour 12 fr., si pour 1 franc on en a 5 mètres ?*

Pour un franc, on a 5 mètres de ruban ; pour 12 francs, on en aura 12 *fois 5 mètres :* il faut donc multiplier 5 mètres par 12, et l'on a

Nombre demandé $5.12 = 60$ mètres.

III. *Combien y a-t-il de feuilles dans 12 rames de papier, sachant que la rame est de 20 mains, et la main de 25 feuilles ?*

Une main contenant 25 feuilles, la rame qui est composée de 20 mains, contient 20 *fois* 25 *feuilles,* ou 25.20 ; donc 12 rames contiennent 12 *fois* 25.20. Ainsi,

Nombre demandé $25.20.12 = 6000$ feuilles.

2° *A convertir des unités d'une certaine espèce en unités d'une espèce inférieure,* par exemple, des jours en heures, celles-ci en minutes, ces dernières en secondes. Pour opérer cette conversion, on multiplie le nombre des plus hautes unités par le nombre qui marque combien une unité de cette espèce en vaut de l'espèce suivante ; au produit, on ajoute les unités de cette espèce suivante, s'il y en a. On opère de la même manière sur la somme, et l'on continue ainsi jusqu'à l'espèce à laquelle on veut s'arrêter. — *Exemples.*

I. *Combien y a-t-il de minutes dans 23 jours 10 heures 35 minutes ?*

Le jour valant 24 heures, les 23 jours valent évidemment 23 fois 24 heures, ou 24.23 ; comme il y a de plus 10 heures, le nombre total des heures est $24.23 + 10$, ou 562 : on a donc maintenant 562 heures et 35 minutes à exprimer en minutes.
Une heure valant 60 minutes, les 562 heures valent 562 fois 60 minutes, ou 60.562 ; comme il y a de plus 35 minutes, le nombre total des minutes, où le nombre demandé, est $60.562 + 35$, ou 33755.

II. *Combien 37 degrés 29 minutes 40 secondes font-ils de secondes ?*

Le degré vaut 60 minutes, et la minute 60 secondes : raisonnant comme dans l'Exemple I, on en conclura donc que le nombre demandé est

$$(37.60 + 29).60 + 40 = 2249.60 + 40 = 134980 \text{ secondes.}$$

Leçon VI. — Division des Nombres entiers.

74. La Division *est une opération par laquelle, connaissant un produit et l'un de ses facteurs, on trouve l'autre facteur.* — Le produit donné s'appelle *dividende*; le facteur connu se nomme *diviseur*; et le facteur demandé, *quotient* : le quotient est donc le nombre qui, multipliant le diviseur, donne le dividende.

75. La division s'indique en écrivant le diviseur à la droite du dividende, et les séparant par *deux points*; ou bien, en écrivant le diviseur sous le dividende, et interposant *une barre*. Ainsi, pour indiquer la division de 8 par 4, on écrit 8 : 4, ou bien $\frac{8}{4}$, et l'on énonce 8 *divisé par* 4. La seconde manière s'énonce souvent 8 *sur* 4.

Division, lorsque le Diviseur n'a qu'un chiffre.

76. *Diviser* 8 *par* 4, c'est, d'après la définition de la division (74), trouver un nombre qui, multipliant 4, donne 8 : c'est donc 2 qui est le quotient, puisque 2 fois 4 font 8, ce qu'on indique ainsi : $\frac{8}{4} = 2$, parce que $4.2 = 8$. — On trouvera de même que

$$\frac{12}{2} = 6, \quad \text{parce que} \quad 2.6 = 12;$$
$$\frac{63}{7} = 9, \quad \text{parce que} \quad 7.9 = 63; \text{ etc.}$$

Or, (N°. 55),   4.2 donne un nombre qui contient 2 fois 4;
                 2.6 donne un nombre qui contient 6 fois 2;
                 7.9 donne un nombre qui contient 9 fois 7;...

donc, *Le quotient indique* COMBIEN DE FOIS *le diviseur est contenu dans le dividende.*

77. La Table de Multiplication (N° **60**), peut servir à trouver le quotient, toutes les fois qu'il est moindre que 10, et que le diviseur n'excède pas 12 : pour cela, *On prend le diviseur dans la première ligne; on descend verticalement jusqu'à ce qu'on trouve le dividende, ou le* *nombre qui en approche le plus en moins : le chiffre qui se trouve vis-à-vis, dans la première colonne à gauche, est le quotient cherché (a). —* EXEMPLES.

Dividendes : 30, 28, 27, 88, 70, 33, 52;
Diviseurs : 6.   4,   3, 11, 12, 10,   7;
Quotients : 5,   7,   9,   8,   5,   3,   7.

78. Pour faire la division, lorsque le diviseur n'ayant qu'un chiffre, le dividende en a une quantité quelconque, *On écrit le diviseur à la droite du dividende, on les sépare par un trait vertical, on souligne le diviseur. On prend, sur la gauche du dividende, la moindre quantité de chiffres nécessaires pour contenir le diviseur, et on a* LE PREMIER DIVIDENDE PARTIEL (b). *Divisant ce premier dividende partiel par le diviseur* (N° **77**), *on a le chiffre des plus hautes unités du quotient, on l'écrit sous le diviseur. On multiplie le diviseur par ce chiffre, on retranche le produit du premier dividende partiel, on écrit le reste au-dessous. A droite du reste, on écrit le chiffre suivant du dividende principal, on a un* SECOND DIVIDENDE PARTIEL, *qu'on divise par le diviseur, ce qui donne le second chiffre du quotient : on l'écrit à la droite du premier. On multiplie le diviseur par ce second chiffre, on retranche le produit du second dividende partiel, on écrit le reste au-dessous. A droite du second reste, on place le chiffre suivant du dividende principal, on a un* TROISIÈME DIVIDENDE PARTIEL, *qu'on divise par le diviseur.* — On continue ainsi jusqu'à ce qu'on ait employé tous les chiffres du dividende principal.

79. Si un dividende partiel est plus petit que le diviseur, on écrit *zéro* au quotient ; à droite de ce dividende partiel, on place le chiffre suivant du dividende

---

(*a*) Le quotient est un nombre *entier*, lorsqu'on trouve le dividende ; il est *fractionnaire*, si on ne le trouve pas exactement.— Pour le moment, nous négligerons la fraction, pour ne prendre que la partie entière du quotient.

(*b*) Le dividende donné se nomme *dividende principal* ; ce qu'on prend sur sa gauche pour contenir le diviseur, est le *premier dividende partiel* ; et chaque reste suivi du chiffre abaissé du dividende principal, forme un nouveau *dividende partiel*.

principal, et on continue la division comme il vient d'être dit. — Il faut d'ailleurs bien remarquer que *tout reste doit être moindre que le diviseur*.

EXEMPLE I. *Diviser 42472 par 8.*

J'écris le diviseur 8 à la droite du dividende 42472. Deux chiffres sont nécessaires et sont suffisants pour contenir 8 : ainsi 42 est le premier dividende partiel. Je dis maintenant : *En 42 combien de fois 8 ?* — 5 fois ; j'écris 5 au quotient. Je multiplie le diviseur 8 par 5, et ôtant le produit 40 de 42, je trouve 2 pour premier reste. — A droite de 2, j'écris le chiffre suivant 4 du dividende principal, et j'ai 24 pour second dividende partiel. Je dis ensuite : *En 24, combien de fois 8 ?* — 3 fois ; j'écris 3 comme second chiffre du quotient. Je multiplie 8 par 3, et ôtant le produit de 24, je trouve 0 pour second reste. — A droite de 0, j'écris le chiffre suivant 7 du dividende principal, et j'ai 07, ou simplement 7, pour troisième dividende partiel. Comme ce dividende partiel 7 est plus petit que le diviseur 8, j'écris 0 au quotient : c'est son troisième chiffre. — A droite de 7, j'écris le chiffre suivant 2 du dividende principal, et j'ai 72 pour quatrième dividende partiel. Je dis donc : *En 72, combien de fois 8 ?* — 9 fois ; j'écris 9 pour quatrième chiffre du quotient. Je multiplie 8 par 9, et ôtant le produit de 72, je trouve 0 pour reste. — Comme j'ai employé tous les chiffres du dividende principal, et que j'arrive à un reste nul, j'en conclus que le quotient cherché est exactement 5309.

En effet, par l'opération que nous venons d'exécuter, nous avons ôté du dividende 42472 le produit du diviseur 8 par 5 mille, puis le produit par 3 centaines, et en dernier lieu le produit par 9 unités ; nous avons donc ôté en tout 5309 fois le diviseur. Comme il n'est rien resté, il faut que le dividende soit égal à 5309 fois le diviseur : donc (74) le quotient de 42472 par 8 est 5309.

EXEMPLE II. *Trouver le quotient de 789123 par 6.*

J'écris le dividende et le diviseur comme le prescrit la Règle, puis je dis : En 7 combien de fois 6 ? — *Une* fois (j'écris 1 au quotient) ; 1 fois 6, de 7, reste 1 (j'abaisse le chiffre suivant 8 du dividende). — En 18, combien de fois 6 ? — 3 fois (3, second chiffre du quotient) ; 3 fois 6, 18, de 18, reste 0 (j'abaisse le chiffre suivant 9). — En 9, combien de fois 6 ? — *Une* fois (1, troisième chiffre du quotient) ; 1 fois 6, de 9, reste 3, etc. — Le dernier dividende partiel 03, ou simplement 3, ne contenant pas le diviseur, j'écris 0 au quotient. — Le quotient cherché est 131 520, et *il reste 3*.

80. On appelle *moitié*, *tiers*, *quart*, *cinquième*, *sixième*,... *d'un nombre*, le quotient qu'on obtient en divisant ce nombre par 2, 3, 4, 5, 6,...

Cela posé, dans la pratique, lorsque le diviseur n'a qu'un chiffre, on abrége ordinairement comme il suit.

Soit proposé de *diviser* 23 456 *par* 5.

On écrit assez souvent le quotient sous le dividende ; et pour l'obtenir, on dit : Le 5e de 23 est 4, pour 20 (parce que 4 fois 5 font 20) ; il reste 3, qu'on regarde comme dizaines, et qu'on réunit par la pensée au chiffre suivant 4 du dividende, ce qui donne 34 ; le 5e de 34 est 6, pour 30 (parce que 6 fois 5 font 30) ; il reste 4, qui, réunis comme dizaines au chiffre suivant 5, forme 45 ; le 5e de 45 est 9 ; le 5e de 6 est 1, et *il reste 1*. — Le quotient cherché est 4691, et le reste 1.

     23456
5e... 4691

Division, lorsque le diviseur a plusieurs chiffres.

81. Premier procédé. *On forme le produit du diviseur par 1, 2, 3, 4, 5, 6, 7, 8, 9, comme nous l'avons dit, N° 68. On prend ensuite sur la gauche du dividende la moindre quantité de chiffres nécessaires pour contenir le diviseur, et l'on a le premier dividende partiel. (Voir la note du N° 78). On regarde quel est le plus fort produit du diviseur qu'on puisse ôter du premier dividende partiel : l'indice de ce produit est le chiffre des plus hautes unités du quotient. Ayant effectué la soustraction, on écrit à la droite du reste le chiffre suivant du dividende principal, ce qui donne le second dividende partiel, sur lequel on opère comme sur le premier.* On continue ainsi, jusqu'à ce qu'on ait employé tous les chiffres du dividende principal (a). — Si un dividende partiel, etc. (*Voir le* N° 79).

(a) Ce procédé, un peu long, mais plus simple, plus facile pour les commençants, et moins fatigant pour tout le monde, peut être avantageux en quelques cas ; par exemple, lorsqu'un même diviseur doit être employé dans un certain nombre de divisions.

EXEMPLE. — *Diviser* 17 947 729 *par* 5834.

PRODUITS DU DIVISEUR.

1....	5834
2....	11668
3....	17502
4....	23336
5....	29170
6....	35004
7....	40838
8....	46672
9....	52506
10....	58340

OPÉRATION.

```
        17947729 ) 5834
3...    17502    }————
                   3076
        ..44572
7......  40838

         .37349
6........ 35004

          .2345
```

Quotient, 3076 ;   Reste, 2345.

Le premier dividende partiel est 17 947. Le plus fort produit du diviseur qu'on puisse en ôter, c'est 17 502, dont l'indice est 3 : ainsi 3 est le premier chiffre du quotient. Ayant effectué la soustraction, j'ai 445 pour reste. A droite de 445, je place le chiffre suivant 7 du dividende principal, et j'ai 4457 pour second dividende partiel : comme il ne contient pas le diviseur, j'écris 0 au quotient, et abaissant le chiffre suivant 2, j'ai 44 572 pour troisième dividende partiel. — Le plus fort produit qu'on puisse en ôter, c'est 40 838, dont l'indice est 7 : donc 7 est le troisième chiffre du quotient. Ayant fait la soustraction, je trouve 3734 pour reste. A la droite de 3734, j'abaisse le chiffre 9 du dividende principal, et j'ai 37 349 pour quatrième dividende partiel. — Le plus fort produit qu'on puisse en ôter, c'est 35 004, dont l'indice est 6 : donc 6 est le quatrième chiffre du quotient ; et c'est aussi le dernier, car il n'y a plus de chiffre dans le dividende principal. J'effectue la soustraction, et je trouve 2345 pour reste. — Donc, quotient, 3076 ; et reste, 2345.

En effet, par l'opération que nous venons d'effectuer, nous avons ôté du dividende le produit du diviseur par 3 *mille*, puis le produit par 7 *dizaines*, et, en dernier lieu, le produit par 6 *unités* ; nous avons donc ôté en tout 3076 fois le diviseur. Comme il est resté 2345, nombre moindre que le diviseur, il s'ensuit que le dividende est compris entre 3076 fois et 3077 fois le diviseur : ainsi, le quotient est un nombre fractionnaire dont la partie entière est 3076.

82. SECOND PROCÉDÉ. *On divise par le premier chiffre à gauche du diviseur* LA PARTIE CORRESPONDANTE *du premier dividende partiel* (a) : *on a le premier chiffre du quotient, ou*

———

(a) Cette *partie correspondante* est formée par le premier chiffre à gauche, ou par les deux premiers, selon que ce dividende *un chiffre plus fort. Pour le vérifier, on divise le dividende partiel par ce chiffre* **(80)** : *il est bon, si le quotient qu'on trouve n'est pas moindre que le diviseur ; dans le cas contraire, il est trop fort ; on le diminue d'une unité, on recommence la vérification, ce que l'on continue jusqu'à ce qu'on obtienne un quotient qui ne soit pas moindre que le diviseur. Alors, on écrit ce chiffre au quotient ; on multiplie tout le diviseur par ce chiffre, et on ôte le produit du premier dividende partiel.* — On opère sur le second dividende partiel comme sur le premier, ce qui donne le second chiffre du quotient. — On continue ainsi, jusqu'à ce qu'on ait employé tous les chiffres du dividende principal.— Si un dividende partiel, etc. (*Voir le* N° **79**.)

Exemple. *Diviser* 1794772 *par* 5834.

Ayant écrit le diviseur à la droite du dividende, je vois que le premier dividende partiel est 17947, qui contient un chiffre de plus que le diviseur. Pour obtenir le premier chiffre du quotient, je dis donc : *En* 17, *combien de fois* 5 ?— 3 *fois* : 3 est le premier chiffre du quotient, à moins qu'il ne soit trop fort. Pour le vérifier, je divise 17947 par 3, en disant : *Le tiers de* 17 *est* 5, *pour* 15, *reste* 2 ; *le tiers de* 29 *est* 9,... Il n'est pas nécessaire d'aller plus loin, car si je puis ôter de 17947, *trois* fois 5900, à plus forte raison puis-je en ôter 3 fois 5834 : donc 3 est le premier chiffre du quotient.

```
1794772 ) 5834
 44572  {  ———
 3734   )  307
```

Il faut maintenant multiplier le diviseur 5834 par 3, et ôter le produit de 17947. Pour faire cette soustraction (et autres semblables), dans la pratique, *On multiplie le diviseur par le quotient ; on retranche au fur et à mesure chaque produit du chiffre correspondant du dividende partiel, en augmentant ce chiffre d'autant de dizaines qu'il est nécessaire, pour que la soustraction se fasse, et retenant ces dizaines pour ajouter au produit suivant.* Ici donc, je dis : 3 fois 4, 12, de 17, reste 5, et retiens 1 ; 3 fois 3, 9, et 1 de retenue, 10, de 14, reste 4, et je retiens 1 ; 3 fois 8, 24, et 1 de retenue, 25, de 29, reste 4, et je retiens 2 ; 3 fois 5, 15, et 2 de retenue, 17, de 17, reste zéro.

A droite du reste 445, j'écris le chiffre suivant 7 du dividende principal, j'ai 4457 pour second dividende partiel : comme il est moindre que le diviseur, j'écris 0 au quotient.

A droite de 4457, je place le chiffre suivant 2 du dividende

---

partiel a le même nombre de chiffres que le diviseur, ou qu'il en a un de plus.— Pour ce qu'on appelle *dividende principal, dividende partiel,* voir la note du N° **78**.

2

principal, j'ai 44572 pour troisième dividende partiel. Comme il a un chiffre de plus que le diviseur, pour trouver le troisième chiffre du quotient, je dis : *En* 44, *combien de fois* 5? — 8 *fois :* 8 est le troisième chiffre du quotient, à moins qu'il ne soit trop fort. Pour le vérifier, je divise 44572 par 8, en disant : *Le* 8° *de* 44 *est* 5, *pour* 40, *reste* 4 ; *le* 8° *de* 45 *est* 5, *pour* 40,... Je ne pourrais donc pas ôter de 44572, *huit* fois 5600 ; à plus forte raison, je ne pourrai pas en ôter 8 fois 5834 : donc le chiffre 8 est trop fort. J'essaie 7 : *Le* 7° *de* 44 *est* 6,... Si je puis ôter 7 fois 6000 de 44572, je puis, à plus forte raison, en ôter 7 fois 5834 : donc 7 est le troisième chiffre du quotient. — Je multiplie 5834 par 7, et j'ôte le produit de 44572 ; pour cela, je dis : 7 fois 4, 28, de 32, reste 4, et je retiens 3 ; 7 fois 3, 21, et 3 de retenue, 24, de 27, reste 3, et je retiens 2 ; 7 fois 8, 56, et 2 de retenue, 58, de 65, reste 7, et je retiens 6 ; 7 fois 5, 35, et 6 de retenue, 41, de 44, reste 3.

Le quotient cherché est donc 307, et le reste 3734.

83. Lorsque le dividende et le diviseur sont terminés par des zéros, on peut les supprimer tous dans celui de ces nombres qui en a le moins, en supprimer une égale quantité dans l'autre, puis faire la division comme d'habitude, sans rien changer au quotient. — *Exemples.*

I. *Diviser* 126000 *par* 4200.

Je supprime deux zéros de part et d'autre, et je divise 1260 par 42, ce qui me donne 30 : c'est le quotient demandé.
— En effet, en multipliant 42 par 30, on trouve 1260 (N° 74) ; si donc on multiplie 4200 par 30, on aura 126000 (N° 67) : donc, le quotient demandé est 30.

II. *Diviser* 8940000 *par* 200000.

Je supprime quatre zéros de part et d'autre, et je divise 894 par 20, ce qui me donne 44 : c'est la partie entière du quotient demandé.

894) 20
.94) ——
14) 44

— En effet, en multipliant 20 par 44, on trouve 880, d'où en ôtant ce produit de 894, on a 14 de reste ; si donc on multiplie 200000 par 44, et qu'on ôte le produit 8800000 du dividende proposé 8940000, on aura 140000 de reste : ce nouveau reste étant encore moindre que le diviseur 200000, il en résulte que la partie entière du quotient demandé est bien 44.

Preuve de la Division.

84. Pour faire la *preuve* de la division, on multiplie le diviseur par le quotient ; on ajoute au produit le reste, s'il y en a : on doit retrouver le dividende (N° 74).

Nous avons trouvé (N° 82) qu'en divisant 1 794 772 par 5834, on a 307 pour quotient, et 3734 pour reste. Pour faire la preuve, on multipliera 5834 par 307 ; on ajoutera 3734 au produit, et l'on devra trouver exactement 1 794 772.

Résultat et Usages de la Division.

85. Le dividende est un produit dont le diviseur et le quotient sont les deux facteurs (**74**) ; or (**72**), les unités du produit sont de même nature que celles du multiplicande : donc, si c'est le multiplicande qui est demandé, les unités du quotient sont de même nature que celles du dividende ; mais si c'est le multiplicateur qui est demandé, la nature des unités du quotient n'est déterminée que par l'énoncé de la question.

86. Tous les usages de la division sont compris dans la définition que nous en avons donnée : *Connaissant un produit et l'un de ses facteurs*, LA DIVISION SERT *à trouver l'autre facteur* (N° **74**). Mais en particulier, LA DIVISION SERT 1° *à trouver combien de fois un nombre en contient un autre* ; 2° *à partager un nombre en un certain nombre de parties égales* ; 3° *à convertir des unités d'une certaine espèce en unités d'une espèce supérieure*, par exemple, des secondes en minutes, des minutes en heures, des heures en jours : ce troisième usage revient au premier, comme on le verra par les Exemples.

PREMIER USAGE. *Pour trouver combien de fois un nombre en contient un autre*, on divise le premier nombre par le second, et le quotient est le nombre demandé.

EXEMPLE I. *Combien 864 contient-il de fois 12 ?*

Si je savais combien de fois 864 contient 12, en prenant 12 ce nombre de fois, il est clair que je trouverais 864. Je connais donc un produit 864, l'un de ses facteurs 12, et je cherche l'autre : donc (**74**), j'ai une division à faire. Ainsi, *La division sert à trouver combien de fois un nombre en contient un autre.*

Nombre demandé $\frac{864}{12} = 72$ fois.

EXEMPLE II. *Combien aura-t-on de mètres de drap pour 200 francs, à 25 francs le mètre ?*

Pour 25 francs, on a un mètre ; pour 2 fois 25 francs, on en aura 2; pour 3 fois 25 francs, on en aura 3;... On aura donc autant de mètres qu'il y a de fois 25 francs dans 200 francs : donc *(Ex. I.)*, divisons 200 par 25.

Nombre demandé $\frac{200}{25} = 8$ mètres.

SECOND USAGE. *Pour partager un nombre en parties égales,* on le divise par le nombre des parties, et le quotient est la valeur de chacune des parties demandées. Dans ce cas, les unités du quotient sont de même nature que celles du dividende.

EXEMPLE III. *Quelle est la huitième partie de 6432?*

Si je connaissais cette partie, en la multipliant par 8, je trouverais 6432. Je connais donc un produit 6432, l'un de ses facteurs 8, et je cherche l'autre : donc (74), j'ai une division à faire. Ainsi, *La division sert à partager un nombre en parties égales.*

Partie demandée $\frac{6432}{8} = 804$.

EXEMPLE IV. *Neuf pièces de drap de même qualité et de mêmes dimensions, ont coûté 8325 francs : quel est le prix de chacune?*

Il est évident que si l'on partage 8325 francs en 9 parties égales, chacune d'elles sera le prix d'une pièce : donc *(Ex. III)*, divisons 8325 par 9.

Prix demandé $\frac{8325}{9} = 925$ francs.

TROISIÈME USAGE. *Pour convertir des unités d'une certaine espèce en unités d'une espèce supérieure,* On divise les unités données par le nombre qui marque combien il en faut pour composer l'unité immédiatement supérieure; le quotient donne ces unités supérieures, et le reste exprime des unités de l'espèce donnée. On réduit de même le quotient en unités de l'espèce supérieure, et l'on continue ainsi jusqu'à l'espèce à laquelle on veut s'arrêter.

EXEMPLE V. *Combien y a-t-il de jours, heures et minutes dans 8428 minutes?*

Pour faire une heure, il faut 60 minutes; donc, autant il y a de fois 60 en 8428, autant il y a d'heures en 8428 minutes : donc *(Premier usage)*, divisons 8428 par 60, ce qui nous donne 140 heures, avec un reste 28 minutes.

Pour faire un jour, il faut 24 heures; donc, autant il y a de fois 24 en 140,

8428 ⟌ 60
242 ⟌‾‾‾‾ ⟌ 24
.28   140 ⟌‾‾‾
     20 ⟌ 5

autant il y a de jours en 140 heures : donc, divisons 140 par 24, ce qui nous donne 5 jours, avec un reste 20 heures. — Concluons que

8428 minutes = 5 jours 20 heures 28 minutes.

NOTA. Ce dernier Exemple montre que le troisième usage de la division revient au premier. — On peut aussi remarquer, par les Exemples III et IV, que le second usage revient *à rendre un nombre donné un certain nombre de fois plus petit*.

CHAPITRE II. — OPÉRATIONS FONDAMENTALES SUR LES NOMBRES DÉCIMAUX.

LEÇON I. — Numération des Nombres décimaux.

87. Pour mesurer une quantité moindre que l'unité, on partage cette unité en parties égales, et l'on cherche combien de fois une de ces parties est contenue dans la quantité à mesurer. — La division de l'unité est arbitraire ; mais la plus usitée, à cause de notre système de numération, c'est la division en 10, 100, 1000,... parties égales : de là *les décimales*.

88. On appelle *décimales*, des quantités 10, 100, 1000,... fois plus petites que l'unité ; en d'autres termes : LES DÉCIMALES *sont des quantités de dix en dix fois plus petites que l'unité*. — Pour les former, on a partagé l'unité en dix parties égales, qu'on appelle *dixièmes*, ou unités décimales du premier ordre ; chaque dixième en dix parties égales, qu'on appelle *centièmes*, ou unités décimales du second ordre ; chaque centième en dix parties égales, qu'on appelle *millièmes*, ou unités décimales du troisième ordre. En continuant ainsi, on forme de nouvelles unités décimales appelées *dix-millièmes, cent-millièmes, millionièmes*, etc.

89. D'après cette formation des décimales, l'unité vaut dix dixièmes, le dixième vaut 10 centièmes, le centième vaut 10 millièmes,... Ainsi, *Une unité décimale d'un ordre quelconque en vaut* DIX *de l'ordre immédiatement inférieur ; et* DIX *unités décimales d'un ordre quelconque valent une unité de l'ordre immédiatement supérieur.*

90. L'unité valant 10 dixièmes, et le dixième valant 10 centièmes, il s'ensuit que *l'unité vaut* 10 fois 10 ou 100 *centièmes.*

L'unité valant 100 centièmes, et le centième valant 10 millièmes, il s'ensuit que *l'unité vaut* 100 fois 10 ou 1000 *millièmes,* etc.

91. Les dixièmes sont dix fois plus petits que les unités, comme les unités sont dix fois plus petites que les dizaines : c'est pourquoi *on écrit les dixièmes immédiatement à droite des unités.* Pour la même raison, *on écrit les centièmes immédiatement à droite des dixièmes, les millièmes à droite des centièmes, les dix-millièmes à droite des millièmes,...* et l'on met *une virgule* entre le chiffre des unités et celui des dixièmes.

Ainsi, 2 *unités* 3 *dixièmes* 4 *centièmes* 5 *millièmes* 6 *dix-millièmes* se représentent par   2,3456 ;
et le nombre   4,56789
représente 4 *unités* 5 *dixièmes* 6 *centièmes* 7 *millièmes* 8 *dix-millièmes* 9 *cent-millièmes.*

92. On appelle *chiffres décimaux* d'un nombre, ou simplement *décimales*, les chiffres qui représentent la partie décimale ; un *nombre décimal* est celui qui renferme des décimales. — Ainsi, 5,6789 est un nombre décimal ; il contient quatre décimales, ou quatre chiffres décimaux.

Manière d'énoncer et d'écrire les Nombres décimaux.

93. Pour lire un nombre décimal, on peut *énoncer d'abord la partie entière* (N° **26**) ; *puis la partie décimale, comme un nombre entier, en plaçant à la fin de l'énoncé le nom de la dernière subdivision.* — Ainsi, le nombre 6,789 peut s'énoncer : 6 *unités* 789 *millièmes.*

En effet, chaque dixième valant 10 centièmes, les 7 en valent 7 fois 10, ou 70, et 8 qu'il y a, cela fait 78 centièmes ; chaque centième valant 10 millièmes, les 78 en valent 78 fois 10 ou 780, et 9 qu'il y a, cela fait 789 millièmes : donc 6,789 valent 6 *unités* 789 *millièmes*.

94. Pour lire un nombre décimal, on peut aussi *l'énoncer comme s'il n'y avait pas de virgule, en plaçant à la fin de l'énoncé le nom de la dernière subdivision.* — Ainsi, le nombre 6,789 peut s'énoncer : 6789 *millièmes*.

En effet, l'unité valant 1000 millièmes (N° 90), les 6 en valent 6 fois 1000, ou 6000, et 789 qu'il y a, cela fait en tout 6789 *millièmes*.

95. Le nombre 6,789 peut encore s'énoncer : 67 *dixièmes* 89 *millièmes*, ou bien 678 *centièmes* 9 *mil-lièmes*,... cela est facile à démontrer, d'après ce qui précède.

96. Pour écrire un nombre décimal, *on écrit d'abord la partie entière, à la droite de laquelle on place une* VIRGULE ; *on écrit ensuite la partie décimale, en ayant soin de remplacer par des zéros les différents ordres qui peuvent manquer.* — La partie décimale s'écrit comme si elle était un nombre entier (**24**) ; et l'on sait d'ailleurs qu'à partir de la virgule, les dixièmes se représentent **par** *un* seul chiffre : les centièmes, par *deux* ; les millièmes, par *trois* ; les dix-millièmes, par *quatre*,... (**91**). — Ainsi, le nombre

 I. 4 *unités* 5 *dixièmes* 8 *centièmes*, s'écrit 4,58 (N° **91**).

 II. 29 *unités* 354 *millièmes*, s'écrit 29,354 (N° **93**).

 III. 8 *unités* 43 *dix-millièmes*, s'écrit 8,0043 ;
on met deux zéros entre la virgule et 43, car il faut quatre déci-males pour représenter des dix-millièmes.

 IV. 2368 *cent-millièmes*, s'écrit 0,02368 ;
en mettant un zéro pour la partie entière, qui est nulle ; un autre après la virgule, car les cent-millièmes se représentent par cinq décimales.

 V. 3259 *centièmes*, s'écrit 32,59 ;
car le 9 devant représenter des centièmes, le 5 est aux dixièmes, et le 2 aux unités : donc (**91**), il faut placer la virgule entre le 2 et le 5.

Propriétés des Nombres décimaux.

97. *On ne change point la valeur d'une quantité décimale en ajoutant ou en supprimant des zéros à sa droite.*

En effet (29), en écrivant *un* zéro à la droite d'une quantité décimale, on rend le nombre des parties dix fois plus grand (par exemple, au lieu de 2,34, on a 2,340) ; mais ces nouvelles parties sont dix fois plus petites que les premières : donc, il y a compensation. Ainsi....   2,34   = 2,340.
Pour la même raison,   2,340 = 2,3400;
                                        2,3400 = 2,34000;...
donc,   2,34   = 2,340 = 2,3400 = 2,34000 = ...
donc aussi   2,34000 = 2,3400 = 2,340 = 2,34
ce qui montre qu'*On ne change point*, etc.

98. *Pour rendre un nombre décimal* 10, 100, 1000,... *fois* PLUS GRAND, *il suffit de transporter la virgule* VERS LA DROITE *d'autant de places qu'il y a de zéros à la suite de l'unité.*

Soit le nombre 3,4567 : en plaçant la virgule entre le 4 et le 5, ce qui donne 34,567, je dis qu'on le rend 10 fois plus grand. — En effet (94), le nouveau nombre vaut 34567 *millièmes*, et le premier 34567 *dix-millièmes* ; or, chaque millième vaut 10 dix-millièmes : donc, le second nombre est 10 fois plus grand que le premier. — Pour la même raison, le nombre

    345,67 est 10 fois plus grand que 34,567 ;
    3456,7 est 10 fois plus grand que 345,67 ;...
donc,   345,67 est 10 fois 10 ou 100 fois plus grand que 3,4567 ;
    3456,7 est 10 fois 100 ou 1000 fois plus grand que 3,4567 ;...
ce qui montre que *Pour rendre un nombre décimal*, etc.

99. *Pour rendre un nombre décimal* 10, 100, 1000,... *fois* PLUS PETIT, *il suffit de transporter la virgule* VERS LA GAUCHE *d'autant de places qu'il y a de zéros à la suite de l'unité.*

Il suit, en effet, de ce que nous venons de dire (98),
que   3,4567 est 10 fois plus petit que 34,567 ;
           100 fois plus petit que 345,67 ;
          1000 fois plus petit que 3456,7 ;...
ce qui démontre la propriété énoncée.

LEÇON II. — **Addition et Soustraction des Nombres décimaux.**

100. Dans les nombres décimaux, comme dans les nombres entiers, *dix* unités d'un ordre quelconque forment une unité de l'ordre immédiatement supérieur **(89)** : c'est pourquoi, après avoir écrit les nombres les uns sous les autres de manière que les unités de même ordre se correspondent verticalement, *on fait l'addition et la soustraction des nombres décimaux comme celles des nombres entiers* **(42 et 51)** ; *et*, dans ces deux opérations, le résultat étant de même nature que les quantités sur lesquelles on a effectué les calculs, *on conserve la virgule dans la colonne où elle était.* — EXEMPLES.

I. *Trouver la somme des nombres* 84,39... 729,455... 7,1274... 1234,6... 0,9678.

On peut rendre le nombre des décimales le même dans tous les nombres donnés, en écrivant des zéros à la droite, ce qui ne change point la valeur de ces nombres **(97)**. Ensuite, ayant posé les unités sous les unités, les dizaines sous les dizaines,... les dixièmes sous les dixièmes, les centièmes sous les centièmes,... je commence par les parties les plus petites : 4 *et* 8, 12; en 12 dix-millièmes, il y a 1 millième et 2 dix-millièmes : j'écris 2 sous les dix-millièmes, et je retiens 1 pour porter à la colonne des millièmes.

```
  84,8900
 729,4550
   7,1274
1234,6000
   0,9678
 ─────────
2056,5402
```

J'opère sur celle-ci comme sur la première, et continuant jusqu'aux plus fortes unités, je trouve pour somme 2056,5402.

II. *Soustraire* 29,1264 *de* 123,45.

Je place deux zéros à la droite de 123,45, afin qu'il y ait le même nombre de décimales dans les deux nombres ; puis, commençant par la droite : 4 *de* 10, *reste* 6, que j'écris au-dessous. Ayant augmenté le nombre supérieur de 10 dix-millièmes, ou d'un millième, je dois augmenter le nombre inférieur de la même quantité ;

```
123,4500
 29,1264
 ───────
 94,3236
```

c'est pourquoi je dis : 1 *et* 6, 7, *de* 10, *reste* 3; etc., etc. — Le reste est 94,3236.

101. La preuve de l'addition et de la soustraction des nombres décimaux se fait comme celle des nombres entiers **(45 et 53)**.

Leçon III. — Multiplication des Nombres décimaux.

102. *Pour faire la multiplication des nombres décimaux, on opère comme s'ils étaient entiers ; puis, on sépare sur la droite du produit autant de décimales qu'il y en a dans les deux facteurs.* — Exemples.

I. *Trouver le produit de 4,567 par 234.*

Pour trouver le résultat, je multiplie 4567 par 234, ce qui me donne 1 068 678 ; séparant *trois* décimales, j'ai 1068,678 : c'est le produit dèmandé.

En effet (**55**), multiplier 4,567 pár 234 , c'est prendre 234 fois 4,567 ; on pourrait donc écrire 234 fois 4,567 et faire l'addition : la somme serait le produit demandé. Or (**100**), l'addition des nombres décimaux se fait comme celle des nombres entiers , et on place la virgule à la somme dans la colonne où elle se trouve dans les quantités ajoutées : donc, pour avoir le produit de 4,567 par 234 , il suffit de multiplier 4567 par 234 , et de séparer trois décimales sur la droite du produit.

II. *Trouver le produit de 4,567 par 2,34.*

Pour trouver le résultat, je multiplie 4567 par 234, et séparant *cinq* décimales (car 3 décimales dans le multiplicande , et 2 dans le multiplicateur donnent 5 en tout), je trouve 10,68678 : c'est le produit demandé.

En effet, le produit de 4,567 par 234, est 1068,678 *(Ex. I.)* ; mais en multipliant par 234, on multiplie par un nombre 100 fois trop grand (car 234 est 100 fois plus grand que 2,34 , N° **98**) ; le produit 1068,678 est donc évidemment 100 fois trop grand ; par conséquent, pour avoir le produit demandé, il faut le rendre 100 fois plus petit, ce qui se fait en transportant la virgule de *deux* places vers la gauche (**99**), et l'on obtient ainsi 10,68678.

III. *Trouver le produit de 6,4568 par 0,003.*

Il faut multiplier 64568 par 3, ce qui donne 193 704, et séparer *sept* décimales. Le nombre 193 704 n'ayant que *six* chiffres , je mets un zéro à sa gauche, puis un autre zéro pour les unités, et j'ai 0,0193704 pour le produit demandé. — On agirait ainsi dans tous les cas semblables.

LEÇON IV. — **Division des Nombres décimaux.**
Préliminaires.

103. *Lorsqu'on multiplie ou qu'on divise le dividende par un nombre entier, sans changer le diviseur, on multiplie ou on divise le quotient par le même nombre entier.*

Car, lorsqu'on *multiplie* le dividende par 100, par exemple, comme il devient 100 fois plus grand, il contient 100 fois plus le même diviseur : donc le quotient est 100 fois plus grand ; donc il est multiplié par 100. — Le contraire arrive, si on *divise* le dividende par 100.

104. *Lorsqu'on multiplie ou qu'on divise le diviseur par un nombre entier, sans changer le dividende, on divise ou on multiplie le quotient par le même nombre entier.*

Car, lorsqu'on *multiplie* le diviseur par 100, par exemple, comme il devient 100 fois plus grand, il est contenu 100 fois moins dans le même dividende : donc, le quotient est 100 fois plus petit ; donc, il est divisé par 100. — Le contraire arrive, si on *divise* le diviseur par 100.

105. *On ne change point la valeur du quotient, lorsqu'on multiplie ou qu'on divise le dividende et le diviseur par un même nombre entier.*

Car, le dividende et le diviseur ayant été *multipliés* par 100, par exemple, le quotient a été multiplié (**103**), puis divisé (**104**) par 100 : donc (**74**), il n'a pas changé de valeur. — La conclusion est la même, si le dividende et le diviseur ont été *divisés* par le même nombre.

106. *Pour diviser un nombre entier par 10, 100, 1000,... il suffit de séparer sur sa droite autant de décimales qu'il y a de zéros à la suite de l'unité.*

Car, pour multiplier la quantité trouvée par le diviseur, il suffira de transporter la virgule vers la droite d'autant de places qu'il y a de zéros à la suite de l'unité (**98**), ce qui reproduira le nombre entier proposé : donc (**74**), la quantité trouvée est le quotient cherché.—Par exemple, 234 *divisé par* 100, donne 2,34 ; car $2,34 \times 100 = 234$.

Division des Nombres décimaux.

107. Deux cas principaux se présentent : Le quotient ne doit avoir aucune décimale, ou il doit en contenir un certain nombre.

PREMIER CAS. *Si le quotient ne doit avoir aucune décimale,* on rend le nombre des chiffres décimaux le même dans le dividende et dans le diviseur, en écrivant des zéros à la droite de celui de ces nombres qui en a le moins ; on supprime ensuite la virgule dans l'un et dans l'autre, puis on fait la division comme celle des nombres entiers, et l'on obtient le quotient demandé.

En effet, par la suppression de la virgule, on a multiplié le dividende et le diviseur par l'unité suivie d'autant de zéros qu'il y avait de décimales (98), ce qui ne change point la valeur du quotient (105).

EXEMPLE I. *Diviser* 3429,52 *par* 9,3278, *sans aucune décimale au quotient.*

Rendant le nombre des décimales le même, puis supprimant la virgule, j'ai 34295200 à diviser par 93278, ce qui donne pour quotient 867, et pour reste 62174.— Ici, le dividende et le diviseur ont été multipliés par 10 000.

EXEMPLE II. $\dfrac{4567,974}{2,3} = \dfrac{4\,567\,974}{2300} = 1986$; reste 174.

Le dividende et le diviseur ont été multipliés par 1000.

EXEMPLE III. $\dfrac{876543}{123,45} = \dfrac{87\,654\,300}{12\,345} = 7100$; reste 4800.

Le dividende et le diviseur ont été multipliés par 100.

SECOND CAS. *Pour calculer au quotient un certain nombre de décimales,* on prépare le dividende, en écrivant des zéros à sa droite, ou en y supprimant des chiffres, de manière qu'il contienne à lui seul autant de décimales qu'il y en a dans le diviseur et qu'on en demande au quotient. On fait ensuite la division, sans avoir égard à la virgule, et l'on sépare sur la droite du quotient le nombre de décimales demandé. — EXEMPLES.

I. *Trouver, avec* TROIS *décimales, le quotient de* 1234,56 *par* 69,8.

Le diviseur contient *une* décimale, et le quotient doit en avoir *trois*; donc il faut que le dividende en ait *quatre* : comme il n'en a que *deux*, j'écris *deux* zéros à sa droite, puis je divise 12345600 par 698, ce qui me donne 17 687; séparant trois décimales, j'ai 17,687 : c'est le quotient demandé.

En effet, en supprimant la virgule dans le diviseur, et la transportant d'*une* place sur la droite dans le dividende, je multiplie les deux nombres par 10 (N° 98), ce qui (**105**) ne change point la valeur du quotient, et j'ai 12345,6 à diviser par 698; mais, en écrivant *deux* zéros à la droite de 12345,6, et divisant 12345600 par 698, je multiplie le dividende par 1000, sans changer le diviseur : donc (**103**), le quotient est multiplié par 1000. Pour le rendre à sa vraie valeur, il faut le diviser par 1000, ce que l'on fait (**106**), en séparant *trois* décimales sur sa droite.

II. *Trouver, avec* SEPT *décimales, le quotient de* 98,765 *par* 35.

Le diviseur n'ayant point de décimales, il suffit que le dividende en ait autant qu'on en veut au quotient, c'est-à-dire *sept*; comme il n'en a que *trois*, j'écris *quatre* zéros à sa droite, puis je divise 987 650 000 par 35, ce qui me donne 28 218 571. — Quotient demandé 2,8 218 571.

III. *Trouver, avec* DEUX *décimales, le quotient de* 59,1 234 567 *par* 4,5.

Le diviseur n'a qu'*une* décimale; on en demande *deux* au quotient; il suffit donc que le dividende en ait *trois* : c'est pourquoi je supprime les quatre dernières, et je divise 59 123 par 45, ce qui me donne 1313. — Quotient demandé 13,13.

IV. *Trouver, avec* TROIS *décimales, le quotient de* 120 *par* 729.

Le diviseur n'ayant point de décimales, il suffit que le dividende en ait *trois* : j'écris donc *trois* zéros à sa droite, et je divise 120 000 par 729, ce qui donne 164. — Quotient demandé 0,164.

LEÇON V. — Opérations abrégées.

108. Un résultat quelconque est dit *à moins d'une unité près, d'un dixième près, d'un centième près,…* lorsque, n'étant pas parfaitement juste, il n'est pas fautif *d'une unité, d'un dixième, d'un centième,…* — Soit le nombre 123,45 678 :

si on le veut à moins d'une unité près, on prend 123,   ou 124;
         à moins d'un dixième près,   123,4 ou 123,5;
         à moins d'un centième près,   123,45 ou 123,46;...

La première valeur est *en moins*, et la seconde *en plus* : si on prend la plus voisine de la juste valeur, on a le résultat à moins d'une *demi-unité*, d'un *demi-dixième*, d'un *demi-centième*....

109. On a souvent à opérer sur des quantités contenant plus de chiffres qu'il n'en est besoin pour arriver au résultat demandé. Afin de ne point calculer des chiffres inutiles, nous allons faire connaître quelques procédés qui permettront de n'employer que la quantité de chiffres nécessaire.

Addition abrégée.

110. On se borne à prendre les nombres donnés, chacun avec une décimale de plus qu'on n'en veut dans la somme; et, ayant trouvé le résultat, on supprime le dernier chiffre, en augmentant d'*un* le dernier que l'on conserve.

EXEMPLE. *Trouver, à moins d'*UN CENTIÈME *près, la somme des nombres :* 12,94371.... 248,437.... 9,128459.... 9843,9876.... 451,81765.

12,943	Je prends chaque nombre avec *trois*
248,437	décimales seulement, et je trouve 10566,312.
9,128	— Cette somme est évidemment trop faible :
9843,987	Je suis donc certain qu'en prenant 10 566,32
451,817	pour la somme demandée, elle ne sera pas
————	trop forte d'*un centième*.
10566,312	

Soustraction abrégée.

111. On prend chacun des deux nombres avec autant de décimales qu'on en demande au résultat. Il n'y a rien à changer au reste.

EXEMPLE. *Trouver, à moins d'*UN CENTIÈME*, la différence des deux nombres* 45,79263 *et* 32,4567892

45,79	Je prends *deux* décimales seulement, et je
32,45	trouve 13,34 : c'est le résultat demandé. —
———	L'erreur dans le reste est *la différence des*
13,34	*erreurs* des deux nombres.

Multiplication abrégée.

112. On écrit le chiffre des unités du multiplicateur sous le chiffre du multiplicande qui représente des unités *inférieures de deux degrés* à celles auxquelles on veut se borner ; on écrit ensuite les autres chiffres du multiplicateur, de manière que l'*ordre* de ces chiffres soit renversé (c'est-à-dire qu'on place, à droite des unités, les dizaines, les centaines,... et à gauche, les dixièmes, les centièmes,...). On multiplie ensuite le multiplicande par chaque chiffre du multiplicateur, mais en ne commençant pour chacun qu'au chiffre du multiplicande qui correspond verticalement au chiffre du multiplicateur, et négligeant tous ceux qui sont à droite. On écrit ces produits les uns sous les autres, en plaçant le premier chiffre de chaque produit sous le premier du précédent. Ayant fait l'addition, on supprime les deux derniers chiffres à droite du résultat, en augmentant d'*un* le dernier de ceux que l'on conserve.

On peut au reste prendre pour multiplicande celui des facteurs que l'on veut ; et, s'il arrive que le multiplicande choisi n'ait pas assez de chiffres, pour qu'on puisse écrire ceux du multiplicateur comme il vient d'être dit, on place sur la droite du multiplicande un nombre convenable de zéros. — Une seconde multiplication, où l'on aura interverti l'ordre des facteurs, servira de *Preuve*.

Exemple. *Calculer, à moins d'*un dixième*, le produit de* 95,10874 *par* 64,8908532.

J'écris d'abord le multiplicande 95,10874 ; puis, comme on demande *une* décimale au produit, j'écris les 4 unités du multiplicateur sous la *troisième* décimale du multiplicande ; j'écris ensuite les autres chiffres du multiplicateur, dans un ordre renversé. — De même pour *la Preuve*.

OPÉRATION.	PREUVE.
95,10874	64,8908532
23580 9846	478 0159
5706 522	5840 172
380 432	324 450
76 080	6 489
8 559	512
72	42
6171,665	6171,665

Le produit 6171,665 est évidemment trop faible : je suis donc certain qu'en prenant 6171,7 pour le produit demandé, il ne sera pas trop fort d'*un dixième*.

Pour justifier l'*opération* que nous venons d'exécuter, il faut démontrer d'abord que le premier chiffre de chaque produit partiel exprime des *millièmes*, et ensuite que la somme des erreurs produites par la suppression de plusieurs chiffres dans les facteurs, est *moindre qu'un dixième*.

I. 1er Produit partiel . . . $95{,}1087 \times 60 = 5706{,}522$

2e . . . . $95{,}108 \times 4 = 380{,}432$

3e . . . . $95{,}10 \times 0{,}8 = 76{,}080$

4e . . . . $95{,}1 \times 0{,}09 = 8{,}559$

5e . . . . $90 \times 0{,}0008 = 0{,}072$

Ainsi, nous avons dû écrire, dans une même *colonne*, le premier chiffre de chaque produit partiel, et séparer *trois décimales* sur la droite du produit total.

II. Voyons maintenant l'erreur dans chaque produit partiel. — Pour abréger l'écriture, nous écrirons *e* pour le mot *erreur*, et le signe $<$ pour *plus petit que* (a). — Nous aurons

1er Pr. part. : $e = 0{,}00004 \times 60 = 0{,}0004 \times 6$, ou $< 0{,}001 \times 6$

2e . . . . . . $e = 0{,}00074 \times 4$ . . . . $< 0{,}001 \times 4$

3e . . . . . . $e = 0{,}00874 \times 0{,}8 = 0{,}000874 \times 8, \quad < 0{,}001 \times 8$

4o . . . . . . $e = 0{,}00874 \times 0{,}09 = 0{,}0000874 \times 9, \quad < 0{,}001 \times 9$

5e . . . . . . $e = 5{,}10874 \times 0{,}0008 = 0{,}000510874 \times 8, \quad < 0{,}001 \times 8$

Ajoutons à ces erreurs partielles, celle qui vient des trois derniers chiffres du multiplicateur, lesquels, ne multipliant rien, donnent une erreur de

$$95{,}10874 \times 0{,}0000532 = 0{,}0009510874 \times 5{,}32, \quad \text{ou} < 0{,}001 \times 6 ;$$

et nous aurons moins de millièmes dans l'erreur totale que d'unités dans la somme des chiffres du multiplicateur : il faudrait donc que cette somme fût plus grande que 100, pour que l'erreur totale pût être d'un dixième, ce qui n'arrive jamais dans les calculs ordinaires.

Tout autre cas se démontrerait d'une manière analogue.

Division abrégée.

113. Pour calculer, à moins d'une unité près, le quotient de deux nombres entiers, on supprime sur la

---

(a) Pour marquer que deux quantités sont *inégales*, on place entre elles le signe $<$, ou $>$, en tournant l'ouverture du côté de la plus grande. L'expression $4 < 5$, se lit : 4 *plus petit que* 5, ou bien 4 *est plus petit que* 5 ; et $8 > 7$, se lit : 8 *plus grand que* 7, ou....

droite du dividende autant de chiffres moins un qu'il y en a dans le diviseur, et on fait ensuite la division comme d'habitude. S'il n'y a point de reste, on écrit à la suite du quotient trouvé autant de zéros qu'on a supprimé de chiffres sur la droite du dividende. S'il y a un reste, on continue de diviser, non pas par le diviseur proposé, ce qui n'est plus possible, mais par ce diviseur dont on aura barré le premier chiffre à droite. Après cela, on divise le nouveau reste par le diviseur précédent dont on a barré le premier chiffre à droite. On continue ainsi de diviser, en barrant à chaque division, un chiffre sur la droite du diviseur.

OBSERVATIONS. I. La partie barrée au diviseur doit être considérée comme *décimale*; il faut la multiplier mentalement par le chiffre que l'on porte au quotient; joindre la retenue au produit de la partie restante, et retrancher la somme du dividende partiel.

II. Si le reste de la division par le diviseur proposé se trouve plus petit que n'est ce diviseur après qu'on a barré son premier chiffre, on écrit zéro au quotient; on barre un second chiffre, et si le reste se trouve encore plus petit que le nouveau diviseur, on écrit un nouveau zéro au quotient, et ainsi de suite.

III. Si, au commencement de l'opération, après la suppression des chiffres dans le dividende, il arrive que les chiffres restants ne contiennent pas le diviseur, on barre tout de suite sur la droite de ce dernier autant de chiffres qu'il est nécessaire, pour que le nouveau diviseur soit contenu dans la partie restante du dividende.

EXEMPLE. *Calculer, à moins d'*UNE UNITÉ *près, le quotient de* 423 456 789 *par* 3296.

Le diviseur ayant *quatre* chiffres, j'en supprime *trois* dans le dividende, et j'ai 423456 à diviser par 3296, ce qui me donne 128, avec un reste 1568. — Pour obtenir le quatrième chiffre du quotient, je barre le 6 du diviseur, et je divise 1568 par 329, ce qui donne 4. Je multiplie 329 par 4, en ajoutant au produit une retenue 2 qui provient de $0,6 \times 4$, et j'ôte le tout de 1568. Il reste 250. — Pour obtenir le cinquième chiffre du quotient, je barre le 9 du diviseur, et je divise 250 par 32, ce qui donne 7. Je multiplie 32 par 7, en ajoutant au produit une retenue 7 que donne à peu près $0,96 \times 7$, et j'ôte le tout de 250. Il reste 19. — Pour obtenir le sixième chiffre du quotient, je barre le 2 du diviseur, et je divise 19 par 3, ce qui donne 6 pour dernier chiffre du résultat, en sorte que le quotient demandé est 128 476.

```
423456789 ) 3296
 .9385     }————————
 27936     } 128476
  1568
   250
    19
```

Pour comprendre que nous avons pu obtenir le résultat, en abrégeant ainsi, remarquons d'abord qu'en barrant *trois* chiffres de part et d'autre, nous avons divisé le dividende et le diviseur par 1000, ce qui (**105**) ne change point la valeur du quotient. A la vérité, nous avons ensuite diminué le dividende de 0,789 ; mais la suppression de cette quantité, nécessairement moindre que le diviseur 3,296, ne peut rendre le quotient trop faible d'une unité.

Remarquons, en second lieu, que l'erreur dans le produit du diviseur par chacun des chiffres 4 et 7 du quotient, ne pouvant surpasser une demi-unité, la somme des deux ne peut surpasser *une unité* entière. Ajoutons que, dans notre Exemple, la première (dans la retenue 2) étant en moins, pendant que la seconde (dans la retenue 7) est en plus, ces deux erreurs se détruisent presque entièrement ; ce qu'il en reste dans le dernier dividende partiel 19, est d'ailleurs divisé par 3. — Concluons de tout cela que 128 476 est très-certainement le quotient demandé.

114. La division des nombres décimaux revient à celle des nombres entiers ; on peut donc y appliquer la division abrégée, après qu'on a préparé convenablement le dividende et le diviseur (**107**).

Exemple. *Lorsque le dividende est 5678,43, et le diviseur 92,4294, quel est le quotient, à moins d'un 1000ᵉ près ?*

Le diviseur a *quatre* décimales ; on en demande *trois* au quotient : donc (**107**), il faut que le dividende en ait *sept*. Comme il n'en a que *deux*, j'écris *cinq* zéros à sa droite ; puis supprimant la virgule de part et d'autre, j'ai 56 784 300 000 à diviser par 924 294, nombre de *six* chiffres : c'est pourquoi (**113**), j'en supprime *cinq* sur la droite du dividende. Effectuant la division, je trouve 61435. Donc, quotient demandé 61,435.

$$56784300000 \,\big)\, 924294$$
$$13267$$
$$4024 \qquad \overline{61435}$$
$$327$$
$$50$$

115. *Preuve.* Pour faire la preuve de la division abrégée, il suffit de multiplier le diviseur par le quotient : il faut que, suppression faite de toutes virgules, la différence entre le produit et le dividende *préparé* soit moindre que le diviseur. — Pour exemples, nous ferons la preuve des divisions précédentes.

N° **113.**— Produit   128 476 $\times$ 3296 $=$ 423 456 896,
plus fort que le dividende   423 456 789,   de   107.

N° **114.**— Produit   924 294 $\times$ 61435 $=$ 56 784 001 890,
moindre que le dividende préparé   56 784 300 000,   de   298 110.

Ces différences étant plus petites que les diviseurs respectifs, il s'ensuit que les deux opérations sont bonnes : mais dans la première, le quotient est *en plus* ; dans la seconde, il est *en moins* (**108**).

CHAPITRE III. — Système métrique. — Applications.

Leçon I. — Préliminaires.

116. *Mesurer une quantité,* c'est chercher combien de fois elle contient une autre quantité, que l'on regarde comme connue, et qu'on prend pour *unité* (N° **3**).

N. B. Certaines quantités ne se comparent pas *immédiatement* à leurs unités de mesure. Les surfaces, par exemple, sont dans ce cas : les dimensions, qui sont des longueurs, se mesurent avec l'unité de longueur ; le calcul fait ensuite connaître le nombre d'unités superficielles que contiennent les surfaces.

117. Une quantité se mesure avec une autre quantité de *même espèce.* Ainsi, les longueurs se mesurent avec une autre longueur ; les surfaces, avec une autre surface ; les volumes, avec un autre volume ; etc. Plusieurs unités différentes sont donc nécessaires pour les différents usages : leur réunion forme ce que l'on appelle un *système métrique.*

118. En France, le système métrique contient huit unités principales, savoir :

1º Pour les Longueurs......... le Mètre ;
2º Pour les Surfaces.......... le Mètre carré, ou l'Are ;
3º Pour les Volumes .... le Mètre cube, ou Stère ;
4º Pour les Capacités......... le Litre ;
5º Pour les Poids............. le Gramme ;
6º Pour les Monnaies.......... le Franc ;
7º Pour le Temps............. le Jour ;
8º Pour les Arcs de cercle..... le Degré.

119. Ces unités ont besoin d'être *multipliées,* quand il s'agit de mesurer des quantités considérables ; et il est nécessaire de les *diviser,* pour mesurer les petites quantités : de là, les *multiples* et les *sous-multiples* des unités principales (*a*).

120. La multiplication et la division décimales sont les plus simples. Aussi, pour former les noms des multiples, on a placé devant le nom de l'unité principale les mots *déca, hecto, kilo, myria,* qui signifient 10, 100, 1000, 10000;

et pour obtenir les noms des sous-multiples, on emploie les mots *déci, centi, milli,* qui signifient respectivement *dixième, centième, millième,* et qu'on place aussi devant le nom de l'unité principale.

D'après cela, Un myriamètre vaut   10000 mètres ;
Un kilogramme vaut   1000 grammes ;
Un hectolitre vaut   100 litres ;
Un décastère vaut   10 stères ;
Un décimètre vaut   *un dixième* de mètre ; etc.

Leçon II. — Mesures de Longueurs.

121. Une *longueur* est la distance d'un point à un autre ; on lui donne aussi le nom de *ligne;* et de là vient que les mesures de longueurs sont nommées *unités linéaires.*

122. L'unité principale de longueur est *le mètre.* LE MÈTRE *est la dix-millionième partie du quart du méridien terrestre.*

Les multiples du mètre sont :

Le Décamètre, qui vaut   10 mètres ;
L'Hectomètre, qui vaut   100 mètres ;
Le Kilomètre, qui vaut   1000 mètres ;
Le Myriamètre, qui vaut   10000 mètres.

(*a*) Chaque multiple contient un certain nombre de fois l'unité principale ; et l'unité principale contient un certain nombre de fois chacun de ses sous-multiples. — Les multiples portent aussi le nom de *composés,* et les sous-multiples, ceux de *divisions* et de *subdivisions.*

Les sous-multiples du mètre sont :

Le Décimètre, qui vaut un dixième de mètre (0^m,1) ;
Le Centimètre, qui vaut un centième de mètre (0^m,01) ;
Le Millimètre, qui vaut un millième de mètre (0^m,001).

Le nombre 123456mèt.,789 contient donc 12 *myriam.* 3 *kilom.* 4 *hectom.* 5 *décam.* 6 *mètres,* 7 *décim.* 8 *centim.* 9 *millimèt.;* ou bien : 123 *kilom.* 456 *mèt.* 789 *millim.;* ou....

Réciproquement : Une longueur de 6 *myriam.* 8 *hectomètres* 47 *mètres* 9 *décimèt.* 3 *millimèt.,* se représente par 60 847mèt.,903.

123. L'hectomètre, le kilomètre et le myriamètre servent à mesurer les grandes longueurs ; par exemple, la distance d'une ville à une autre : on les nomme alors *mesures itinéraires.* — Le mètre et le décamètre s'emploient pour les longueurs moyennes, et les sous-multiples, pour les petites longueurs.

La figure ci-contre représente, en grandeur naturelle, *un décimètre* divisé en 10 centimètres, et en 100 millimètres.

LEÇON III. — **Mesures de Surfaces.**

124. On appelle *surface* ou *superficie,* un espace limité par des lignes ; elle a longueur et largeur, sans aucune épaisseur. Le dessus d'un plancher, par exemple, est une surface.

125. On mesure les surfaces au moyen de *carrés* qui ont pour côtés les diverses unités de longueurs (**122**). — *Un carré* est une surface limitée par quatre lignes ou *côtés* égaux, formant quatre *angles* droits. Telle est la figure ci-après.

126. On appelle *mètre carré,* un carré dont chaque côté est d'un mètre ; *un décimètre carré* est un carré dont chaque côté est d'un décimètre ; *un centimètre carré* est un carré dont chaque côté est d'un centimètre. — On voit aisément, d'après cela, ce qu'il faut entendre par un millimètre carré, un décamètre carré, un hectomètre carré, un kilomètre carré, un myriamètre carré.

127. *Pour calculer la surface d'un carré, il faut multiplier la longueur de son côté par elle-même.*

Par exemple, si le carré ABCD a 10 mètres de côté, sa surface

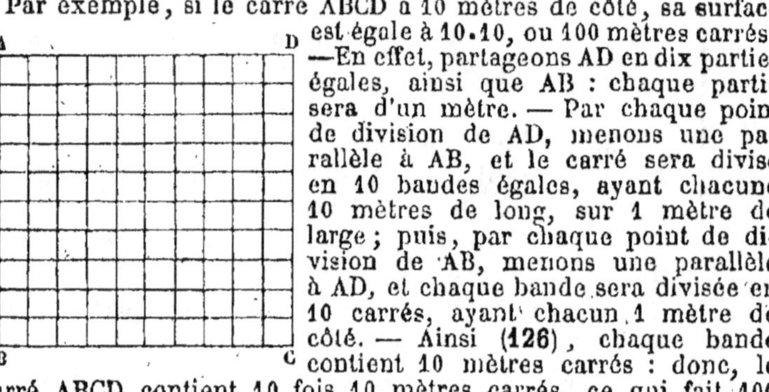

est égale à 10.10, ou 100 mètres carrés. —En effet, partageons AD en dix parties égales, ainsi que AB : chaque partie sera d'un mètre. — Par chaque point de division de AD, menons une parallèle à AB, et le carré sera divisé en 10 bandes égales, ayant chacune 10 mètres de long, sur 1 mètre de large ; puis, par chaque point de division de AB, menons une parallèle à AD, et chaque bande sera divisée en 10 carrés, ayant chacun 1 mètre de côté. — Ainsi (**126**), chaque bande contient 10 mètres carrés : donc, le carré ABCD contient 10 fois 10 mètres carrés, ce qui fait 100 mètres carrés.

128. L'unité principale des surfaces est *l'are*. L'ARE *est le décamètre carré*, c'est-à-dire (**126**) un carré de 10 mètres de côté : il vaut 10.10, ou 100 mètres carrés (**127**). — L'are, ses multiples et ses sous-multiples servent à mesurer les terrains, et s'appellent, pour cette raison, *mesures agraires*.

L'are n'a qu'un multiple : c'est *l'hectare*, qui n'est autre que l'hectomètre carré, c'est-à-dire un carré de 100 mètres de côté : *il vaut* 100.100, ou 10 000 mètres carrés, et, par conséquent, 100 *ares*.

L'are n'a qu'un seul sous-multiple : *le centiare*, ou centième d'are, qui n'est autre que le mètre carré.

129. Le kilomètre carré et le myriamètre carré servent à mesurer les grandes surfaces, comme celles d'un département, d'une province, d'un royaume, etc. ; on les nomme *mesures topographiques*.

130. Pour les petites surfaces, on prend pour unité *le mètre carré* (**126**), ou un de ses sous-multiples, c'est-à-dire le décimètre carré, le centimètre carré, ou le millimètre carré. — Le mètre valant 10 décimètres, ou 100 centimètres, ou 1000 millimètres, il s'ensuit que le mètre carré est un carré de 10 décimètres, ou de 100 centimètres, ou de 1000 millimètres de côté : donc (**127**) *un mètre carré* vaut

	10.10	= 100 décimètres carrés ;
ou bien	100.100	= 10 000 centimètres carrés ;
ou encore	1000.1000	= 1 000 000 de millimètres carrés.

Ainsi, les décimètres carrés sont des *centièmes* de mètre carré, les centimètres carrés en sont des *dix-millièmes*, et les millimètres carrés, des *millionièmes*. Or (96), les centièmes se représentent par *deux* décimales ; les dix-millièmes par *quatre* ; et les millionièmes, par *six* : donc, en prenant le mètre carré pour unité, *les décimètres carrés doivent se représenter par* DEUX *décimales* ; *les centimètres carrés, par* QUATRE ; *et les millimètres carrés, par* SIX. — Par exemple , 9 mèt. carrés 8 décimèt. carrés 39 centimèt. carrés 2 millimèt. carrés se représentent par $9^{mm},088\,902$.

N. B. On ne confondra donc pas le décimètre carré avec *le dixième* de mètre carré, le centimètre carré avec *le centième* de mètre carré, ni le millimètre carré avec *le millième* de mètre carré : ce que nous venons de dire, montre que ces quantités sont très-différentes.

Leçon IV. — Mesures de Volumes.

131. *Le volume* d'un corps quelconque est l'espace qu'il occupe ; il a longueur, largeur et profondeur.

132. On mesure les volumes des corps au moyen de *cubes* qui ont pour côtés les unités de longueurs. — Un *cube* est un corps compris sous six carrés égaux : un *dé* à jouer est un cube.

133. On appelle *mètre cube*, un cube dont chaque côté est d'un mètre ; *un décimètre cube* est un cube dont chaque côté est d'un décimètre ; etc.

134. *Pour calculer le volume d'un cube, il faut former le produit de trois facteurs égaux à son côté.*

Par exemple, si le cube ABCDEFGH à 10 mètres de côté, son volume est égal à 10.10.10,

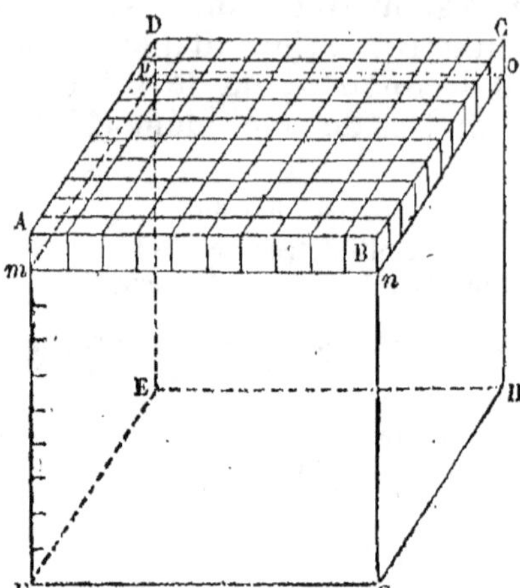

ou 1000 mètres cubes. — En effet, partageons AF en 10 parties égales (chaque partie sera d'un mètre), et par chaque point de division, coupons le cube parallèlement à la face ABCD, nous aurons 10 tranches égales, ayant chacune 10 mètres de long, 10 mètres de large, et 1 mètre de haut. Cherchons donc le volume d'une tranche : en le multipliant par 10, nous aurons celui du cube.

Partageons le côté AD en 10 parties égales, ainsi que AB (chaque partie sera d'un mètre) ; puis, par chaque point de division de AD, coupons le cube parallèlement à la face ABGF, et par chaque point de division de AB, coupons parallèlement à la face ADEF : chaque tranche, telle que ABCDpmno, se trouvera partagée en 100 cubes ayant chacun 1 mètre de côté. — Chaque tranche contenant 100 mètres cubes, le cube total contient 10 fois 100 mètres cubes, ce qui fait 1000 mètres cubes.

135. L'unité principale des volumes est *le mètre cube* (**133**). — Le mètre valant 10 décimètres, ou 100 centimètres, ou 1000 millimètres, il s'ensuit que le mètre cube est un cube de 10 décimètres, ou de 100 centimètres, ou de 1000 millimètres de côté : donc (**134**), *un mètre cube* vaut

$$10.10.10 = 1000 \text{ décimètres cubes} ;$$
ou bien $100.100.100 = 1\,000\,000$ de centimètres cubes ;
ou encore $1000.1000.1000 = 1\,000\,000\,000$ de millimètres cubes.

Ainsi, les décimètres cubes sont des *millièmes* de mètre cube, les centimètres cubes en sont des *millionièmes*, et les millimètres cubes, des *billionièmes*. Or (**96**), les millièmes se représentent par *trois* décimales ; les millionièmes, par *six* ; et les billionièmes, par *neuf* : donc, en prenant le mètre cube pour unité, *les décimètres cubes doivent se représenter par* TROIS *décimales* ; *les centimètres cubes, par* SIX ; *et les millimètres cubes, par* NEUF. — Par exemple, 8 *mètres cubes* 45 *décimèt. cubes* 3 *centim. cub.* 279 *mill. cubes* se représentent par $8^{\text{mmm}},045\,003\,279$.

N. B. On ne confondra donc pas les décimètres cubes avec les *dixièmes* de mètre cube, les centimètres cubes avec les *centièmes* de mètre cube, ni les millimètres cubes avec les *millièmes* de mètre cube : ce que nous venons de dire, montre que ces quantités sont très-différentes.

136. Pour les bois de chauffage, on emploie *le stère*, qui n'est autre que le mètre cube (**133**).

Le stère n'a qu'un multiple, *le décastère*, qui vaut 10 stères ; et un seul sous-multiple, *le décistère*, ou dixième de stère.

Remarquons que le stère n'est pas ordinairement employé sous 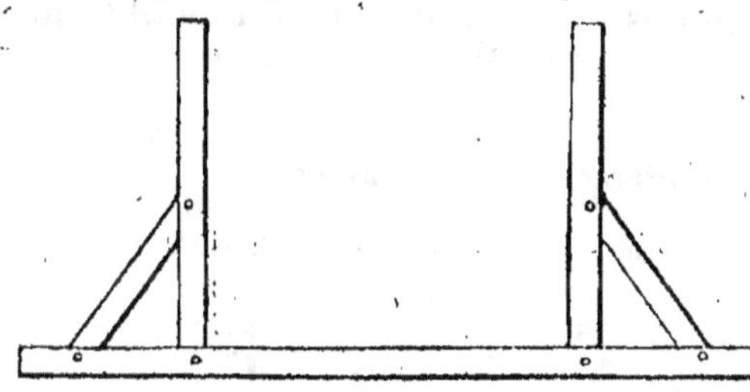 la forme cubique : il a celle d'un châssis formé par une solive horizontale appelée *sole*, sur laquelle reposent deux *montants* espacés l'un de l'autre d'un mètre, et dont la hauteur varie avec la longueur des bûches. — C'est ce que représente la figure ci-dessus.

Il faut toujours que la longueur des bûches, multipliée par la hauteur du stère, donne 1 : par conséquent (**74**), en *divisant* 1 *par la longueur des bûches, on aura la hauteur du stère.* — Ex.

I. *Quelle doit être la hauteur du stère, lorsque les bûches n'ont que* 0^m,75 *de long ?* — Rép. : 1^m,33 (N° **107**, 2° cas).

II. *Lorsque les bûches ont* 1^m,14 *de long, quelle doit être la hauteur du stère ?* — Rép. : 0^m,88 à peu près.

Leçon V. — Mesures de Capacités.

137. Ce qu'on entend ici par *capacité*, c'est l'espace vide contenu dans un corps creux.

138. L'unité principale des capacités est le *litre*. Le LITRE *est une mesure contenant un décimètre cube.*

Les multiples du litre sont :

Le *Décalitre*, qui vaut	10 litres ;
L'*Hectolitre*, qui vaut	100 litres.

2*

Les sous-multiples du litre sont :

Le Décilitre, qui vaut un dixième de litre ($0^l,1$) ;
Le Centilitre, qui vaut un centième de litre ($0^l,01$).

139. Le litre, ses multiples et ses sous-multiples servent à mesurer les liquides et les matières sèches divisées. Dans le commerce, ces mesures sont des cylindres droits : pour les matières sèches, la profondeur est égale au diamètre, et il en est de même pour le lait et l'huile ; mais, pour les liquides, la profondeur est double du diamètre. — Voici, en millimètres, les dimensions de ces mesures.

	Matières sèches.	**Liquides.**	
	Diam. = Prof.	Diam.	Profond.
Hectolitre	503	399	798
Décalitre	233	185	371
Litre	108	86	172
Décilitre	50	40	80
Centilitre	23	19	37

Il est d'ailleurs évident que le litre contenant un décimètre cube, le décalitre en contient 10, et l'hectolitre, 100 ; et que le décimètre cube contenant 1000 centimètres cubes (**133**, **134**), le décilitre en contient 100, et le centilitre, 10.

LEÇON VI. — Mesures de Poids.

140. L'unité principale des mesures de poids est *le gramme*. LE GRAMME *est le poids d'un centimètre cube d'eau distillée, pesée dans le vide, à son maximum de densité.*

L'eau distillée est celle qui a été dégagée de tous les corps étrangers qu'elle contenait : c'est donc de l'eau parfaitement pure. *Le vide* est un lieu purgé d'air. *Le maximum de densité* de l'eau existe quand ses particules, qui s'écartent les unes des autres par l'action de la chaleur et de la glace, sont le plus rapprochées possible : le thermomètre centigrade marque alors environ 4 degrés au-dessus de zéro.

Les multiples du gramme sont :

Le Décagramme, qui vaut   10 grammes ;

L'*hectogramme*, qui vaut   100 grammes ;
Le *kilogramme*, qui vaut   1000 grammes ;
Le *myriagramme*, qui vaut   10000 grammes.

Les sous-multiples du gramme sont :

Le *décigramme*, ou dixième de gramme ($0^{gr},1$) ;
Le *centigramme*, ou centième de gramme ($0^{gr},01$) ;
Le *milligramme*, ou millième de gramme ($0^{gr},001$).

Pour les fortes pesées, on emploie *le quintal*, qui vaut 100 kilogrammes ; et *le millier, la tonne*, ou *le tonneau de mer*, qui vaut 1000 kilogrammes.

141. Le centimètre cube d'eau distillée pesant un gramme, le litre, qui contient 1000 centimètres cubes, pèse 1000 grammes, ou un kilogramme. De là, on conclut aisément que le décalitre d'eau distillée pèse un myriagramme ; l'hectolitre, un quintal ; le décilitre, un hectogramme ; le centilitre, un décagramme ; et aussi que le mètre cube d'eau distillée pèse un millier ; le décimètre cube, un kilogramme ; et le millimètre cube, un milligramme.

Ainsi, $1234^{lit},56$ d'eau distillée pèsent $1234^{kg},56$;
et $2^{mmm},345\,678\,912$............ $2345^{kg},678^{gr},912$.

Leçon VII. — Unités Monétaires.

142. *Les monnaies* sont des pièces de métal servant à déterminer le prix des objets.

143. L'unité principale des monnaies est *le franc*. LE FRANC *est une pièce d'argent pesant 5 grammes, et contenant les neuf dixièmes de son poids en argent pur, et l'autre dixième en cuivre.* — Le dixième de 5 grammes étant 5 décig., ou 50 centigr., il s'ensuit que la pièce d'un franc contient 50 centigr. de cuivre, et, par conséquent, $4^{gr},50$ d'argent pur.

Le cuivre donne plus de dureté au métal, en même temps qu'il couvre les frais de fabrication.

Les multiples décimaux du franc ne sont pas en usage. Les sous-multiples sont

Le *décime*, qui vaut   un dixième de franc ($0^f,1$) ;
Le *centime*,........ un centième de franc ($0^f,01$) ;
Le *millime*,........ un millième de franc ($0^f,001$) ;

mais ce dernier n'est qu'une monnaie de compte.

144. Notre système monétaire comprend trois sortes de pièces : celles *d'or*, celles *d'argent*, et celles de *bronze*. — A poids égal, et d'après la loi, l'or vaut 15 *fois et demie* plus que l'argent ; et l'argent, 20 *fois* plus que le bronze.

Le poids des pièces d'argent se conclut aisément de celui d'un franc. — Pour calculer le poids des autres pièces, on dira :

$$5 \text{ grammes d'argent valent} \quad 1 \text{ franc :}$$

donc, 1°... 5 grammes d'or valent $\quad 15^f,50$

et $\quad$ 1 gramme d'or vaut $\quad \dfrac{15,50}{5} = 3^f,10$

donc, 2°... 5 grammes de bronze valent $\quad \dfrac{1^f}{20} = \dfrac{100^c}{20} = 0^f,05$

et $\quad$ 1 gramme de bronze vaut $\quad 0^f,01.$

Chaque pièce d'or pèse donc autant de grammes qu'elle vaut de fois $3^f,10$; et chaque pièce de bronze pèse autant de grammes qu'elle vaut de centimes. Ainsi, on passera aisément de la valeur d'une pièce à son poids, et du poids d'une pièce à sa valeur. — Voici le tableau des pièces, avec leurs poids légaux en grammes, et leurs diamètres en millimètres.

	Valeurs.	Poids légaux.	Diamètres.
	100^f	$32^{gr},258$.......	35
	50	16 ,129.......	28
Or : 5 pièces.......	20	6 ,452.......	21
	10	3 ,226.......	19
	5	1 ,613.......	17
	5	25	37
	2	10	27
Argent : 5 pièces..	1	5	23
	50 centimes..	2 ,50	18
	20	1	15
	10 centimes..	10	30
Bronze : 4 pièces...	5	5	25
	2	2	20
	1	1	15

La pièce d'or de 40 francs se trouve aussi dans la circulation, mais on ne la fabrique plus.

145. *Le titre* d'une masse quelconque de métal est le quotient qu'on trouve en divisant le poids du métal pur, ou *du fin*, par le poids total. — Toutes nos pièces d'or et d'argent sont au titre de 0,900. Ainsi, nos pièces, sur un gramme ou 1000 milligrammes, contiennent 900 milligrammes de fin, ou 100 milligrammes de cuivre.

Leçon VIII. — Mesures pour le Temps et le Cercle.

146. Ces mesures ne sont point, comme les précédentes, fondées sur le mètre ; elles ne sont point non plus assujetties à la multiplication ni à la division *décimales*, ainsi qu'on va le voir.

147. Les mesures de durée, ou de temps, se déterminent sur le mouvement du soleil.

Le jour est l'intervalle qui s'écoule entre deux passages consécutifs du soleil au même méridien ; il se divise en 24 *heures*, l'heure en 60 *minutes*, la minute en 60 *secondes*, la seconde en 60 *tierces*.

L'année astronomique de $365^{j}5^{h}48^{m}50^{s}$ est l'intervalle qui s'écoule entre deux passages consécutifs du soleil à un même équinoxe. — Pour *l'année civile*, on prend les 365 jours ; et, pour tenir compte des $5^{h}48^{m}50^{s}$, on fait de 366 jours les années dont le millésime est divisible par 4 : telles sont 1860, 1864, 1868. Mais les années séculaires ne sont de 366 jours que lorsque le nombre des *siècles* est lui-même divisible par 4 (*le siècle* est une période de 100 ans). Ainsi, 1600 a été de 366 jours ; mais 1700, 1800, n'ont été que de 365 jours. — Cet arrangement porte le nom de *Calendrier grégorien*.

Les années de 365 jours se nomment *années communes ;* celles de 366 jours s'appellent *années bissextiles.*

L'année se divise en 12 *mois,* qui sont :

Janvier, de 31 jours ;	*Juillet*, de 31 jours ;
Février, de 28, ou de 29 jours ;	*Août*, de 31 jours ;
Mars, de 31 jours ;	*Septembre*, de 30 jours ;
Avril, de 30 jours ;	*Octobre*, de 31 jours ;
Mai, de 31 jours ;	*Novembre*, de 30 jours ;
Juin, de 30 jours ;	*Décembre*, de 31 jours.

On compte aussi par *semaines*, ou périodes de sept jours, qui sont : *Dimanche, Lundi, Mardi,* etc.

148. La circonférence du cercle se divise en 360 *degrés,*

le degré en 60 *minutes*, la minute en 60 *secondes*,...
et l'on se sert des degrés, minutes, secondes,... pour
mesurer les arcs et les angles.

LEÇON IX. — **Remarques sur le Système métrique. — Problèmes.**

149. Les doubles et les moitiés de plusieurs des mesures décimales sont aussi en usage, — ce qu'on a déjà
pu remarquer par le tableau, N° **144**, des pièces de
monnaies. — Ainsi, on emploie

Pour *les longueurs*, le demi-mètre, le double-décimètre ;

Pour *les bois*, le demi-décastère, le double-stère ;

Pour *les capacités*, le demi-hectolitre, le double-décalitre, le
demi-décalitre, et ainsi de suite, jusqu'au centilitre ;

Pour *les poids*, le double-myriagramme, le demi-myriagramme,
le double-kilogramme, le demi-kilogramme, et ainsi de suite,
jusqu'au milligramme.

150. En théorie, l'unité est arbitraire ; mais, en pratique, il n'en est pas toujours ainsi. Dans la résolution
des problèmes, on prend pour unité le multiple ou le
sous-multiple dont la valeur est donnée, et c'est après
le chiffre qui représente ce multiple ou ce sous-multiple
qu'il faut placer la virgule.

Si l'on demande, par exemple, *combien coûte une pièce de vin
de 379 litres à 80 francs l'hectolitre*, on prendra l'hectolitre pour
unité ; car, autant la pièce contient d'hectolitres, autant elle
coûtera de fois 80 francs. Comme 379 litres = 3hl,79lit, on posera
ainsi la question : *Combien coûte une pièce de vin de 3hl,76l à 80
francs l'hectolitre?* — On pourrait aussi prendre le litre pour
unité ; mais alors il faudrait calculer le prix du litre. Comme il
est de 0f,80, lorsque l'hectolitre vaut 80 francs, la question se
poserait ainsi : *Combien coûte une pièce de vin de 379 litres, à
0f,80 le litre ?*

151. Les multiples et les sous-multiples des six premières unités de notre système métrique étant *décimaux*,
le calcul en est le même que celui des nombres entiers

et décimaux, lequel est déjà connu par les deux premiers chapitres de cet Ouvrage : nous nous bornerons donc à quelques problèmes sur ce sujet. — Quant aux deux dernières espèces de mesures (**147**, **148**), nous en parlerons au chapitre des *Nombres complexes*.

PROBLÈME I. *Combien un myriamètre vaut-il d'hectomètres ? — de décimètres ? — de millimètres ?*

Il faut 100 mètres pour faire un hectomètre (**122**) ; et le mètre vaut 10 décimètres ou 1000 millimètres : donc, *le myriamètre*, qui contient 10 000 mètres, vaut

$$\tfrac{10000}{100} = 100 \text{ hectomètres (N}^o \textbf{ 86}, 3^o) ;$$

ou bien $10\,000.10 = 100\,000$ décimètres (N^o **73**, 2°) ;
ou encore $10\,000.1000 = 10\,000\,000$ de millimètres.

PROB. II. *Énoncer* 56 789^{mèt}.,407 *en myriam., hectom., mètres, centimètres et millimètres;*

Rép. : 5 myriam. 67 hect. 89 mètres 47 centim. 7 millimètres.

PROB. III. *Trouver ce qu'est un centimètre à l'égard d'un kilomètre.*

Le kilomètre contient 1000 mètres, et le mètre 100 centimètres ; donc, le kilomètre contient 1000 fois 100, ou 100 000 centim. (**64**) : donc, *le centimètre est la* CENT-MILLIÈME *partie du kilomètre.*

PROB. IV. *Combien le décimètre carré vaut-il de centimètres carrés ? — de millimètres carrés.*

Le mètre carré vaut 100 décimètres carrés, ou 10000 centimèt. carrés, ou 1 000 000 de millimètres carrés (**130**) :

donc $100^{\text{dd}} = 10\,000^{\text{cc}}$,   d'où $1^{\text{dd}} = \tfrac{10000}{100} = 100^{\text{cc}}$;
donc $100^{\text{dd}} = 1\,000\,000^{\text{mil·m}}$,   d'où $1^{\text{dd}} = 10\,000^{\text{mil·m}}$.

Autrement : Le décimètre carré est un carré d'un décimètre, ou de 10 centimètres, ou de 100 millimètres de côté :

donc (**127**), $1^{\text{dd}} = 10.10 = 100$ centimètres carrés ;
ou bien $1^{\text{dd}} = 100.100 = 10\,000$ millimètres carrés.

PROB. V. *Comment faut-il énoncer* 8^{mm},765 ?

Il faut dire : 8 mètres carrés 765 millièmes ; ou bien : 8 mètres carrés 7650 centimètres carrés (**97** et **130**).

PROB. VI. *Combien un décimètre cube vaut-il de centimètres cubes ?*

Le mètre cube contient 1000 décimètres cubes, ou 1 000 000 de centimètres cubes (**135**) ; par conséquent,

1000 décimèt. cubes = 1 000 000 de centimèt. cubes ;

donc,   1 décimèt. cube = $\frac{1\,000\,000}{1000}$ = 1000 centimèt. cubes.

Autrement : Le décimètre cube est un cube d'un décimètre, ou de 10 centimètres de côté : donc (**134**)

1^{ddd} = 10.10.10 = 1000 centimètres cubes.

PROB. VII. *Comment faut-il énoncer* $6^{mmm},5678$?

Il faut dire : 6 mèt. cubes 5678 dix-millièmes ; ou bien 6 mèt. cubes 567 800 centimètres cubes (**97** et **135**).

PROB. VIII. *Un sac plein de pièces d'argent pèse 17 kilogrammes 622 gr. 50 centig.; vide, il ne pèse que 125 gram. Quelle somme renferme-t-il ?*

Du poids total $17^{kg}622^{gr},50$, ou $17622^{gr},50$, j'ôte d'abord les 125 grammes, poids du sac vide, et j'ai $17497^{gr},50$ pour le poids de l'argent ; ensuite, comme 5 grammes d'argent valent 1 fr. (**143**), je divise 17497,50 par 5, et j'ai $3499^{f},50$ pour la somme demandée. — Ces deux opérations successives peuvent s'indiquer ainsi

Somme demandée = $\frac{17622,50 - 125}{5}$ = $3499^{f},50$.

PROB. IX. *Combien coûteront 3 hectolitres 29 litres de vin, à 80 francs l'hectolitre ?*

Il est évident que $3^{hl}29^l$, c'est-à-dire 3 hectol. 29 centièmes, ou 329 centièmes d'hectolitre, coûteront 329 fois la centième partie de 80 francs. Pour avoir le prix demandé, il suffit donc de multiplier la centième partie de 80 francs par le nombre entier 329 ; ce qui revient (**106**) à multiplier 80 francs par 329, et à séparer *deux* décimales sur la droite du produit ; ou bien (**102**) à multiplier 80 francs, prix d'un hectolitre, par leur nombre 3,29.

Prix demandé $80 \times 3,29 = 263^f,20$.

Autrement : L'hectolitre coûtant 80 francs, le litre coûtera 100 fois moins, ou $0^f,80$; donc, $3^{hl},29$, ou 329 litres, coûteront 329 fois $0^f,80$: donc

Prix demandé : $0,80 \times 329 = 263^f,20$.

PROB. X. *Combien faut-il payer pour une terre de 5 hectares 8 ares, à $2^f,75$ le mètre carré ?*

Il faut donner autant de fois $2^f,75$ que la surface de cette terre contient de mètres carrés. Or (**128**), 5 hectares 8 ares = 508 ares, et 508 ares = 50 800 mètres carrés : donc

Prix demandé $2,75 \times 50\,800 = 139\,700$ francs.

PROB. XI. *Un ouvrier a crépi quatre murs : la surface du premier est de 16 mètres carrés 936 centimètres carrés ;*

*celle du second est de 34 mètres carrés 25 décimèt. carrés ;
celle du troisième est de 234 mètres carrés 8716 centimèt.
carrés, et celle du quatrième, de 678 mètres carrés 6 décimètres carrés. Trouver 1° combien il a crépi de mèt. carrés
et centimètres carrés ; 2° combien on lui doit, à 1ᶠ,23 le
mètre carré.*

Rép. 1°... 16,0936 + 34,25 + 234,8716 + 678,06 = 963ᵐᵐ,2752.

Il reste à trouver combien on doit payer pour 963ᵐᵐ,2752, c'est-
à-dire pour 9 632 752 centimètres carrés. Or, le mètre carré, ou
10 000 centimèt. carrés, se paient 1ᶠ,23 ; un centimètre carré se
paie 10 000 fois moins, ou 0ᶠ,000 123 : donc, 2° on doit à l'ouvrier

$$0,000123 \times 9632752 = 1184^f,83 \text{ à peu près.}$$

Ce résultat est bien le même que $1,23 \times 963,2752$,

que l'on a en multipliant le prix du mètre carré par le nombre
de mètres carrés.

NOTA. La solution de ce Problème, comme celle du
Prob. IX, nous donne l'occasion de faire remarquer que,
*Pour trouver la valeur totale d'un certain nombre d'unités
de même valeur, il faut multiplier la valeur de l'unité
par le nombre des unités,* QUEL QU'IL SOIT.

Nous l'avions déjà dit (**73, 1°**), pour le cas où les facteurs sont
des nombres entiers.

PROB. XII. *A combien revient le kilogr. de fer, lorsque
8 barres, pesant chacune 9ᵏᵍ,52, ont été payées 37ᶠ,32 ?*

Les 8 barres contiennent $9,52 \times 8 = 76^{kg},16$ de fer.

Si je connaissais le prix du kilogr., en le multipliant par 76,16
(Prob. XI, *Nota*), je trouverais le prix total 37ᶠ,32 : donc (**86**), il
faut diviser 37ᶠ,32 par 76,16, et nous aurons

Valeur demandée $\frac{37,32}{76,16} = 0^f,49$ à peu près.

Autrement : Les 76ᵏᵍ,16 = 7616 décagrammes ;

donc   7616 décagr. de fer ont été payés   37ᶠ,32 ;
donc (**86**, Ex. IV), 1 décagr. revient à $\frac{37,32}{7616}$,
et le kilogr., ou 100 décagr., à $\frac{37,32}{7616} \times 100 = \frac{37,32}{76,16}$ (N° **104**),

c'est-à-dire, comme nous l'avons déjà trouvé, que *le prix du
kilogr. est égal à la valeur totale des kilogr., divisée par leur
nombre,* QUEL QU'IL SOIT.

PROB. XIII. *Une pièce de vin de Bourgogne pèse 267ᵏᵍ,40,
tout compris. Sachant que le litre de ce vin pèse 991 gr.,*

et que le fût vidé pèse 25 kilogr., trouver combien la pièce contient de litres de vin.

La quantité de vin pèse   267,40 — 25 = 242^{kg},40.

Elle contient donc autant de litres qu'il y a de fois 991 gram. dans 242^{kg},40 ou dans 242400 grammes : donc (**46**, 1er *usage*), il faut diviser 242 400 par 991, ce qui donne

Quantité demandée $\frac{242400}{991}$ = 244^{lit},6.

Prob. XIV. *Un marchand a reçu trois pièces de drap, qui lui coûtent respectivement 312^f, 410^f, 518^f; la première est de 25^m,40 ; la seconde, de 33^m,50 ; la troisième, de 42^m,25 : elles sont, à fort peu près, de même qualité. S'il en donne 4^m,30 aux pauvres, combien doit-il revendre le mètre de ce qui lui reste pour gagner 164^f sur le tout ?*

Les trois pièces coûtent   312 + 410 + 518 = 1240 fr.
Il devra les revendre   1240 + 164 = 1404 fr.
Il y avait en tout   25,40 + 33,50 + 42,25 = 101^m,15.
Il n'y en a plus que   101,15 — 4,30 = 96^m,85,
qui doivent être revendus 1404 fr. : donc (Prob. XII),
il doit revendre le mètre $\frac{1404}{96,85}$ = 14^f,50 à peu près.

Toutes ces opérations peuvent s'indiquer brièvement ainsi.

Prix du mètre $\frac{312+410+518+164}{25,4+33,5+42,25-4,3}$ = $\frac{1404}{96,85}$ = 14^f,50.

CHAPITRE IV. — Propriétés des Nombres entiers.

—

Leçon 1. — Définitions préliminaires. — Caractères de Divisibilité.

152. On appelle *multiple* d'un nombre, le produit de ce nombre par un nombre entier quelconque.

Ainsi, 3 *fois* 8, ou 8.3, ou 24, est un multiple de 8.

Le produit d'un nombre par 2, s'appelle *double* ; par 3, *triple* ; par 4, *quadruple* ; par 5, *quintuple* ; par 6, *sextuple* ;... par 10, *décuple* ;... par 100, *centuple*. Tels sont les noms les plus usités.

153. On appelle *diviseur* (a) d'un nombre entier, tout nombre entier qui le divise sans reste ; on dit alors que le second nombre (le dividende) est *divisible* par le premier.

Ainsi, 8 est diviseur de 24 ; et 24 est divisible par 8.

154. On appelle *caractères de divisibilité* d'un nombre, les marques auxquelles on reconnaît que la division par ce nombre peut se faire sans reste.

155. La divisibilité des nombres repose sur les cinq principes suivants.

1° *La* SOMME *de plusieurs multiples d'un même nombre est un multiple de ce nombre.*

Car il est évident que si l'on ajoute, par exemple, 2 fois 8 à 3 fois 8, la somme est 5 fois 8.

2° LA DIFFÉRENCE *de deux multiples d'un même nombre est un multiple de ce nombre.*

Car il est évident que si de 5 fois 8, par exemple, on ôte 2 fois 8, on a pour reste 3 fois 8.

3° *Le produit d'un multiple d'un nombre par un nombre entier quelconque, est un multiple de ce nombre.*

Par exemple, 24 étant un multiple de 8, son produit par 4, ou $24.4 = 24 + 24 + 24 + 24$, est aussi un multiple de 8, car il est la somme de plusieurs multiples de 8.

4° *Pour multiplier par un nombre entier une quantité composée de plusieurs parties, il suffit de multiplier chaque partie par ce nombre entier.*

Soit la quantité $9 + 2$: pour la multiplier par 3, par exemple, on peut l'écrire 3 fois et faire l'addition, ce qui donne 3 *fois* 9 + 3 *fois* 2, c'est-à-dire, $9.3 + 2.3$.

$$9 + 2$$
$$9 + 2$$
$$9 + 2$$
$$\overline{}$$
$$9.3 + 2.3$$

De même, $(9 - 2).3$ donne $9.3 - 2.3$.

Car, le multiplicateur étant 3, si le multiplicande était 9, le produit serait 9.3 ; mais, au lieu de 9, c'est $9 - 2$ qui est le multiplicande donc, c'est $9 - 2$, c'est-à-dire, 9 *diminué de* 2 : qu'il faut multiplier par 3. Ainsi, 9 est trop fort de 2 ; donc,

---

(a) Dans ce cas, le diviseur s'appelle aussi *facteur, sous-multiple,* et *partie aliquote.*

chaque fois qu'on prend 9, on prend 2 de trop. Donc, prenant 3 fois 9, on prend 3 fois 2 de trop : donc le produit est 3 fois 9 *moins* 3 fois 2, ou 9.3 — 2.3.

5° Si une somme est composée de deux parties, et que la première soit divisible par un certain nombre entier, sans que la seconde le soit, la somme ne sera pas divisible par ce nombre entier; et l'on aura le même reste en divisant la somme par ce nombre, qu'en divisant la seconde partie par ce même nombre.

Soient les deux nombres 30 et 23 : Le premier est divisible par 5, et le second ne l'est pas; leur somme ne le sera pas non plus; et comme 23 divisé par 5 donne 3 de reste, la somme 30 + 23, ou 53, divisée par 5, donnera aussi 3 de reste.

En effet, 30 étant égal à 6 fois 5,
et 23 .... à 4 fois 5, + 3,
la somme 53 est égale à 10 fois 5, + 3 :

donc, si on la divise par 5, on trouvera 10 pour quotient, et 3 de reste, ce qu'il fallait démontrer.

Passons maintenant aux caractères de divisibilité.

156. *Un nombre est divisible par 2, quand le premier chiffre à droite est divisible par 2.*

En effet, tout nombre entier peut se décomposer en dizaines et unités (par exemple, 456 = 450 + 6) ; or, chaque dizaine étant un multiple de 2 (puisque 10 = 2.5), si le chiffre des unités est divisible par 2, le nombre proposé est la somme de deux multiples de 2 : donc (**155**, 1°), il est divisible par 2. — Il résulte de là qu'un nombre divisible par 2, est terminé par 0, 2, 4, 6, ou 8. — Tels sont 24, 236, 470.

157. Un nombre divisible par 2, s'appelle *nombre pair*; celui qui n'est pas divisible par 2, est un *nombre impair*.

158. *Un nombre est divisible par 3, quand la somme des valeurs absolues de ses chiffres est un multiple de 3.*

1° Divisons par 3 chacun des nombres 10, 100, 1000, 10000,...; nous trouverons toujours 1 de reste : donc, *L'unité suivie de zéros est* m3 + 1 (a).

2° On a 23456 = 20000 + 3000 + 400 + 50 + 6

(a) J'écris *m* pour *un multiple de.*

Or (1º) $20000 = 10000.2 = (m3 + 1).2 = m3 + 2$ **(155**, 3º, 4º) ;
         $3000 = 1000.3 = (m3 + 1).3 = m3 + 3$;
         $400 = 100.4 = (m3 + 1).4 = m3 + 4$;
         $50 = 10.5 = (m3 + 1).5 = m3 + 5$;
         $6 = \dots\dots\dots\dots\dots\dots\dots\dots 6$;

donc, $23456 = \qquad m3 + 2 + 3 + 4 + 5 + 6$,

c'est-à-dire que *Tout nombre entier est* $m3$ + *la somme des valeurs absolues de ses chiffres;* par conséquent, si un nombre entier est tel que la somme des valeurs absolues de ses chiffres donne $m3$, ce nombre est la somme de deux multiples de 3 : donc **(155**, 1º), alors, il est divisible par 3. — Tels sont 123, 2538, 801.

159. *Un nombre est divisible par 4, lorsque les* DEUX *premiers chiffres à droite représentent un nombre divisible par 4.*

En effet, tout nombre entier peut se décomposer en centaines et unités (par exemple, $3456 = 3400 + 56$) ; or, chaque centaine étant un multiple de 4 (puisque $100 = 4.25$), si le nombre représenté par les deux premiers chiffres à droite est un multiple de 4, le nombre proposé est la somme de deux multiples de 4 : donc, il est divisible par 4. — Tels sont 1860, 428, 3596.

160. *Un nombre est divisible par 5, lorsqu'il est terminé par 0, ou par 5.* — Tels sont 270, 915, 3935.

Même démonstration que pour le nombre **2** (Nº **156**).

161. Comme $6 = 2.3$, tout nombre divisible par 6, l'est par 2 et par 3 : ainsi, *Pour qu'un nombre soit divisible par 6, il faut qu'il soit pair* **(157)**, *et qu'en outre la somme de ses chiffres soit un multiple de 3* **(158)**. — Tels sont 126, 378, 5724.

162. *Un nombre est divisible par 8, lorsque les* TROIS *premiers chiffres à droite représentent un nombre divisible par 8.*

Remarquant que $1000 = 8.125$, on raisonnera comme pour le nombre 4 (Nº **159**,) mais en décomposant le nombre en *mille* et *unités.* — Ainsi, 2344, 97360, 75800, sont divisibles par 8.

163. *Un nombre est divisible par 9, lorsque la somme des valeurs absolues de ses chiffres est un multiple de 9.*

Même démonstration que pour le nombre 3 (Nº **158**). — Ainsi, 1233, 405, 67005, sont divisibles par 9.

3

On aura le même reste en divisant par 9, soit le nombre proposé, soit la somme de ses chiffres (155, 5°). Par exemple, $\frac{23456}{9}$ et $\frac{2+3+4+5+6}{9}$, donnent le même reste 2.

Pour trouver commodément *le reste* de la division d'un nombre par 9, on peut faire la somme de ses chiffres, en supprimant 9 chaque fois qu'on trouve ce nombre : le dernier reste est le résultat cherché.

164. *Un nombre est divisible par* 10, *lorsqu'il est terminé par un zéro.* — Tels sont 120, 900, 660. Cela est évident.

165. *Un nombre est divisible par* 11, *quand la somme des chiffres de rang pair égale la somme des chiffres de rang impair, ou que la différence de ces deux sommes est un multiple de* 11.

1° Divisons par 11 chacun des nombres 10, 100, 1.000, 10.000... ; nous trouverons pour restes 10, 1, 10, 1,... : comme $10 = 11 - 1$, nous devons en conclure que *L'unité suivie de zéros est* $m11 \pm 1$ (a), *selon que le nombre des zéros est pair ou impair.*

2° On a $\qquad 23\,456 = 20\,000 + 3000 + 400 + 50 + 6.$

$$
\begin{aligned}
\text{Or,} \qquad 6 &= \dots\dots\dots\dots\dots\dots\dots\dots\dots\, 6 \\
\text{et (1°)} \qquad 50 &= 10.5 = (m11-1)\,.5 = m11-5 \; \textbf{(155, 3°, 4°)} \\
400 &= 100.4 = (m11+1)\,.4 = m11+4 \\
3000 &= 1000.3 = (m11-1)\,.3 = m11-3 \\
20\,000 &= 10000.2 = (m11+1)\,.2 = m11+2 \\
\hline
\text{Donc} \qquad 23\,456 &= m11+6-5+4-3+2, \\
\text{ou bien} \qquad &= m11+(6+4+2)-(5+3),
\end{aligned}
$$

c'est-à-dire que *Tout nombre entier est* m11, PLUS *la somme de ses chiffres de rang impair, en partant de la droite,* MOINS *la somme de ses chiffres de rang pair.* — Donc, si un nombre entier est tel que la différence entre la somme de ses chiffres de rang pair et celle de ses chiffres de rang impair, soit zéro, ou $m11$, ce nombre entier est $m11$, ou divisible par 11. — Ainsi, 234 564 est divisible par 11, ce qu'on reconnaît à ce que $4 + 5 + 3$, somme des chiffres de rang impair, $= 6 + 4 + 2$, somme des chiffres de rang pair.

166. Comme $12 = 3.4$, tout nombre divisible par 12, l'est par 3 et par 4 : ainsi, *Pour qu'un nombre soit divisible par* 12, *il faut que la somme de ses chiffres soit un*

(a) Le signe $\pm$ signifie et s'énonce *plus ou moins*.

multiple de 3 (N° **158**), *et qu'en outre le nombre représenté par les* DEUX *premiers chiffres à droite, soit divisible par* 4 (N° **159**).

NOTA. Tout nombre entier a ses caractères propres de divisibilité; mais, pour beaucoup, il est plus court d'essayer la division. Tel est en particulier le nombre 7, dont nous n'avons rien dit. (*Voir notre Arith. in-8°*, Nos **217** à **232**.)

LEÇON II. — Nombres premiers.

167. On appelle *nombre premier*, un nombre entier qui n'est divisible que par lui-même et par l'unité ; tout autre nombre entier est dit *composé*. Par exemple, 5 n'étant divisible ni par 2, ni par 3, ni par 4, est un nombre premier ; mais 6, qui est divisible par **2** et par 3, est un nombre composé.

168. *Les nombres premiers,* excepté 2, *ne se trouvent que parmi les nombres impairs,* car les nombres pairs étant divisibles par 2, sont des nombres composés.

169. Pour former une Table de nombres premiers, on écrit à la suite les uns des autres tous les nombres impairs 1, 3, 5, 7, 9, 11 ,... jusqu'à celui qu'on prend pour limite de la Table. Les nombres pairs n'étant pas écrits, les multiples de 2 sont déjà supprimés.

On commence donc par chercher les multiples de 3, afin de les supprimer aussi. Pour cela, on barre 9, *seconde puissance* de 3 ; puis, commençant sur 11, on compte consécutivement 1, 2, 3, sur tous les nombres suivants, et l'on barre tous ceux sur lesquels on dit 3, car ils sont des multiples de 3.

On cherche ensuite les multiples de 5. Pour les trouver, ayant barré 25, *seconde puissance* de 5, on compte 1, 2, 3, 4, 5, sur tous les nombres suivants, en commençant sur 27, et l'on barre tous ceux sur lesquels on dit 5, car ils sont des multiples de 5.

En troisième lieu, il faut supprimer les multiples de 7. Pour cela, on barre 49, *seconde puissance* de 7 ; puis, en commençant sur 51, on compte 1, 2, 3, 4, 5, 6, 7, sur les nombres suivants, et l'on barre tous ceux sur lesquels on dit 7, car ils sont des multiples de 7.

On continue ainsi ; et l'opération est terminée lorsque la *seconde puissance* qu'on aurait à barrer, excède la limite de la Table qu'on s'est proposé de former. Alors, tous les nombres non barrés compris entre 1 et la limite sont les nombres cherchés. On y joint 2, qui, comme nombre pair, n'a pas d'abord été écrit.

170. On trouve ainsi que les nombres premiers compris entre 1 et 500, sont les suivants.

2, 3, 5, 7, 11, 13, 17, 19, 23, 29, 31, 37, 41, 43, 47, 53, 59, 61, 67, 71, 73, 79, 83, 89, 97, 101, 103, 107, 109, 113, 127, 131, 137, 139, 149, 151, 157, 163, 167, 173, 179, 181, 191, 193, 197, 199, 211, 223, 227, 229, 233, 239, 241, 251, 257, 263, 269, 271, 277, 281, 283, 293, 307, 311, 313, 317, 331, 337, 347, 349, 353, 359, 367, 373, 379, 383, 389, 397, 401, 409, 419, 421, 431, 433, 439, 443, 449, 457, 461, 463, 467, 479, 487, 491, 499. — Il est bon d'apprendre de mémoire les nombres de la première centaine : le reste de la Table est à consulter au besoin.

LEÇON III. — **Trouver tous les Facteurs premiers d'un Nombre.**

171. Les *facteurs* ou diviseurs *premiers* d'un nombre entier sont tous les nombres premiers par lesquels ce nombre entier est divisible.

172. Pour trouver tous les facteurs premiers d'un nombre, on le divise successivement, lui et les quotients successifs obtenus, par la série des nombres premiers 2, 3, 5, 7, 11,... en effectuant la division par chacun de ces nombres autant de fois qu'elle est possible : on finit par trouver un quotient égal à l'unité. Alors, tous les nombres premiers différents que l'on a employés, sont les facteurs demandés. — Si l'on donne ensuite à chaque facteur premier respectif, un exposant égal au nombre de fois qu'il a été employé comme diviseur, on a les *facteurs simples*, dont le produit donne le nombre proposé. — *Exemples.*

I. *Trouver tous les facteurs premiers de 2520.*

Ce nombre est divisible par 2 (N° **156**). Effectuant la division autant de fois qu'elle est possible, j'obtiens successivement 1260, 630, 315; donc 2520 $=$ 2.2.2.315 $=$ 2^3.315 (**74** et **59**). 315 est divisible par 3 (**158**), et donne successivement 105 et 35; ainsi, 315 $=$ 3.3.35 $=$ 3^2.35: donc, 2520 $=$ 2^3.3^2.35. Divisant 35 par 5, j'ai 7, qui, divisé par 7, donne 1; ainsi, 35$=$5.7: donc, 2520$=$$2^3$.$3^2$.5.7. Pour arriver à l'unité, j'ai divisé 2520 par 2, par 3, par 5 et par 7: donc, *les facteurs premiers de 2520 sont* 2, 3, 5 *et* 7. — Mais, parce que j'ai divisé *trois* fois par 2, *deux* fois par 3, *une* fois par 5, et *une* fois par 7, *les facteurs simples* du même nombre sont 2^3, 3^2, 5 et 7. En effet, 2^3.3^2.5.7$=$ 2520.

	2520
2.....	1260
2.....	630
2.....	315
3.....	105
3.....	35
5.....	7
7.....	1

II. *Trouver tous les facteurs premiers de 1769625.*

En opérant comme le prescrit la règle, on trouve que 1 769 625 est divisible *deux* fois par 3, *trois* fois par 5, *deux* fois par 11, et *une* fois par 13. — Ainsi, les facteurs *premiers* demandés sont 3, 5, 11, 13; et les facteurs *simples*, 3^2, 5^3, 11^2, 13, en sorte que 3^2.5^3.11^2.13 $=$ 1 769 625.

Leçon IV. — **Trouver le plus petit Multiple de plusieurs Nombres.**

173. *Le plus petit multiple* de plusieurs nombres est le plus petit nombre qui les puisse contenir tous exactement.

174. Pour trouver le plus petit multiple de plusieurs nombres entiers, on décompose chacun d'eux en ses facteurs premiers (**172**); puis, on forme le produit de tous ces facteurs premiers élevés respectivement à la plus haute des puissances auxquelles ces facteurs se trouvent élevés dans les différents nombres proposés. Le produit ainsi formé est le multiple demandé.

Nota. Si un des nombres proposés est exactement contenu

dans l'un des autres, il est inutile de le décomposer en facteurs, car tout multiple du second nombre est multiple du premier (155, 3°).

EXEMPLE I. *Trouver le plus petit multiple de* 24, 48, 72.

Comme 24 est exactement contenu dans 48, je décompose seulement 48 et 72. — Je trouve $48 = 24.3$, et $72 = 2^3.3^2$. — Ainsi, les seuls facteurs premiers contenus dans les trois nombres donnés sont 2 et 3 ; et comme la plus haute puissance de 2 est la 4e, et que la plus haute de 3 est la 2e, il s'ensuit que le plus petit multiple demandé est $2^4.3^2 = 144$.

EXEMPLE II. *Trouver le plus petit multiple des quatre nombres* 30, 60, 99, 200.

On a $60 = 2^2.3.5$; $99 = 3^2.11$; $200 = 2^3.5^2$: donc, le plus petit multiple est $2^3.3^2.5^2.11 = 19\,800$.

Inutile de décomposer 30, qui est contenu dans 60.

Leçon V. — Calcul du plus grand commun Diviseur.

175. On appelle *diviseur commun* de plusieurs nombres entiers, un nombre entier qui les divise tous exactement.

Par exemple, 3 divisant exactement 24 et 36, est diviseur commun de ces deux nombres.

176. *Le plus grand commun diviseur* de plusieurs nombres est le plus grand de tous leurs diviseurs communs.

Par exemple, les diviseurs communs à 24 et à 36, étant 2, 3, 4, 6, 12, il s'ensuit que 12 est le plus grand commun diviseur des deux nombres 24 et 36.

177. La recherche du plus grand commun diviseur de deux nombres repose sur les deux principes suivants :

I. *Tout diviseur commun de deux nombres est diviseur du reste de la division du plus grand par le plus petit ; et réciproquement : Tout diviseur commun du plus petit nombre et du reste, est diviseur du plus grand nombre.*

Par exemple, comme en divisant 360 par 84, on a 4 pour quotient, et 24 pour reste, il s'ensuit que tout diviseur commun 6 des nombres 360 et 84 est diviseur de 24.

En effet, en faisant la division de 360 par 84, on a ôté de 360 le produit de 84 par 4, ce qui a donné le reste 24,
en sorte que l'on a   360 — 84.4 = 24.

Or (155, 3º), 84 étant un multiple de 6, il en est de même de 84.4; donc 360 — 84.4 est la différence de deux multiples de 6 : donc, 24 est un multiple de 6, et, par conséquent, divisible par 6 (155, 2º).

Réciproquement : Tout nombre, 6 par exemple, qui divise 84 et 24, divise 360. — En effet, d'après la division effectuée,

$$360 = 84.4 + 24 \qquad (\text{Nº } 84) ;$$

Or (I), 84.4 étant un multiple de 6, ainsi que 24, leur somme est (155, 1º) aussi un multiple de 6 : donc, 360 est un multiple de 6, et, par conséquent, divisible par 6.

II. *Le plus grand commun diviseur de deux nombres est le même qu'entre le plus petit de ces nombres et le reste de la division du plus grand par le plus petit.*

Soit 12 le PGCD entre 360 et 84 (a); le PGCD entre 84 et 24 sera aussi 12. — En effet (I), le PGCD entre 360 et 84, divise 24; donc, le nombre 12 est diviseur commun de 84 et de 24. Je dis qu'il en est le PGCD; car (I, *récip.*), si 84 et 24 avaient un diviseur commun plus grand que 12, ce diviseur commun divisant aussi 360, il s'ensuivrait que 360 et 84 seraient divisibles par un nombre plus grand que leur PGCD, ce qui est impossible (176). Donc, *Le plus grand commun diviseur*, etc.

178. *Calculer le PGCD entre 360 et 84.*

Ce PGCD ne peut surpasser 84 ; comme ce nombre est diviseur de lui-même, il est le PGCD, s'il divise aussi 360. Je divise donc 360 par 84 ; je trouve 4 pour quotient, et 24 pour reste : donc, 84 n'est pas le PGCD. Mais (177, II) ce PGCD est le même qu'entre 84 et 24 : donc, il ne peut surpasser 24. Comme 24 est diviseur de lui-même, il est le PGCD, s'il divise aussi 84.

	4	3	2
360	84	24	12
24	12	0	

aussi 84. C'est pourquoi je divise 84 par 24 ; je trouve 3 pour quotient, et pour reste 12 : donc, 24 n'est pas le PGCD que nous cherchons. Mais ce PGCD est le même qu'entre 24 et 12 : donc, il ne peut surpasser 12. Comme 12 est diviseur de lui-même, il est le PGCD, s'il divise aussi 24. Je divise donc 24 par 12; je trouve 2 pour quotient, et point de reste : donc, 12 est le PGCD

(a) Pour abréger, j'écris PGCD pour *Plus grand commun diviseur.*

entre 24 et 12, et, par conséquent, entre les deux nombres proposés 360 et 84. — Tout autre cas pouvant s'analyser semblablement, on en conclut que

179. *Pour trouver le plus grand commun diviseur de deux nombres, on divise le plus grand par le plus petit, le plus petit par le premier reste, le premier reste par le second, et ainsi de suite jusqu'à ce que la division se fasse sans reste :* LE DERNIER DIVISEUR *est le plus grand commun diviseur cherché.* — EXEMPLES.

I. Le PGCD entre 5652 est 2448 est......... 36.

II. Le PGCD entre 1393 et 972 est......... 1.

180. Quand on trouve 1 pour PGCD, on dit que les deux nombres sont *premiers entre eux ;* mais souvent ils ne sont premiers ni l'un ni l'autre. — Ainsi, 1393 et 972 sont premiers entre eux.

181. Pour trouver le PGCD de plus de deux nombres, on cherche le PGCD entre deux de ces nombres (**179**) ; puis, le PGCD entre le résultat et un troisième nombre ; ensuite, le PGCD entre le nouveau résultat et un quatrième nombre, et ainsi de suite, jusqu'à ce qu'on ait employé tous les nombres proposés. Le dernier PGCD est le résultat cherché. — *Exemple.*

Trouver le PGCD des nombres 144, 216, 352 et 996.

Le PGCD entre 144 et 216 est............... 72 ;
Le PGCD entre 72 et 352 est............... 8 ;
Le PGCD entre 8 et 996 est............. . 4 :

ainsi, 4 est le plus grand commun diviseur demandé.

CHAPITRE V. — Opérations sur les Fractions et sur les Nombres fractionnaires.

Leçon I. — Origine des Fractions. — Définitions, Notations.

182. Pour mesurer une quantité moindre que l'unité, on partage ordinairement l'unité en parties égales, et l'on cherche combien de fois une de ces parties est contenue dans la quantité à mesurer. Cette quantité étant moindre que l'unité, contiendra moins de parties que l'unité : le nombre qui en résultera est donc (N° 5) ce que l'on appelle un *nombre fraction*, ou simplement une *fraction*. D'après cela,

Une FRACTION *est généralement une ou plusieurs parties de l'unité divisée en plusieurs parties égales.*

Par exemple, si on partage le mètre en *cinq* parties égales, et qu'on prenne une, **2, 3,** ou 4 de ces parties, on aura une fraction de mètre.

183. Deux nombres sont nécessaires pour représenter une fraction ; car il en faut un, qu'on appelle *numérateur*, qui marque combien elle contient de parties de l'unité ; et il en faut un autre, qu'on nomme *dénominateur*, qui marque la grandeur de ces parties, en faisant connaître en combien de parties égales l'unité est divisée : ces deux nombres s'appellent, d'un nom commun, *termes* de la fraction.

184. Lorsqu'on partage l'unité en 2, 3, 4, 5, 6, 7,... parties égales, les parties se nomment respectivement *demies, tiers, quarts, cinquièmes, sixièmes, septièmes,...* d'où il suit que pour faire une unité, il faut 2 demies, ou 3 tiers, ou 4 quarts, ou 5 cinquièmes, ou 6 sixièmes, ou 7 septièmes,...

185. Pour *écrire* une fraction, on est convenu de

placer le dénominateur au-dessous du numérateur, en interposant une barre ; et pour la *lire*, on énonce d'abord le numérateur, ensuite le dénominateur, en donnant à celui-ci la terminaison *ième*, excepté le cas où il est 2, 3, 4, car alors on dit *demi, tiers, quarts* (**184**).

Si donc une quantité est composée de 5 des parties de l'unité divisée en 8 parties égales, on la représentera par $\frac{5}{8}$, qu'on énonce *cinq huitièmes*; et si l'on demande ce que signifie $\frac{3}{4}$ (*trois quarts*), il faut dire que « cette fraction représente une quantité composée de 3 des parties de l'unité divisée en 4 parties égales. »

186. *Une fraction représente* aussi *le quotient qu'on trouve en divisant le numérateur par le dénominateur.*

Ainsi, $\frac{5}{8}$ est le quotient de 5 divisé par 8.

En effet, diviser 5 par 8, c'est (**86**), partager 5 en 8 parties égales, ou bien c'est chercher combien de fois 5 contient 8. Or,

1° Si l'on partage 1 en 8 parties égales, chaque partie est $\frac{1}{8}$ (N° **184**); donc, si l'on partage 5 en 8 parties égales, chaque partie devient $\frac{5}{8}$. Donc, $5:8 = \frac{5}{8}$.

2° Le nombre 5 ne contient pas une fois le nombre 8 ; mais chaque unité contenant *une* fois le huitième de 8, il est clair que 5 unités contiennent 5 fois le huitième de 8, ou contiennent $\frac{5}{8}$ de 8. Donc, encore $5:8 = \frac{5}{8}$.

187. Lorsque la division donne un reste, on complète le quotient en y ajoutant une fraction ayant le reste pour numérateur, et le diviseur pour dénominateur.

Car, en divisant 23 par 5, par exemple, on a 4 pour la partie entière du quotient, et il reste 3 ; or, 3 divisé par 5, donne $\frac{3}{5}$ (N° **186**) : donc, le quotient complet est $4\frac{3}{5}$.

188. Un nombre entier joint à une fraction forme un nombre fractionnaire (**5**). Tel est $4\frac{3}{5}$.

Leçon II. — **Opérations préliminaires sur les Fractions.**

189. Une fraction est moindre que l'unité (N° **5**) ; néanmoins, pour abréger, on donne souvent le nom de fractions à des quantités égales à l'unité, ou plus grandes, lorsqu'elles sont écrites sous la forme de fractions : c'est une observation qu'il ne faudra pas perdre de vue. Ainsi, $\frac{5}{5}$, $\frac{12}{8}$, sont appelées des fractions.

190. *Lorsqu'une quantité est écrite sous la forme d'une fraction,*

1° *Elle est* MOINDRE *que l'unité, si le numérateur est* PLUS PETIT *que le dénominateur,* car elle contient moins de parties qu'il n'en faut pour faire l'unité. Telles sont $\frac{2}{3}$, $\frac{3}{7}$, $\frac{5}{9}$.

2° *Elle est* ÉGALE à *l'unité, si le numérateur est* ÉGAL *au dénominateur,* car elle contient alors précisément autant de parties qu'il en faut pour faire l'unité. Telles sont $\frac{2}{2}$, $\frac{7}{7}$, $\frac{42}{42}$.

3° *Elle est* PLUS GRANDE *que l'unité, si le numérateur* SURPASSE *le dénominateur,* car, dans ce troisième cas, elle contient plus de parties qu'il n'en faut pour faire l'unité. Telles sont $\frac{3}{2}$, $\frac{7}{5}$, $\frac{123}{9}$.

191. Pour extraire les entiers renfermés dans une fraction dont le numérateur surpasse le dénominateur, il faut diviser le numérateur par le dénominateur : le quotient complet (N° **187**) donne la valeur de la fraction proposée. — Ainsi, $\frac{43}{9} = 4\frac{7}{9}$.

En effet, pour faire une unité, il faut 9 neuvièmes (**184**) : donc autant il y a de fois 9 dans 43, autant il y a d'unités dans $\frac{43}{9}$. Ainsi, (86, 1°), il faut diviser 43 par 9, ce qui donne $4\frac{7}{9}$. — On trouve de même que $\frac{42}{5} = 8\frac{2}{5}$.

192. Pour réduire un nombre entier en fraction, on le multiplie par le dénominateur indiqué, et l'on donne au produit le même dénominateur.—Ainsi, 8 unités $= \frac{72}{9}$.

En effet, chaque unité valant 9 neuvièmes, les 8 unités valent 8 fois 9 neuvièmes, ou $\frac{72}{9}$, ce qu'on exprime ainsi : $8 = \frac{8 \cdot 9}{9} = \frac{72}{9}$. — On trouve de même que $10 = \frac{50}{5} = \frac{60}{6} = \frac{70}{7}$.

193. Pour réduire un nombre fractionnaire en une seule fraction, on multiplie l'entier par le dénominateur de la fraction, on ajoute au produit le numérateur, et l'on donne à la somme le dénominateur de la fraction. — Ainsi, $4\frac{7}{9} = \frac{43}{9}$.

Chaque unité valant 9 neuvièmes, les 4 unités valent 4 fois 9 neuvièmes, ou 36 neuvièmes, et 7 qu'il y a, cela fait en tout $\frac{43}{9}$, ce qu'on exprime ainsi : $4\frac{7}{9} = \frac{4 \cdot 9 + 7}{9} = \frac{43}{9}$. — On trouve de même que $8\frac{2}{5} = \frac{42}{5}$.

Leçon III. — Quelques Propriétés des Fractions.

194. *En augmentant ou en diminuant le numérateur, sans changer le dénominateur, on augmente ou l'on diminue la fraction.*

Car, en *augmentant* le numérateur, on augmente le nombre des parties qu'on prend pour composer la fraction (183); or, le dénominateur restant le même, les parties sont de même grandeur que les premières : donc, la fraction est *augmentée*. — Le contraire arrive, si on *diminue* le numérateur. — Ainsi, les fractions

$$\frac{2}{7}, \frac{3}{7}, \frac{4}{7}, \frac{5}{7}, \text{ sont de plus en plus grandes;}$$

et $\quad \frac{8}{9}, \frac{7}{9}, \frac{5}{9}, \frac{2}{9},$ sont de plus en plus petites.

195. *En augmentant ou en diminuant le dénominateur, sans changer le numérateur, on diminue ou l'on augmente la fraction.*

Car, le dénominateur étant *augmenté*, marque que l'unité est divisée en un plus grand nombre de parties (183); donc ces nouvelles parties sont plus petites que les premières; or, on n'en prend que le même nombre, puisqu'on n'a pas changé le numérateur : donc, la fraction est *diminuée*. — Le contraire arrive, si on *diminue* le dénominateur. — Ainsi, les fractions

$$\frac{7}{8}, \frac{7}{9}, \frac{7}{10}, \frac{7}{11}, \text{ sont de plus en plus petites;}$$

et $\quad \frac{3}{10}, \frac{3}{8}, \frac{3}{7}, \frac{3}{5},$ sont de plus en plus grandes.

196. *En augmentant également les deux termes d'une fraction, on l'augmente si elle est moindre que l'unité, on la diminue si elle est plus grande,*

1° Soit la fraction $\frac{3}{7}$, à laquelle il manque 4 parties pour faire l'unité ; si l'on augmente les deux termes de 6, on aura $\frac{9}{13}$, fraction à laquelle il manque aussi 4 parties pour faire l'unité ; mais ces nouvelles parties sont des *treizièmes*, tandis que les premières sont des *septièmes* ; or, les treizièmes sont plus petits que les septièmes : donc, la fraction $\frac{9}{13}$ est plus voisine de l'unité que $\frac{3}{7}$: donc, la fraction a augmenté.

2° Soit la fraction $\frac{5}{2}$; en augmentant ses termes de 6, on a $\frac{11}{8}$. La première fraction surpasse l'unité de $\frac{3}{2}$, et la seconde de $\frac{3}{8}$. Or, la quantité $\frac{3}{8}$ est plus petite que $\frac{3}{2}$: donc, $\frac{11}{8}$ est plus petit que $\frac{5}{2}$.

Il résulte de ce qui précède que les fractions

$\frac{2}{5}, \frac{3}{6}, \frac{4}{7}, \frac{5}{8}$, sont de plus en plus grandes ;

et que $\quad \frac{5}{2}, \frac{6}{3}, \frac{7}{4}, \frac{9}{5}$, sont de plus en plus petites.

197. *En diminuant également les deux termes d'une fraction, on la diminue si elle est moindre que l'unité, on l'augmente si elle est plus grande.*

Cette propriété peut se démontrer comme la précédente; (196), dont elle est d'ailleurs une conséquence nécessaire. Ainsi,

$\frac{5}{8}, \frac{4}{7}, \frac{3}{6}, \frac{2}{5}$, sont de plus en plus petites;

et $\quad \frac{8}{5}, \frac{7}{4}, \frac{6}{3}, \frac{5}{2}$, sont de plus en plus grandes.

198. *En multipliant le numérateur par un nombre entier, sans changer le dénominateur, on multiplie la fraction par ce nombre entier.*

En effet (183), le numérateur marquant combien la fraction contient de parties de l'unité, si on le multiplie par 2, par exemple, il marquera qu'elle en contient 2 fois plus ; or, ces parties sont de même grandeur que les premières, puisqu'on n'a pas changé le dénominateur; donc, la fraction, qui en contient 2 fois plus, est 2 fois plus grande : donc, elle est multipliée par 2.

199. On démontre de même qu'*en divisant le numérateur par un nombre entier, sans changer le dénominateur, on divise la fraction par ce nombre entier.*

200. *En multipliant le dénominateur par un nombre entier, sans changer le numérateur, on divise la fraction par ce nombre entier.*

En effet (183), le dénominateur marquant en combien de parties égales l'unité est divisée, si on le multiplie par 2, par exemple, il marquera qu'elle est divisée en 2 fois plus de parties; donc, ces nouvelles parties seront 2 fois plus petites que les premières ; il en faudra donc 2 fois plus pour représenter la même quantité. Mais on n'en prend que le même nombre, puisqu'on n'a pas changé le numérateur; donc, la fraction est 2 fois plus petite : donc, elle est divisée par 2.

201. On démontre de même qu'*en divisant le dénominateur par un nombre entier, sans changer le numérateur, on multiplie la fraction par ce nombre entier.*

202. *On ne change point la valeur d'une fraction en multipliant ses deux termes par un même nombre entier.*

En effet (**183**), le dénominateur marquant en combien de parties égales l'unité est divisée, si on le multiplie par 2, par exemple, il marquera qu'elle est divisée en 2 fois plus de parties ; donc, les nouvelles parties sont 2 fois plus petites que les premières ; donc, il en faut 2 fois plus pour représenter la même quantité. Mais on en prend précisément 2 fois plus, puisqu'on a multiplié aussi le numérateur par 2 : donc, la fraction n'a pas changé de valeur. Ainsi, $\frac{5}{7} = \frac{5 \cdot 2}{7 \cdot 2} = \frac{10}{14}$.

203. On démontre de même qu'*on ne change point la valeur d'une fraction en divisant les deux termes par un même nombre entier*.

Cette propriété est d'ailleurs une suite nécessaire de la précédente, car de $\frac{5}{7} = \frac{10}{14}$, il résulte $\frac{10}{14} = \frac{5}{7}$.

Leçon IV. — Réduction des Fractions à leur plus simple expression.

204. *Une fraction est à sa plus simple expression*, lorsque ses deux termes ne sont pas divisibles par un même nombre entier. On dit alors qu'elle est *irréductible*, c'est-à-dire qu'elle ne peut s'exprimer en termes plus simples.

205. Pour réduire une fraction à sa plus simple expression,

1° On peut *diviser successivement les deux termes par les nombres premiers* (**170**), en commençant par les plus simples (**156, 158, 160, 165**) : l'opération est terminée, quand on aurait à essayer un diviseur plus grand que le numérateur ;

2° On peut aussi *diviser successivement les deux termes par les nombres composés* 12, 9, 8, 6, 4, si cela est possible (**166, 163, 162, 161, 159**) ; puis, diviser par les nombres premiers 2, 3, 5,... comme dans le premier procédé (**1°**). D'ailleurs, si les termes sont terminés par des zéros, on commence par les supprimer tous dans celui qui en a le moins, et l'on en supprime une égale quantité dans l'autre.

3° On peut encore *diviser les deux termes par leur plus grand commun diviseur* (**179**) : les quotients sont alors le numérateur et le dénominateur de la fraction réduite à sa plus simple expression.

Le second moyen conduit au résultat plus rapidement que le premier ; car, par exemple, 12 étant égal à 2.2.3, il s'ensuit qu'une seule division par 12, équivaut à trois divisions successives, deux par 2 et une par 3. — Le troisième moyen est avantageux dans le cas où les termes sont des nombres plus ou moins considérables, dont on n'aperçoit pas aisément les diviseurs communs.

EXEMPLE I. *Trouver la plus simple expression de* $\frac{2772}{6468}$.

1° On a $\frac{2772}{6468} = \frac{1386}{3234} = \frac{693}{1617} = \frac{231}{539} = \frac{33}{77} = \frac{3}{7}$.

Pour arriver au résultat $\frac{3}{7}$, j'ai divisé deux fois par 2, une fois par 3, une fois par 7, et une fois par 11.

2° On a $\frac{2772}{6468} = \frac{231}{539} = \frac{33}{77} = \frac{3}{7}$.

J'ai divisé par 12, puis par 7, puis par 11.

3° On a $\frac{2772}{6468} = \frac{2772 : 924}{6468 : 924} = \frac{3}{7}$.

J'ai divisé les deux termes par leur PGCD 924.

EXEMPLE II. *Trouver la plus simple expression de* $\frac{1036800}{1866240}$.

$$\frac{1036800}{1866240} = \frac{8640}{15552} = \frac{720}{1296} = \frac{60}{108} = \frac{5}{9}.$$

J'ai divisé par 10, puis quatre fois successivement par 12.

EXEMPLE III. *Trouver la plus simple expression de* $\frac{84847}{157573}$.

Je cherche le PGCD des deux termes, et je trouve 12121. Or, 84847 divisé par 12121, donne 7 ; et 157573 divisé par 12121, donne 13 : donc, fraction réduite, $\frac{7}{13}$.

LEÇON V. — Réduction des Fractions au même Dénominateur.

206. Pour réduire des fractions au même dénominateur, on peut, s'il n'y en a que deux, multiplier les deux termes de la première par le dénominateur de la seconde, et les deux termes de la seconde par le dénominateur de la première ; et, s'il y en a un plus grand nombre, multiplier les deux termes de chacune par le produit des dénominateurs de toutes les autres. — *Exemples.*

I. *Réduire au même dénominateur* $\frac{3}{4}$ *et* $\frac{5}{7}$.

Je multiplie les deux termes de $\frac{3}{4}$ par 7, et les deux termes de $\frac{5}{7}$ par 4 ; j'ai $\frac{21}{28}$ et $\frac{20}{28}$, ce qui s'indique ainsi :

$$\frac{3}{4} = \frac{3\cdot7}{4\cdot7} = \frac{21}{28}, \qquad \frac{5}{7} = \frac{5\cdot4}{7\cdot4} = \frac{20}{28}$$

En opérant de cette manière, les deux fractions ont le même dénominateur, car elles ont l'une et l'autre, pour dénominateur, le produit des deux dénominateurs primitifs ; de plus, elles ne changent pas de valeur, attendu qu'on multiplie les deux termes de chacune par le dénominateur de l'autre (**202**).

II. *Réduire au même dénominateur* $\frac{1}{2}$, $\frac{2}{3}$, $\frac{3}{4}$.

Multipliant les deux termes de chaque fraction par le produit des dénominateurs des deux autres, il vient

$$\frac{1}{2} = \frac{1\cdot3\cdot4}{2\cdot3\cdot4} = \frac{12}{24}, \qquad \frac{2}{3} = \frac{2\cdot2\cdot4}{3\cdot2\cdot4} = \frac{16}{24}, \qquad \frac{3}{4} = \frac{3\cdot2\cdot3}{4\cdot2\cdot3} = \frac{18}{24}.$$

III. *Réduire au même dénominateur* $\frac{1}{3}$, $\frac{4}{9}$, $\frac{11}{13}$, $\frac{15}{19}$.

Rép. $\dfrac{1\cdot9\cdot13\cdot19}{3\cdot9\cdot13\cdot19}$, $\dfrac{4\cdot3\cdot13\cdot19}{9\cdot3\cdot13\cdot19}$, $\dfrac{11\cdot3\cdot9\cdot19}{13\cdot3\cdot9\cdot19}$, $\dfrac{15\cdot3\cdot9\cdot13}{19\cdot3\cdot9\cdot13}$,

c'est-à-dire, $\dfrac{2223}{6669}$, $\dfrac{2964}{6669}$, $\dfrac{5643}{6669}$, $\dfrac{5265}{6669}$.

207. Mais il est généralement préférable de chercher le plus petit multiple de tous les dénominateurs proposés (**174**), et de le prendre pour dénominateur commun. Divisant ce dénominateur commun par chacun des dénominateurs donnés, on a autant de quotients qu'on place au-dessous des fractions proposées : alors, multipliant les numérateurs, chacun par le quotient qui lui correspond, on a les numérateurs cherchés auxquels on donne le dénominateur commun. — *Exemples.*

I. *Réduire au même dénominateur* $\frac{17}{18}$, $\frac{11}{24}$, $\frac{19}{36}$, $\frac{41}{48}$, $\frac{19}{32}$.

On a $\qquad 36 = 2^2\cdot3^2, \qquad 48 = 2^4\cdot3, \qquad 32 = 2^5,$

D'ailleurs, 18 est contenu dans 36, et 24, dans 48 ; donc, le plus petit multiple des dénominateurs donnés $= 2^5\cdot3^2 = 288$: c'est le dénominateur commun le plus simple. Je le divise tour à tour par les dénominateurs, 18, 24, 36, 48, 32, et je trouve 16, 12, 8, 6, 9. — J'achève comme il vient d'être dit.

Fractions proposées...	$\frac{17}{18}$,	$\frac{11}{24}$,	$\frac{19}{36}$,	$\frac{41}{48}$,	$\frac{19}{32}$;
Quotients	16,	12,	8,	6,	9
Fractions cherchées..	$\frac{272}{288}$,	$\frac{132}{288}$,	$\frac{152}{288}$,	$\frac{246}{288}$,	$\frac{171}{288}$.

II. *Réduire au même dénominateur* $\frac{16}{27}, \frac{17}{36}, \frac{19}{240}, \frac{31}{480}, \frac{11}{35}$.

On a $27 = 3^3$, $36 = 2^2.3^2$, $480 = 2^5.3.5$, $35 = 5.7$.

et comme 240 est contenu dans 480, il s'ensuit que le dénominateur commun le plus simple $= 2^5.3^3.5.7 = 30240$.

Fractions proposées....	$\frac{16}{27}$,	$\frac{17}{36}$,	$\frac{19}{240}$,	$\frac{31}{480}$,	$\frac{11}{35}$,
Quotients	1120,	840,	126,	63,	864
Fractions demandées..	$\frac{17920}{30240}$,	$\frac{14280}{30240}$,	$\frac{2394}{30240}$,	$\frac{1953}{30240}$,	$\frac{9504}{30240}$.

Leçon VI. — Addition des Fractions.

208. Pour faire l'addition des fractions, *on les réduit au même dénominateur : on ajoute ensuite tous les numérateurs ensemble, et l'on donne à la somme le dénominateur commun ;* puis, on extrait les entiers, s'il y en a (**191**).

On réduit les fractions au même dénominateur, car on ne peut effectuer l'addition que sur des parties de même espèce ; et l'on donne à la somme des numérateurs le dénominateur commun, parce que la somme est de même espèce que les quantités ajoutées.

EXEMPLE I. *Ajouter ensemble* $\frac{3}{7}, \frac{4}{7}, \frac{5}{7}, \frac{6}{7}$.

Somme des numérateurs $3 + 4 + 5 + 6 = 18$;
donc, somme demandée $\frac{18}{7} = 2\frac{4}{7}$.

Il n'y a point ici de réduction préparatoire, parce que toutes les fractions données ont le même dénominateur.

EXEMPLE II. *Ajouter ensemble* $\frac{1}{2}, \frac{1}{3}, \frac{3}{4}, \frac{2}{5}, \frac{5}{6}, \frac{7}{8}$.

Dénominateur commun $2^3.3.5 = 120$ (N° **207**).

Fractions réduites $\frac{60}{120}, \frac{40}{120}, \frac{90}{120}, \frac{48}{120}, \frac{100}{120}, \frac{105}{120}$;
somme des numérateurs $60 + 40 + 90 + 48 + 100 + 105 = 443$:
donc, somme demandée $\frac{443}{120} = 3\frac{83}{120}$.

209. Pour faire l'addition, lorsqu'il y a des entiers joints aux fractions, on commence par faire l'addition des fractions (**208**) ; on extrait les entiers de la somme, et on les joint aux entiers proposés ; sur lesquels on opère comme sur les nombres entiers ordinaires (**42**). — *Exemples.*

I. *Ajouter ensemble* $12\frac{1}{2}$, $49\frac{3}{4}$, $8\frac{7}{9}$, $15\frac{1}{3}$.

$$12\tfrac{1}{2} = 12\tfrac{18}{36}$$
$$49\tfrac{3}{4} = 49\tfrac{27}{36}$$
$$8\tfrac{7}{9} = 8\tfrac{28}{36}$$
$$15\tfrac{1}{3} = 15\tfrac{12}{36}$$

Somme... $86\frac{13}{36}$

Je réduis les fractions $\frac{1}{2}$, $\frac{3}{4}$, $\frac{7}{9}$, $\frac{1}{3}$, au même dénominateur, et je trouve $\frac{18}{36}$, $\frac{27}{36}$, $\frac{28}{36}$, $\frac{12}{36}$, (N° **207**), dont la somme est $\frac{85}{36}$, ou $2\frac{13}{36}$; j'écris $\frac{13}{36}$, et je retiens 2. Je dis ensuite : 2 de retenue, et 2, 4, et 9, 13, et 8, 21, et 5, 26 : je pose 6, etc. — Somme demandée, $86\frac{13}{36}$.

II. *Ajouter ensemble* $7\frac{1}{2}$, $72\frac{3}{4}$, $4\frac{5}{8}$.

Somme............ $7\frac{4}{8} + 72\frac{6}{8} + 4\frac{5}{8} = 84\frac{7}{8}$.

III. *Ajouter ensemble* $24\frac{3}{5}$, $9\frac{1}{2}$, $123\frac{1}{4}$, $39\frac{7}{15}$, *et* $\frac{1}{3}$.

Somme...... $24\frac{36}{60} + 9\frac{30}{60} + 123\frac{15}{60} + 39\frac{28}{60} + \frac{20}{60} = 197\frac{3}{20}$.

Leçon VII. — Soustraction des Fractions.

210. Pour faire la soustraction des fractions, *on les réduit au même dénominateur ; puis, on retranche le plus petit numérateur du plus grand, et l'on donne au reste le dénominateur commun.*

On réduit les fractions au même dénominateur, car on ne peut effectuer la soustraction que sur des parties de même espèce ; et l'on donne au reste le dénominateur commun, parce que le reste est de même espèce que les quantités sur lesquelles on opère.

EXEMPLE I. *Retrancher* $\frac{3}{8}$ *de* $\frac{3}{5}$.

Reste.......... $\frac{3}{5} - \frac{3}{8} = \frac{24}{40} - \frac{15}{40} = \frac{9}{40}$.

EXEMPLE II. $\frac{1}{2} - \frac{5}{16} = \frac{8}{16} - \frac{5}{16} = \frac{3}{16}$.

EXEMPLE III. $\frac{7}{8} - \frac{5}{12} = \frac{21}{24} - \frac{10}{24} = \frac{11}{24}$.

211. Pour faire la soustraction, *lorsqu'il y a des entiers joints aux fractions, on commence par faire la soustraction des fractions* (**210**); *on fait ensuite celle des entiers* (**51**).

Si, après la réduction au même dénominateur, la fraction du plus grand nombre a le plus petit numérateur, on l'augmente d'une unité entière, ce qui revient à augmenter le numérateur de son dénominateur; et, pour tenir compte de cette augmentation, on ajoute 1 au plus petit nombre entier.

Si le plus grand nombre est entier, on y joint une unité réduite en fraction de même espèce que celle du plus petit nombre; et, pour compensation, on ajoute 1 au plus petit nombre entier.

Enfin, si le plus petit nombre est entier, on écrit au reste la fraction du plus grand nombre, sans y rien changer; puis, on fait la soustraction des entiers.

EXEMPLE I. *De* $129\frac{2}{3}$, *retrancher* $84\frac{1}{2}$.

$$129\,\tfrac{2}{3} = 129\,\tfrac{4}{6}$$
$$84\,\tfrac{1}{2} = 84\,\tfrac{3}{6}$$
$$\text{Reste}\ldots\ 45\,\tfrac{1}{6}$$

Réduisant les fractions au même dénominateur, j'ai $\frac{4}{6}$ et $\frac{3}{6}$. Je retranche donc $\frac{3}{6}$ de $\frac{4}{6}$, puis 84 de 129, et je trouve pour résultat $45\frac{1}{6}$.

EXEMPLE II. *De* $604\frac{1}{3}$, *retrancher* $292\frac{3}{5}$.

$$604\,\tfrac{1}{3} = 604\,\tfrac{5}{15}$$
$$292\,\tfrac{3}{5} = 292\,\tfrac{9}{15}$$
$$\text{Reste}\ldots\ 311\,\tfrac{11}{15}$$

Les nombres proposés reviennent à $604\frac{5}{15}$ et $292\frac{9}{15}$. De $\frac{5}{15}$, je ne puis ôter $\frac{9}{15}$; c'est pourquoi j'augmente $\frac{5}{15}$ d'une unité entière, ou de $\frac{15}{15}$, ce qui me donne $\frac{20}{15}$; ôtant $\frac{9}{15}$, il reste $\frac{11}{15}$. J'ai ainsi augmenté le plus grand nombre d'une unité : pour compensation, j'augmente aussi le plus petit nombre d'une unité. Je dis donc : 3 de 4, reste 1 ; etc.

EXEMPLE III. *De* 278, *retrancher* $135\frac{4}{7}$.

$$278$$
$$135\,\tfrac{4}{7}$$
$$\text{Reste}\ 142\,\tfrac{3}{7}$$

Le plus grand nombre étant entier, j'y ajoute une unité entière qui vaut $\frac{7}{7}$; ôtant $\frac{4}{7}$, il reste $\frac{3}{7}$. J'augmente aussi le plus petit nombre d'une unité. C'est pourquoi je dis : 6 de 8, reste 2 ; etc.

EXEMPLE IV. $\quad 1234\frac{5}{8} - 987 = 247\frac{5}{8}$.

Ex. V. $\quad 100\frac{3}{4} - 36\frac{1}{3} = 100\frac{9}{12} - 36\frac{4}{12} = 64\frac{5}{12}$.

Ex. VI. $\quad 72\frac{1}{3} - 25\frac{1}{2} = 72\frac{2}{6} - 25\frac{3}{6} = 46\frac{5}{6}$.

Ex. VII. $\quad 1000 - 4\frac{2}{5} = 995\frac{3}{5}$.

Leçon VIII. — Multiplication des Fractions. — Fractions de Fractions.

212. Il y a trois cas principaux dans la multiplication des fractions, savoir : la multiplication, 1° d'une fraction par un nombre entier ; 2° d'un nombre entier par une fraction ; 3° d'une fraction par une fraction.

213. *Pour multiplier une fraction par un nombre entier, il suffit de multiplier le numérateur par ce nombre entier, sans changer le dénominateur.*

Car (**198**), en multipliant le numérateur par un nombre entier, sans changer le dénominateur, on multiplie la fraction par ce nombre entier.

EXEMPLE I. $\quad \frac{2}{3} \times 5 = \frac{2 \cdot 5}{3} = \frac{10}{3} = 3\frac{1}{3}$ (**191**).

EXEMPLE II. $\quad \frac{7}{12} \times 9 = \frac{7 \cdot 9}{12} = \frac{63}{12} = 5\frac{3}{12}$, ou $5\frac{1}{4}$ (**204**).

EXEMPLE III. $\quad \frac{7}{8} \times 8 = \frac{7 \cdot 8}{8} = 7$ (**74**).

REMARQUE. Si le dénominateur est divisible par le nombre entier, on peut (**201**) le diviser par ce nombre entier, sans changer le numérateur. Ainsi, $\frac{5}{9} \times 3 = \frac{5}{3} = 1\frac{2}{3}$.

214. *Pour multiplier un nombre entier par une fraction, on le multiplie par le numérateur, et l'on donne au produit le dénominateur de la fraction.*

Par exemple, $5 \times \frac{4}{7} = \frac{5 \cdot 4}{7}$, ou $\frac{20}{7}$. En effet, si on multiplie 5 par 4, on a 20 ; mais en multipliant par 4 *unités*, au lieu de $\frac{4}{7}$, on multiplie par un nombre 7 fois trop grand (*a*) ; donc, le produit 20 est 7 fois trop grand : pour le rendre à sa vraie valeur, il suffit de le diviser par 7, ce qui donne $\frac{20}{7}$, ou $2\frac{6}{7}$ (**191**).

EXEMPLE I. $\quad 5 \times \frac{2}{3} = \frac{5 \cdot 2}{3} = \frac{10}{3} = 3\frac{1}{3}$.

EXEMPLE II. $\quad 9 \times \frac{7}{12} = \frac{9 \cdot 7}{12} = \frac{63}{12} = 5\frac{3}{12}$, ou $5\frac{1}{4}$.

EXEMPLE III. $\quad 8 \times \frac{7}{8} = \frac{8 \cdot 7}{8} = 7$.

(*a*) Les unités sont 7 fois plus grandes que les septièmes ; donc 4 *unités* valent 7 *fois* $\frac{4}{7}$.

215. *Pour multiplier une fraction par une fraction, il faut multiplier numérateur par numérateur, et dénominateur par dénominateur,* puis donner le second produit pour dénominateur au premier.

Par exemple, $\frac{5}{9} \times \frac{4}{7} = \frac{5 \cdot 4}{9 \cdot 7}$, ou $\frac{20}{63}$. En effet **(213)**, si on multiplie $\frac{5}{9}$ par 4, on a $\frac{5 \cdot 4}{9}$; mais en multipliant par 4 *unités*, au lieu de $\frac{4}{7}$, on multiplie par un nombre 7 fois trop grand; donc, le produit $\frac{5 \cdot 4}{9}$ est 7 fois trop grand : pour le rendre à sa vraie valeur, il suffit de le diviser par 7, ce qui se peut faire **(200)** en multipliant le dénominateur par 7, et l'on a $\frac{5 \cdot 4}{9 \cdot 7}$ ou $\frac{20}{63}$.

EXEMPLE I. $\qquad \frac{1}{2} \times \frac{3}{4} = \frac{1 \cdot 3}{2 \cdot 4} = \frac{3}{8}$.

EXEMPLE II. $\qquad \frac{2}{3} \times \frac{1}{2} = \frac{2 \cdot 1}{3 \cdot 2} = \frac{1}{3}$ **(203)**.

EXEMPLE III. $\qquad \frac{4}{5} \times \frac{5}{6} \times \frac{6}{7} \times \frac{7}{9} = \frac{4}{9}$.

Dans ce troisième Exemple, j'ai supprimé tout de suite les facteurs 5, 6, 7, communs au numérateur et au dénominateur : la valeur du produit n'a pas changé **(203)**.

216. S'il y a des entiers joints aux fractions, on réduit chaque facteur fractionnaire en une seule fraction **(193)**; puis, on opère comme nous venons de le dire **(213** et suiv.**)**. — *Exemples.*

I. $\qquad 6 \frac{2}{5} \times 20 = \frac{32}{5} \times 20 = \frac{32 \cdot 20}{5} = 128$ **(213)**.

II. $\qquad 25 \times 3 \frac{2}{7} = 25 \times \frac{23}{7} = \frac{25 \cdot 23}{7} = 82 \frac{1}{7}$ **(214)**.

III. $\qquad 8 \frac{1}{2} \times 7 \frac{3}{4} = \frac{17}{2} \times \frac{31}{4} = \frac{17 \cdot 31}{2 \cdot 4} = 65 \frac{7}{8}$ **(215)**.

217. On appelle *fraction de fraction*, une ou plusieurs parties d'une fraction divisée en parties égales.

Par exemple, *la moitié de* $\frac{2}{3}$ est une fraction de fraction; il en est de même des $\frac{2}{3}$ *de* $\frac{3}{4}$; des $\frac{2}{5}$ *des* $\frac{3}{7}$ *de la moitié du tiers de* $\frac{5}{8}$;... En général, les fractions de fractions se reconnaissent à ce qu'elles forment une suite de fractions séparées par les mots *de, du, de la, des.*

218. *Pour évaluer les fractions de fractions, il suffit de former le produit de toutes les fractions proposées* **(215)**.

Par exemple, *Les* $\frac{2}{3}$ *de* $\frac{4}{5} = \frac{4}{5} \times \frac{2}{3} = \frac{4 \cdot 2}{5 \cdot 3}$, ou $\frac{8}{15}$.

En effet, pour obtenir *les* $\frac{2}{3}$ *de* $\frac{4}{5}$, il suffit évidemment de prendre le tiers de $\frac{4}{5}$, et de multiplier ce tiers par 2. Or **(200)**, le tiers de $\frac{4}{5}$ est $\frac{4}{5 \cdot 3}$; donc, les $\frac{2}{3}$ de $\frac{4}{5}$ valent 2 fois $\frac{4}{5 \cdot 3}$: ils valent $\frac{4 \cdot 2}{5 \cdot 3}$ **(213)**, ce qui est le produit des deux fractions $\frac{2}{3}$ et $\frac{4}{5}$.

Si on demande *les $\frac{6}{7}$ des $\frac{2}{3}$ de $\frac{4}{5}$*, on remarquera que les $\frac{2}{3}$ de $\frac{4}{5}$ étant $\frac{4\cdot 2}{5\cdot 3}$ ou $\frac{8}{15}$, le résultat demandé $=$ les $\frac{6}{7}$ de $\frac{8}{15}$: donc, il est $\frac{8}{15} \times \frac{6}{7}$, ou $\frac{8\cdot 6}{15\cdot 7}$, ou $\frac{4\cdot 2\cdot 6}{5\cdot 3\cdot 7}$, ce qui est le produit des trois fractions $\frac{6}{7}$, $\frac{2}{3}$, $\frac{4}{5}$.

EXEMPLE I. *Les $\frac{2}{3}$ de $\frac{3}{4}$* $= \frac{3}{4} \times \frac{2}{3} = \frac{3\cdot 2}{4\cdot 3} = \frac{2}{4} = \frac{1}{2}$.

Ex. II. *La moitié du tiers de $\frac{7}{8}$* $= \frac{7}{8} \times \frac{1}{3} \times \frac{1}{2} = \frac{7}{48}$.

Ex. III. *Les $\frac{2}{5}$ des $\frac{3}{4}$ des $\frac{2}{3}$ de $\frac{5}{8}$* $= \frac{5}{8} \times \frac{2}{3} \times \frac{3}{4} \times \frac{2}{5} = \frac{1}{8}$.

Pour arriver au résultat $\frac{1}{8}$, j'ai divisé les deux termes par 5, 3, et 2.2 ou 4, en supprimant ces facteurs au numérateur et au dénominateur.

219. *Pour évaluer une fraction d'un nombre quelconque, il suffit de multiplier ce nombre par la fraction.*

Par exemple, *Les $\frac{2}{3}$ de 12* $= 12 \times \frac{2}{3}$. — Même démonstration que ci-dessus (**218**).

EXEMPLE. I. *Les $\frac{3}{4}$ de 20* $= 20 \times \frac{3}{4} = \frac{20\cdot 3}{4} = 15$.

Ex. II. *La moitié des $\frac{5}{7}$ de 8* $= 8 \times \frac{5}{7} \times \frac{1}{2} = 2\frac{6}{7}$.

Ex. III. *Les $\frac{2}{3}$ des $\frac{3}{4}$ de 25 $\frac{1}{3}$* $= \frac{76}{3} \times \frac{3}{4} \times \frac{2}{3} = 12\frac{2}{3}$.

LEÇON IX. — Division des Fractions.

220. Deux cas principaux se présentent : le diviseur est un nombre entier, ou bien, il est une fraction.

221. *Pour diviser une fraction par un nombre entier, il suffit de multiplier le dénominateur par ce nombre entier, sans changer le numérateur.*

Car (**200**), en multipliant le dénominateur par un nombre entier, sans changer le numérateur, on divise la fraction par ce nombre entier.

EXEMPLE I. $\frac{2}{3} : 5 = \frac{2}{3\cdot 5} = \frac{2}{15}$.

EXEMPLE II. $\frac{5}{7} : 2 = \frac{5}{7\cdot 2} = \frac{5}{14}$.

REMARQUE. Si le numérateur est divisible par le nombre entier, on peut (**199**) le diviser par ce nombre entier, sans changer le dénominateur. Ainsi, $\frac{8}{9} : 2 = \frac{4}{9}$.

222. *Pour diviser par une fraction, il faut multiplier le dividende,* QUEL QU'IL SOIT, *par cette fraction renversée.*

Par exemple, $\frac{5}{7} : \frac{2}{3} = \frac{5}{7} \times \frac{3}{2} = \frac{5 \cdot 3}{7 \cdot 2}$, ou $\frac{15}{14}$.

En effet, si on divise $\frac{5}{7}$ par 2, on a $\frac{5}{7 \cdot 2}$ (**221**) ; mais en divisant par 2 *unités*, au lieu de $\frac{2}{3}$, on divise par un nombre 3 fois trop grand ; donc (**104**), le quotient $\frac{5}{7 \cdot 2}$ est 3 fois trop petit : pour le rendre à sa vraie valeur, il suffit de le multiplier par 3, ce qui donne $\frac{5 \cdot 3}{7 \cdot 2}$ (**213**), c'est-à-dire le produit du dividende par la fraction diviseur renversée. — On démontre semblablement que $5 : \frac{2}{3} = 5 \times \frac{3}{2}$.

EXEMPLE I. $\frac{2}{5} : \frac{3}{4} = \frac{2}{5} \times \frac{4}{3} = \frac{8}{15}$ (**215**).

EXEMPLE II. $12 : \frac{2}{3} = 12 \times \frac{3}{2} = 18$ (**214**).

EXEMPLE III. $9\frac{1}{2} : \frac{2}{7} = \frac{19}{2} : \frac{2}{7} = \frac{19}{2} \times \frac{7}{2} = 33\frac{1}{4}$.

223. Si le diviseur est un nombre fractionnáire, on le réduit en une seule fraction (**193**) ; puis, on multiplie le dividende par cette fraction renversée. — *Exemples.*

I. $\frac{3}{4} : 5\frac{1}{2} = \frac{3}{4} : \frac{11}{2} = \frac{3}{4} \times \frac{2}{11} = \frac{3}{22}$.

II. $10 : 3\frac{1}{3} = 10 : \frac{10}{3} = 10 \times \frac{3}{10} = 3$.

III. $8\frac{1}{3} : 2\frac{1}{4} = \frac{25}{3} : \frac{9}{4} = \frac{25}{3} \times \frac{4}{9} = 3\frac{19}{27}$.

224. REMARQUE. Lorsque le diviseur est un nombre entier moindre que le dividende, il est souvent plus court de diviser séparément l'entier et la fraction par le diviseur. Si la division de la partie entière donne un reste, on le joint à la fraction, pour n'en faire qu'une seule fraction (**193**), qu'on divise par le diviseur (**221**). — Ce procédé est d'usage surtout lorsque le diviseur n'est pas plus grand que 12.

EXEMPLE. *Trouver le quotient de* $1234\frac{1}{2}$ *par* 4.

Dividende $1234\frac{1}{2}$ Le quart de 1234 est 308, avec un
Quot¹ par 4 $308\frac{5}{8}$ reste 2 : j'ai donc maintenant $2\frac{1}{2}$,
                                ou $\frac{5}{2}$, à diviser par 4, ce qui donne $\frac{5}{8}$.
— Ainsi, le quotient total est $308\frac{5}{8}$.

Voici plusieurs autres Exemples.

Dividende.....	$789\frac{2}{3}$		Dividende....	$457\frac{3}{4}$
Moitié.........	$394\frac{5}{6}$		5e.............	$91\frac{11}{20}$
Tiers.........	$263\frac{2}{9}$		6e.............	$76\frac{7}{24}$
Quart.........	$197\frac{5}{12}$		7e.............	$65\frac{11}{28}$

Leçon X.— Réduction des Fractions en Décimales.

225. *Pour réduire une fraction en décimales, on écrit à la droite du numérateur autant de zéros qu'on veut avoir de décimales ; on extrait ensuite les entiers renfermés dans la fraction, on néglige le reste, et l'on sépare sur la droite du quotient le nombre de décimales demandé.*

Par exemple, si l'on veut *convertir* $\frac{4}{7}$ *en millièmes*, comme les millièmes se représentent par *trois* décimales, on écrit *trois* zéros à la droite du numérateur, ce qui donne $\frac{4000}{7}$, ou $571\,\frac{3}{7}$; négligeant le reste, et séparant trois décimales, on a 0,571 : c'est le résultat demandé.

En effet **(64)**, en écrivant trois zéros à la droite du numérateur 4, on le multiplie par 1000 ; donc **(198)**, la fraction est multipliée par 1000 ; donc, le quotient $571\,\frac{3}{7}$ contient 1000 fois la fraction $\frac{4}{7}$: pour avoir la vraie valeur de cette fraction, il faut donc diviser $571\,\frac{3}{7}$ par 1000, ce qui se fait **(106)** en séparant trois décimales sur sa droite ; et comme 571 n'est pas fautif d'une unité, le résultat 0,571 n'est pas fautif d'un millième. — *Autres Exemples.*

I.	$\frac{1}{2} = 0,5.$	V.	$\frac{1}{6} = 0,1666\ldots$
II.	$\frac{2}{3} = 0,6666\ldots$	VI.	$\frac{3}{7} = 0,428571\ldots$
III.	$\frac{3}{4} = 0,75.$	VII.	$\frac{5}{8} = 0,625.$
IV.	$\frac{2}{5} = 0,4.$	VIII.	$\frac{6}{11} = 0,545454\ldots$

226. Parmi les fractions, les unes peuvent s'exprimer exactement en décimales, les autres ne le peuvent pas, comme on le voit par les Exemples qui précèdent. — En général, *Pour qu'une division puisse s'effectuer sans reste, c'est un principe qu'il faut que tous les facteurs premiers du diviseur soient dans le dividende, à des puissances au moins égales à celles de ces facteurs dans le diviseur.* Or, à chaque zéro qu'on écrit à la droite du numérateur, on le multiplie par 10, ou par 2.5 ; on n'introduit dans le dividende que les facteurs premiers 2 et 5 : donc, *si une fraction est irréductible, et que le dénominateur contienne quelque facteur premier autre que 2 et 5, jamais cette fraction ne pourra s'exprimer exactement en décimales*; et, au contraire, *Toute fraction dont le dénominateur ne contient point d'autre facteur premier que 2 et 5, peut toujours s'exprimer exactement en décimales.*

227. Pour convertir en fraction à deux termes une

fraction décimale quelconque, il suffit de supprimer la virgule, et de lui donner pour dénominateur l'unité suivie d'autant de zéros qu'il y a de décimales. — *Exemples.*

I. $0,5 = \frac{5}{10} = \frac{1}{2}$.   IV. $0,0864 = \frac{864}{10000} = \frac{54}{625}$.

II. $0,75 = \frac{75}{100} = \frac{3}{4}$.   V. $0,545 = \frac{545}{1000} = \frac{109}{200}$.

III. $0,625 = \frac{625}{1000} = \frac{5}{8}$.   VI. $3,875 = 3\frac{875}{1000} = 3\frac{7}{8}$.

228. Au moyen de la réduction des fractions en décimales, le calcul des fractions à deux termes peut se ramener à celui des nombres décimaux ; ce sera même parfois avec avantage, pour l'addition et la soustraction : pour la première opération, on calculerait une décimale de plus qu'on n'en veut conserver (**110**) ; pour la seconde, on n'en calculerait que le nombre demandé au résultat (**111**). — Mais pour la multiplication et la division, il n'y aurait rien à gagner pour la rapidité du calcul ; et quant au degré d'exactitude du résultat, ce serait chose fort embarrassante pour les commençants, et nécessiterait ici d'assez longs détails dans lesquels nous ne voulons point entrer.

CHAPITRE VI. — Nombres complexes.

—

Leçon I. — Conversion d'un Nombre complexe en fraction à deux termes, ou en décimales, et réciproquement.

229. On appelle *nombre complexe*, un nombre composé d'unités entières et de leurs subdivisions non décimales : $8^j 12^h 40^m$ est un nombre complexe. Un *nombre incomplexe* est celui qui ne renferme qu'une seule espèce d'unités : 24 *jours* est un nombre incomplexe.

230. Les multiples et les sous-multiples de nos mesures suivent la loi décimale, excepté ceux du temps et du cercle ; par conséquent, dans notre système métrique, le calcul des nombres complexes ne trouve d'application que pour ces deux espèces de mesures. Ce calcul, très-usité dans la Géométrie, la Navigation et l'Astronomie, peut se ramener à celui des fractions ordinaires ou des nombres décimaux. C'est pourquoi, après quelques observations sur la réduction des unités supérieures en unités infé-

3*

rieures (**73**, 2°), et des unités inférieures en unités supérieures (**86**, 3°), nous allons apprendre à convertir un nombre complexe en fraction à deux termes, en fraction décimale, et réciproquement.

231. Pour convertir en minutes un certain nombre d'heures et minutes (ou de degrés et minutes), le calcul revient toujours à *écrire le chiffre des unités de minutes, et à placer à sa gauche le produit des heures (ou des degrés) par 6, augmenté des dizaines de minutes*, s'il y en a. — Même procédé pour réduire des minutes et secondes en secondes.

EXEMPLE I. $12^h37^m = 757$ minutes.

Pour faire cette conversion, j'écris les 7 minutes, et à leur gauche, plaçant $12.6 + 3$ (les 3 diz. de min.), j'ai 757 minutes.

EXEMPLE II. $19^h45^m39^s = 1185^m39^s = 71139$ secondes.

EXEMPLE III. $43°49'52'' = 2629'52'' = 157792$ second.

232. Donc, pour convertir des secondes en minutes, le calcul revient à *porter aux secondes le chiffre des unités, et à prendre le 6e des autres : le quotient donne les minutes, et le reste est le chiffre des dizaines de secondes*. — Même procédé pour convertir des minutes en heures ou en degrés.

EXEMPLE I. 757 secondes $= 12^m37^s$.

Le 6e de 75 est 12, et il reste 3 : il y a donc 12^m et 3 diz. de secondes; en y joignant les 7 unités, j'ai en tout 12^m37^s.

EXEMPLE II. $71139^s = 1185^m39^s = 19^h45^m39^s$.

EXEMPLE III. $157792'' = 2629'52'' = 43°49'52''$.

233. Pour convertir un nombre complexe en fraction d'une de ses unités, il suffit de le réduire à sa plus petite espèce énoncée (**231** et **73**, 2°), et de lui donner pour dénominateur le nombre qui marque combien il faut d'unités de cette plus petite espèce pour faire l'unité principale. — Cette *unité principale* est celle à laquelle on compare la quantité donnée.

EXEMPLE I. *Réduire $2^j4^h19^m$ en fraction du jour.*

On a $2^j 4^h 19^m = 52^h 19^m = 3139^m$. Or, le jour étant de 24^h, et l'heure de 60^m, le jour contient $60.24 = 1440^m$; donc $1^m = \frac{1}{1440}$ de jour : donc

$$2^j 4^h 19^m, \text{ ou } 3139^m, = \frac{3139}{1440} \text{ de jour,}$$

EXEMPLE II. *Réduire* 12°24′48″ *en fraction de minute.*

On a 12°24′48″ = 744′48″ = 44688″. Or, une minute valant 60″, chaque seconde est $\frac{1}{60}$ de minute : donc

$$12°24′48″, \quad \text{ou } 44688″, = \frac{44688}{60} \text{ de minute.}$$

234. Pour réduire en nombre complexe une fraction d'une unité principale, on peut multiplier le numérateur par le nombre qui marque combien l'unité principale vaut d'unités de la seconde espèce ; diviser le produit par le dénominateur : le quotient donne les unités de la seconde espèce. Ensuite, multiplier le reste par le nombre qui marque combien l'unité de la seconde espèce en vaut de la troisième ; diviser le produit par le même dénominateur : le quotient donne les unités de la troisième espèce. Continuant ainsi jusqu'à l'espèce à laquelle on veut s'arrêter, on aura dans l'ensemble des parties du quotient, la quantité cherchée.

Si la fraction donnée n'est pas moindre que l'unité, on commence par diviser le numérateur par le dénominateur ; le quotient donne les unités principales ; on opère ensuite sur la fraction comme nous venons de le dire.

EXEMPLE. *Évaluer* $\frac{15}{17}$ *de la circonférence, en degrés, minutes, secondes et centièmes de seconde* (a).

<table>
<tr><td>

```
   360
    15
 ───────
  5400  ⎞  17
    30  ⎟  ─────────────────
   130  ⎠  317°38′49″, 41
    11
    60
 ───────
   660
   150
    14
    60
 ───────
   840
   160
    70
    20
     3
```

</td><td>

La circonférence contient 360° : donc $\frac{15}{17}$ de circonférence $= \frac{15}{17}$ de 360°, ce qui fait $\frac{360 \cdot 15}{17} = 317°\,\frac{11}{17}$ (N° **219**).

Le degré vaut 60 minutes : donc $\frac{11}{17}$ de degré $= \frac{11}{17}$ de 60′, ce qui fait $\frac{60 \cdot 11}{17} = 38′\,\frac{14}{17}$.

La minute vaut 60″ : donc $\frac{14}{17}$ de minute $= \frac{14}{17}$ de 60″, ce qui fait $\frac{60 \cdot 14}{17} = 49″\,\frac{7}{17} = 49″, 41$ (N° **225**).

Donc, $\frac{15}{17}$ de circonfér. $= 317°38′49″,41$.

</td></tr>
</table>

(a). On s'arrête ordinairement aux *secondes*; le surplus s'évalue en décimales.

235. Pour convertir un nombre complexe en décimales d'une de ses unités, il suffit de le réduire en fraction de cette unité (**233**), puis de réduire cette fraction en décimales (**225**).

Ex. Exprimer $3^j 7^h 8^m 37^s$ *en jours et* 100000es *de jour.*

On a $7^h 8^m 37^s = 428^m 37^s = 25717^s = \frac{25717}{86400}$ de jour, car le jour contient 86 400 secondes. Réduisant $\frac{25717}{86400}$ en $100\,000^{es}$, je trouve $0,29765$. Ainsi, $7^h 8^m 37^s = 0^j,29765$:

donc $$3^j 7^h 8^m 37^s = 3^j,29765$$

236. Pour évaluer une quantité décimale en nombre complexe, il suffit de la multiplier par le nombre qui marque combien l'unité principale vaut d'unités de la seconde espèce : séparant sur la droite du produit autant de décimales qu'il y en a dans la quantité proposée, on a les unités de la seconde espèce, et les décimales de cette unité. On opère ensuite sur la nouvelle partie décimale, pour trouver les unités de la troisième espèce, comme on a opéré sur la quantité proposée pour trouver celles de la seconde, et ainsi de suite.

Ex. Exprimer $3^j,67$ *en jours, heures, minutes, secondes.*

$$3^j,67$$
$$24$$
$$\overline{16,08}$$
$$60$$
$$\overline{4,80}$$
$$60$$
$$\overline{48,00}$$

Le jour vaut 24 heures : donc $\frac{67}{100}$ de jour $= \frac{67}{100}$ de 24^h, ce qui fait $\frac{24 \cdot 67}{100} = 16^h,08$ (N° **219**). On voit que, pour obtenir ce résultat, il suffit de multiplier 0,67 par 24, et de séparer 2 décimales sur la droite du produit.

L'heure vaut 60^m : donc les $\frac{8}{100}$ d'heure $= \frac{8}{100}$ de 60^m, ce qui fait $\frac{60 \cdot 8}{100} = 4^m,80$.

La minute vaut 60^s : donc les $\frac{80}{100}$ de minute $= \frac{80}{100}$ de 60^s, ce qui fait $\frac{60 \cdot 80}{100} = 48^s$.

Donc $$3^j,67 = 3^j 16^h 4^m 48^s.$$

Leçon II. — **Addition des Nombres complexes.**

237. L'addition des nombres complexes, comme celle des autres nombres, se commence par les parties de la plus petite espèce. Si la somme ne compose pas une unité de l'espèce immédiatement supérieure, on l'écrit sous les unités de son espèce ; si elle renferme une ou plusieurs unités de l'espèce supérieure, on n'écrit que l'excédant de la somme sur le nombre d'unités supérieures qu'on a pu extraire (86, 3°), et l'on retient celles-ci pour les joindre à leurs semblables, sur lesquelles on opère de la même manière. On continue ainsi jusqu'aux unités principales, où l'addition se fait comme celle des nombres entiers.

REMARQUE. Lorsqu'il s'agit de minutes ou de secondes, on fait la somme des unités comme dans les nombres entiers ; on fait ensuite celle des dizaines, que l'on augmente des dizaines provenant de la colonne des unités ; on prend le 6° de la somme : le quotient est le nombre d'unités supérieures, et le reste un nombre de dizaines qu'on écrit sous les dizaines. — La raison de ce procédé, c'est que 10 unités font une dizaine, et que 6 dizaines de minutes ou de secondes font une unité supérieure.

EXEMPLE I. *Combien y a-t-il de jours, heures, minutes, et secondes dans* $24^j12^h47^m39^s + 8^j18^h34^m54^s + 16^j4^h48^m58^s + 296^j14^h50^m29^s + 2^j13^h44^m55^s + 10^j20^h30^m40^s$?

24ʲ	12ʰ	47ᵐ	39ˢ
8	18	34	54
16	4	48	58
296	14	50	29
2	13	44	55
10	20	30	40
359.	13.	17.	35

Colonne des unités : 9 et 4, 13, et 8, 21, et 9, 30, et 5, 35 : je pose 5, et retiens 3. — Dizaines : 3 de retenue, et 3, 6, et 5, 11, et 5, 16, et 2, 18, et 5, 23, et 4, 27 : le 6ᵉ de 27 est 4, reste 3 ; il y a donc 4 minutes et 3 dizaines de secondes : ainsi, je pose 3 et retiens 4. — J'opère de même pour les minutes. — La somme des heures est 85 ; je la divise par 24, et j'ai 3ʲ 13ʰ : je pose 13 et retiens 3.

Somme demandée   359ʲ 13ʰ 17ᵐ 35ˢ.

Ex. II. *Dans un certain triangle sphérique, le premier côté est de* $87°39'23''$, *le second est de* $95°9'28''$, *et le troisième de* $123°49'5''$: *trouver la somme des trois côtés de ce triangle.* — Réponse $306°37'58''$.

LEÇON III. — Soustraction des Nombres complexes.

238. La soustraction des nombres complexes, comme celle des autres nombres, se commence par les parties de la plus petite espèce. On retranche chaque nombre

inférieur du nombre supérieur correspondant; on écrit le reste au-dessous. Si un nombre supérieur est trop faible, on l'augmente d'autant d'unités qu'il faut de parties de cette espèce pour faire l'unité immédiatement supérieure, ce qui rend la soustraction possible; et, pour compensation, on compte 1 de plus au nombre inférieur suivant. On continue ainsi jusqu'à la dernière espèce à gauche, où l'on exécute la soustraction comme celle des nombres entiers.

REMARQUE. Lorsqu'il s'agit de minutes ou de secondes, l'augmentation du nombre supérieur, s'il en est besoin, doit être de 10 pour le chiffre des unités, et de 6 pour celui des dizaines.

EXEMPLE I. *La durée de l'Été est de 93^{j}14^{h}13^m, et celle de l'Automne de 89^{j}18^{h}35^m : combien l'Automne contient-il de jours, heures et minutes de moins que l'Été?*

$$93^j\ 14^h\ 13^m$$
$$89\ \ 18\ \ 35$$
$$\overline{3\ \ 19\ \ 38}$$

Il faut ôter le second nombre du premier, et pour cela, je dis : 5 de 13, reste 8; je retiens 1, et 3, 4, de 7 (en ajoutant 6), reste 3; je retiens 1, et 18, 19, de 38 (en ajoutant 1^j ou 24^h), reste 19; je retiens 1, etc. — Différence demandée 3^j 19^h 38^m.

EXEMPLE II. *La somme des deux angles aigus de tout triangle rectangle rectiligne est égale à 90° : si l'un de ces angles est de 51°25′37″, quelle est la valeur de l'autre?*

$$90°\ 00'\ 00''$$
$$51\ \ 25\ \ 37$$
$$\overline{38\ \ 34\ \ 23}$$

Je dis : 7 de 10, reste 3; je retiens 1, et 3, 4, de 6, reste 2; je retiens 1, et 5, 6, de 10, reste 4; je retiens 1, et 2, 3, de 6, reste 3; je retiens 1, etc. — Angle demandé = 38°34′23″.

LEÇON IV. — Multiplication des Nombres complexes.

239. Deux cas principaux se présentent dans la multiplication des nombres complexes, savoir : 1° Multiplication d'un nombre complexe par un nombre incomplexe, et réciproquement; 2° Multiplication d'un nombre complexe par un nombre complexe.

240. Avant d'entrer en matière, démontrons que *Le produit de deux nombres fractionnaires, ou complexes, ne change pas de valeur, quand on intervertit l'ordre des facteurs.*

Par exemple, le produit de $2^h48^m27^s$ par $7\frac{3}{4}$ est le même que celui de $7\frac{3}{4}$ par $2^h48^m27^s$, quand on regarde les produits comme abstraits ; ils sont encore égaux, s'ils représentent l'un et l'autre la même espèce d'unités.

En effet, $2^h43^m27^s = 9807^s = \frac{9807}{3600}$ d'heure, et $7\frac{3}{4} = \frac{31}{4}$;

donc, le premier produit est $\frac{9807}{3600} \times \frac{31}{4} = \frac{9807 \cdot 31}{3600 \cdot 4}$,

et le second $\frac{31}{4} \times \frac{9807}{3600} = \frac{31 \cdot 9807}{4 \cdot 3600}$.

Or (69), $9807 \cdot 31 = 31 \cdot 9807$, et $3600 \cdot 4 = 4 \cdot 3600$: donc les deux produits sont égaux.

241. Voyons maintenant *Comment* on peut *opérer pour prendre la moitié, le tiers, le quart, le cinquième,... d'un nombre complexe :* par exemple, *comment prendre* LA MOITIÉ *de* $5^j\,7^h\,52^m$?

	5^j	7^h	52^m	
Moitié....	2	15	56	
Tiers.....	1	18	37	20^s
Quart.....	1	7	58	
Cinquième.	1	1	34	24

Commençant par la gauche, je dis : *La moitié* de 5 est 2, reste 1^j qui vaut 24^h, et 7, 31 ; *la moitié de* 31 est 15, reste 1^h qui vaut 6 diz. de minutes, et 5, 11 ; *la moitié de* 11 est 5, reste 1 diz. de minutes, et 2, 12 ; *la moitié* de 12 est 6. La moitié de 5^j7^h52 est donc $2^j15^h56^m$. — On prend de même la moitié, le tiers, le quart, le cinquième,... de tout autre nombre complexe.

PREMIER CAS. — Multiplication d'un Nombre complexe par un Nombre incomplexe, et réciproquement.

Nous expliquerons le tout sur des Exemples.

242. I. *Pour faire un mètre d'ouvrage, une machine emploie* $3^h48^m57^s$: *combien lui faut-il de temps pour en faire 7 mètres ?*

Il est évident que le temps demandé est 7 fois $3^h48^m57^s$: ainsi, il faut multiplier $3^h48^m57^s$ par 7. Ayant écrit le multiplicateur sous le multiplicande, je commence par la droite, et je dis : 7 fois 7, 49, je pose 9, et retiens 4 ; 7 fois 5, 35, et 4 de retenue, 39, je pose 3, et retiens 6 (car 39 diz. de secondes font 6^m et 3 diz. de secondes) ; 7 fois 8, 56, et 6 de retenue, 62, je pose 2, et retiens 6 ; 7 fois 4, 28, et 6 de retenue, 34, je pose 4, et retiens 5 (car 34 diz. de minutes font 5^h et 4 dizaines de minutes) ; 7 fois 3, 21, et 5 de retenue, 26, je pose 26. — Temps demandé $26^h42^m39^s$.

$$3^h48^m57^s$$
$$7$$
$$\overline{}$$
$$26\ \ 42\ \ 39$$

243. II. *Un piéton fait un myriamètre dans* $2^h13^m18^s$: *s'il marche toujours avec la même vitesse, combien lui faut-il d'heures, minutes et secondes pour faire 138 myriamètres ?*

Comme ici le multiplicateur est considérable, il sera plus commode de recourir à la *Méthode des Parties aliquotes*. Elle consiste à décomposer les subdivisions en parties exactement contenues dans l'unité précédente (**153**), et à trouver le produit de chacune de ces parties : réunissant ensuite tous les produits partiels, on a le produit cherché.

Je multiplie 2^h par 138, et j'ai 276^h. — Pour multiplier les 13^m, je les décompose en 12^m+1^m. Or, en multipliant 1^h par 138, on a 138^h ; donc, en multipliant 12^m, c'est-à-dire $\frac{1}{5}$ d'heure, par 138, le produit est le 5e de 138^h, ce qui fait 27^h36^m (**241**). — Le produit de 1^m est le 12e de celui de 12^m : je prends donc le 12e de 27^h36^m, ce qui me donne 2^h18^m.

Pour multiplier les 18^s, je les décompose en $12^s + 6^s$. Le produit de 1^m étant 2^h18^m, celui de 12^s, c'est-à-dire d'un 5e de minute, est le 5e de 2^h18^m, ce qui fait 27^m36^s ; et le produit de 6^s est la moitié de 27^m36^s, il est de 13^m48^s. — Réunissant tous les produits partiels, je trouve $306^h35^m24^s$, pour le temps cherché.

		$2^h13^m18^s$	
		138	
$2^h.138$	=	276^h	
$12^m.138$	=	27	36^m
$1^m.138$	=	2	18
$12^s.138$	=	0 27	36^s
$6^s.138$	=	0 13	48
		306 35	24

244. III. *Un ouvrier met* $2^h17^m39^s$ *à faire un mètre d'ouvrage : quel temps met-il à en faire* $\frac{7}{12}$ *de mètre ?*

Il fait 1 mèt. en $2^h17^m39^s$

Je décompose $\frac{7}{12}$ en $\frac{6}{12} + \frac{1}{12}$. Or, pour faire 1 mètre, il est $2^h17^m39^s$: donc, pour faire $\frac{6}{12}$ de mètre, c'est-à-dire un demi-mètre, il est la moitié de $2^h17^m39^s$, ce qui fait $1^h8^m49^s,5$; et pour faire $\frac{1}{12}$ de mètre, il est le 6e de $1^h8^m49^s,5$, ce qui donne $11^m28^s,25$. — Donc, en tout $1^h20^m17^s,75$.

Donc, $\frac{6}{12}$, en 1 . 8 . 49,5

et $\frac{1}{12}$, en 0 . 11 . 28,25

Réponse.......... $1^h20^m17^s75$

245. IV. *Un ouvrier gagne* $7^f,43$ *par jour : combien gagne-t-il dans* $5^j8^h43^m$, *si sa journée est de 12 heures ?*

Dans 1ʲ ou 12ʰ.	7ᶠ, 43	
	5ʲ 8ʰ 43ᵐ	
Dans 5ʲ........	37, 15	
Dans 6ʰ	3, 715	
Dans 2ʰ	1, 238	
Dans 40ᵐ... ..	0, 412	
Dans 2ᵐ	0, 020	
Dans 1ᵐ......	0, 010	
En tout...	42ᶠ,545	

Dans 5ʲ, le gain est de 37ᶠ,15. — Je décompose 8ʰ en 6ʰ + 2ʰ. Or, dans 12ʰ, le gain est de 7ᶠ,43 : donc, dans 6ʰ, c'est-à-dire dans la moitié de 12ʰ, il est la moitié de 7ᶠ,43, ce qui fait 3ᶠ,715 ; et dans 2ʰ, ou le tiers de 6ʰ, il est le tiers de 3ᶠ,715 ce qui donne 1ᶠ,238.

1ᶠ,238 est le gain dans 2ʰ ou 120ᵐ : je décompose les 43ᵐ en 40ᵐ + 2ᵐ + 1ᵐ. Dans 40ᵐ, tiers de 120ᵐ, le gain est le tiers de 1ᶠ,238, il est de 0ᶠ,412 ; dans 2ᵐ, il est le 20ᵉ de 0ᶠ,412 ; dans 1ᵐ, il est la moitié de celui de 2ᵐ. — Gain demandé 42ᶠ,55.

246. V. *Un navire fait 4 lieues $\frac{5}{6}$ dans une heure* (a) : *quel chemin fait-il dans 4ʰ38ᵐ27ˢ?* — Les 4ˡ $\frac{5}{6}$ = $\frac{29}{6}$ de lieue. Je vais faire le calcul comme si la vitesse était de 29 lieues à l'heure ; en prenant le 6ᵉ, j'aurai le résultat demandé.

Dans 1ʰ.....	29 lieues.	
	4ʰ38ᵐ27ˢ	
Dans 4ʰ......	116ˡ	
Dans 30ᵐ......	14,5	
Dans 6ᵐ......	2,9	
Dans 2ᵐ......	0,966	
Dans 20ˢ	0,161	
Dans 5ˢ	0,040	
Dans 2ˢ	0,016	
Total........	134,583	

Le chemin dans 4ʰ est 116 lieues. 38ᵐ = 30ᵐ + 6ᵐ + 2ᵐ. Dans 30ᵐ, ou une demi-heure, le chemin est de la moitié de 29 lieues, ce qui fait 14ˡ,5 ; dans 6ᵐ, cinquième de 30ᵐ, il est le 5ᵉ de 14,5, ce qui donne 2,9 ; et dans 2ᵐ, il est le tiers de 2,9.

27ˢ = 20ˢ + 5ˢ + 2ˢ. Dans 20ˢ, tiers d'une minute, ou 6ᵉ de 2ᵐ, le chemin est le 6ᵉ de 0,966, ce qui fait 0,161 ; dans 5ˢ, il est le quart, et dans 2ˢ le 10ᵉ, de 0,161.

Faisant l'addition, je trouve 134ˡ,583 ; prenant le 6ᵉ, j'ai 22ˡ,43 pour le résultat demandé.

247. VI. *Un myriamètre vaut 0°5′24″ : combien y a-t-il de degrés, minutes, secondes dans 379465 mètres?* — Le nombre de myriamètres étant 37,9465, la valeur demandée est (0°5′24″).37,9465, ou bien 37,9465 × (0°5′24″), en regardant le produit comme des degrés

---

(a) La lieue marine vaut 3 milles ; le mille marin vaut 1′ du degré d'un grand cercle, en sorte que le degré d'un grand cercle vaut 60 milles marins, ou 20 lieues marines.

et décimales de degré (**240**) ; il nous restera à convertir ces décimales en minutes et secondes (**236**).

	37,9465	
	0°5'24''	
5'........	3,16220	
1'........	0,63244	
20''......	0,21081	
4''........	0,04216	
	3,41517	

Le produit de 37,9465 par 1° est 37,9465 ; donc, le produit par 5', ou par un douzième de degré, est le 12ᵉ de 37,9465, ce qui fait 3,16220.

24'' = 20'' + 4''. Le produit par 20'' est le tiers de celui d'une minute ; ce dernier est le 5ᵉ de 3,16220, il est de 0,63244 ; celui de 20'' est donc 0,21081 ; celui de 4'' est le 5ᵉ de celui de 20''.

Je fais maintenant la somme, mais sans compter le produit de 1' ; je trouve 3°,41517, ce qui fait 3°24'54'',6 (N° **236**).

N. B. Le produit 0,63244 d'*une minute* est ici ce qu'on appelle un *produit auxiliaire* : il n'a été fait que pour aider à trouver les autres. On forme autant de produits auxiliaires qu'on le juge nécessaire pour la commodité du calcul ; mais on les barre ensuite pour ne les point compter dans l'addition.

SECOND CAS. — **Multiplication d'un Nombre complexe par un Nombre complexe.**

248. 1. *Dans une heure, un mobile, qui marche d'un pas uniforme, parcourt sur une circonférence un arc de* 2°36'18'',7 : *combien décrit-il de degrés, minutes, secondes dans* 5ʰ 27ᵐ 37ˢ ?

1ʰ.....	2°36'18'',7			
	5ʰ27'37ˢ			
5ʰ.....	13.	1.	33,	5
20ᵐ ...	0	52	6,	23
5ᵐ ...	0	13	1,	55
2ᵐ ...	0	5	12,	62
30ˢ ...	0	1	18,	15
6ˢ....	0	0	15,	63
1ˢ....	0	0	2,	60
	14°13'30'',28			

Dans 5ʰ, l'arc décrit est 5 fois 2°36'18'',7, ce qui fait 13°1'33'',5. Pour multiplier par 5, j'ai opéré comme au N° **242**. Si le multiplicateur, était un nombre considérable, j'opèrerais par parties aliquotes (**243**).

27ᵐ = 20ᵐ + 5ᵐ + 2ᵐ. Dans 20ᵐ, l'arc décrit est le tiers de celui d'une heure ; dans 5ᵐ, il est le quart, et dans 2ᵐ le 10ᵉ de celui de 20ᵐ.

37ˢ = 30ˢ + 6ˢ + 1ˢ. Dans 30ˢ, l'arc décrit est la moitié de celui d'une minute, ce qui fait le quart de celui de 2ᵐ ; dans 6ˢ, il est le 5ᵉ de celui de 30ˢ ; et dans 1ˢ, le 6ᵉ de celui de 6ˢ.

Faisant la somme, on a 14°13'30'',28 ; mais, pour le résultat demandé, on prend 14°13'30'',3.

II. *Le* 29 *Mars* 1861, *à midi de Paris, la déclinaison*

du soleil était de $3°29'3'',9$; *le lendemain, à la même heure, elle était de* $3°52'22'',1$. *Trouver quelle était cette déclinaison, le 29 à* $11^h46^m36^s$ *du soir.*

Décl.	du 30	$3°52'22'',1$
	du 29	3 29 3, 9
Aug.	en 24	23 18, 2
	en 8^h.....	7 46, 06
	en 2^h.....	1 56, 51
	en 1^h.....	0 58, 25
	en 30^m....	0 29, 12
	en 15^m....	0 14, 56
	en 1^m....	0 0, 97
	en 30^s.....	0 0, 48
	en 6^s	0 0, 09
Aug.	en 11^{h}46^{m}36^s.	11'26'',04
Décl.	demandée.	$3°40'30''$.

Il faut trouver de combien la déclinaison a augmenté en 11^h 46^m36^s : ajoutant cette augmentation à la décl. du 29, on aura la décl. demandée.

La différence des deux déclinaisons données est l'augmentation en 24^h; elle est de $23'18''2$, $11^h = 8^h + 2^h + 1^h$. Dans 8^h. l'augmentation est le tiers de $23'18''2$; dans 2^h, elle est le quart de $7'46''06$; et dans 1^h, la moitié de $1'56'',51$.

$46^m = 30^m + 15^m + 1^m$. Or, 30^m $=$ la moitié de 1^h; $15^m =$ la moitié de 30^m; etc.. etc.

Leçon V. — Division des Nombres complexes.

249. Deux cas principaux se présentent dans la division des nombres complexes : 1° Le diviseur est un nombre entier; 2° le diviseur n'est pas un nombre entier.

Premier Cas. — Le Diviseur est un Nombre entier.

250. Pour faire la division d'un nombre complexe par un nombre entier, *quand les unités du quotient sont de même nature que celles du dividende,* on divise les unités principales du dividende par le diviseur : on a les unités principales du quotient. On réduit le reste en unités de la seconde espèce du dividende (**73**, 2°), on y ajoute celles qu'il y a déjà dans le dividende principal; on divise par le même diviseur : on obtient les unités de la seconde espèce du quotient. On réduit le second reste en unités de la troisième espèce du dividende ; on y ajoute celles que contient déjà le dividende principal;

on divise encore par le même diviseur : on trouve les unités de la troisième espèce du quotient. On continue ainsi.

Ex. I. *Dans 23 jours, un navire a parcouru $31°46'25''$: trouver en degrés, minutes, secondes, sa vitesse journalière moyenne.*

Il a parcouru chaque jour, terme moyen, la 23e partie de $31°46'25''$: il faut donc (**86**, 2°) diviser $31°46'25''$ par 23.

$$
\begin{array}{l}
31°\,46'\,25'' \;\big)\; 23 \\
\;\;8 \qquad\qquad\;\; 1°22'53'' \\
\;\;60 \\
\hline
\;\;526' \\
\;\;66 \\
\;\;20 \\
\;\;60 \\
\hline
\;1225'' \\
\;\;.75 \\
\;\;\;6
\end{array}
$$

Je divise $31°$ par 23 ; je trouve $1°$ pour quotient, et $8°$ de reste. — Le reste total est donc $8°46'25''$, ou $526'25''$. Je divise $526'$ par 23 ; j'obtiens pour quotient $22'$, et $20'$ de reste. Le nouveau reste total est donc $20'25''$, ou $1225''$. Je divise $1225''$ par 23, ce qui me donne $53''$, avec un reste $6''$. — Ainsi, la vitesse moyenne demandée est $1°22'53''\,\frac{6}{23}$.

EXEMPLE II. *Une machine a confectionné 125^m d'ouvrage en $13^j17^h40^m$: combien est-elle de jours, heures, minutes et secondes, pour en faire un mètre ?*

Il faut diviser $13^j17^h40^m$ par 125. — Le nombre de jours est zéro, puisqu'il y a moins de jours que de mètres ; c'est pourquoi je réduis tout de suite les 13^j17^h en heures, et divisant par 125, je trouve 2^h, avec un reste 79. Continuant comme il a été dit plus haut, j'obtiens $2^h38^m14^s,4$ pour le résultat demandé.

251. *Si les unités du quotient ne sont pas de même nature que celles du dividende*, on remarquera que le dividende et le diviseur ont la même nature d'unités ; car le dividende, produit du diviseur et du quotient, est de même espèce que l'un de ces facteurs (**72**) : alors, pour faire la division, on réduit le dividende et le diviseur à la plus petite espèce énoncée dans le dividende (**73**, 2°) ; on regarde le quotient comme étant une fraction qui a pour numérateur le dividende, et pour dénominateur le diviseur, réduits à la plus petite espèce. Reste à convertir cette fraction en nombre complexe (**234**), ou en nombre décimal (**235**), selon que le demande la question.

EXEMPLE I. *Un ouvrier fait un mètre d'ouvrage en 4 heures : combien en fera-t-il de mètres et millimètres dans* 19ʰ31ᵐ25ˢ ?

Comme 19ʰ31ᵐ25ˢ = 70285ˢ, et que 4ʰ = 14400ˢ, la question proposée revient à celle-ci : « Un ouvrier fait un mètre en 14400ˢ : » combien en fera-t-il en 70285ˢ ? » — Il est clair qu'il fera autant de mètres qu'il y a de fois 14400 dans 70285 : donc **(86, 1°)**,

$$\text{Quantité demandée} \qquad \frac{70285}{14400} = 4^m, 881 \text{ à p. p.}$$

EXEMPLE II. *Le Soleil parcourt* 15° *par heure : quel temps met-il à parcourir* 50°29′30″ ?

Comme 50°29′30″ = 181770″, et que 15° = 54000″, la question revient à dire : « Le Soleil parcourt 54000″ par heure : quel » temps est-il à parcourir 181770″ ? » — Ainsi,

$$\text{Temps demandé} \qquad \frac{181770}{54000} = 3^h 21^m 58^s.$$

252. REMARQUE. Le calcul précédent (Ex. II.) étant très-usité dans le Pilotage, on a cherché à le simplifier, et l'on y est parvenu comme il suit :

Le Soleil décrivant 15° en 1ʰ ou 60ᵐ, parcourt 1° en 4ᵐ de temps; donc il parcourt 1′ de degré en 4ˢ de temps, 1″ de degré en 4 tierces de temps,... Ainsi, le Soleil est autant de fois 4ᵐ de temps qu'il a de degrés à parcourir; autant de fois 4ˢ de temps qu'il a de minutes de degré ; autant de fois 4 tierces de temps qu'il a de secondes de degré ;... Aussi, *Pour trouver quel temps le Soleil emploie à parcourir un nombre quelconque de degrés, minutes, secondes,... on multiplie le tout par* **4**, *et on regarde le produit de chaque subdivision comme étant la subdivision inférieure dans l'heure;* c'est-à-dire que le produit des degrés est compté pour des minutes de temps, celui des minutes de degré pour des secondes de temps, et ainsi de suite.

Réciproquement : *Pour trouver combien le Soleil parcourt de degrés, minutes, secondes,... dans un temps donné, on convertit les heures en minutes* **(231)**, *puis on prend le quart du tout, et l'on compte chaque quotient pour la subdivision supérieure dans le degré;* c'est-à-dire que le quotient des minutes de temps est compté pour des degrés, celui des secondes de temps pour des minutes de degré, et ainsi de suite.

4

D'après ces deux règles, qui sont une suite l'une de l'autre, on trouve que,

Pour parcourir   29°33'15'',   le Soleil emploie $4^h58^m13^s$;
.... 164°50'12'', ... $10^h59^m20^s48^t$.
Et que dans $3^h21^m58^s$,   le Soleil parcourt   50°29'30'';
     dans 7^h 8^m 9^s, ...   107° 2'15''.

SECOND CAS. — Le Diviseur n'est pas un nombre entier.

253. Pour faire la division des nombres complexes, lorsque le diviseur n'est pas un nombre entier, on exprime ce diviseur en fraction de son unité principale (**233**), puis on multiplie le dividende par cette fraction renversée (**222**), ce qui revient à multiplier le dividende par le dénominateur, et à diviser le produit par le numérateur. La division est ainsi ramenée à diviser par un nombre entier; on suit donc alors l'une des deux règles données (**250** et **251**), selon que les unités du quotient sont ou ne sont pas de même nature que celles du dividende.

EXEMPLE I. *La journée d'un ouvrier étant de 12^h, il a gagné $42^f,55$ dans $5^j8^h43^m$: trouver le gain journalier.*

Les $5^j8^h43^m = 68^h43^m = 4123^m = \frac{4123}{720}$ de journée, car la journée de 12^h contient 720 minutes.

Ainsi, dans $\frac{4123}{720}$ de jour, il a gagné $42^f,55$:
donc,   dans $\frac{1}{720}$ de jour, il gagne $\frac{42,55}{4123}$
et dans 1 jour, ou $\frac{720}{720}$ de jour, il gagne $\frac{42,55 \times 720}{4123}$,
ce qui est exactement le résultat fourni par la règle donnée ci-dessus. — En effectuant les calculs, on trouve $7^f,43$ pour le gain demandé.

EXEMPLE II. *Un mobile parcourt 2°36'18'',7 par heure : combien lui faut-il d'heures, minutes, secondes, pour décrire un arc de 14°13'30'',3?*

Il lui faut autant d'heures qu'il y a de fois 2°36'18'',7 dans 14°13'30'',3 : ainsi, divisons le second nombre par le premier. Or, 2°36'18'',7 = 9378'',7 = $\frac{93787}{36000}$ de degré, car un degré, qui vaut 3600'', contient 36000 dixièmes de seconde : donc (**222**).

Temps demandé   (14°13'30'',3) $\times \frac{36000}{93787} = \frac{512403}{93787}$ (N° **243**),
ce qui fait, à fort peu près, $5^h27^m37^s$.

REMARQUE. Dans cet Exemple, où les unités du quotient et celles du dividende sont de natures différentes, il est préférable d'opérer comme nous l'avons dit No **251**. — Les $2°36'18'',7 =$ 93787 dixièmes de seconde, et les $14°13'30'',3 = 512103$ dixièmes de seconde. Donc, la question proposée revient à celle-ci : « Un » mobile parcourt 93787 dixièmes de seconde dans une heure : » quel temps lui faut-il pour décrire un arc de 512103 dixièmes » de seconde ? » — Il lui faut autant d'heures qu'il y a de fois 93787 dans 512103 : donc,

$$\text{Temps demandé} \qquad \tfrac{512103}{93787} = 5^h27^m37^s.$$

CHAPITRE VII. — RÈGLES DE TROIS.

—

254. On appelle *Règles de Trois*, des problèmes dont les énoncés renferment deux parties composées de quantités *homogènes* deux à deux, et variant *proportionnellement*.

255. Les quantités *homogènes* sont les quantités de même espèce ; elles varient *proportionnellement*, lorsque l'une de ces quantités devenant 2, 3, 4,... fois plus grande que son homogène, l'inconnue devient par cela seul 2, 3, 4,... fois plus grande ou plus petite que son homogène.

256. La règle de trois est *simple* ou *composée*. Dans certains cas, elle prend les noms de *règle d'intérêt*, *d'escompte*, etc.

NOTA. Nous ne donnerons point de procédé général ; et, pour résoudre nos problèmes, nous nous servirons exclusivement de la *Méthode de l'unité*. Ce procédé suppose seulement la connaissance des usages de la multiplication (**73**) et de la division (**86**) ou de la manière de multiplier ou de diviser un quotient (**103** et **104**), ou une fraction (**198** et **200**). — Lorsque deux données homogènes seront des nombres fractionnaires, on pourra les exprimer l'une et l'autre en parties de la plus petite espèce, et opérer sur ces nombres de parties : les données étant alors des nombres entiers, le raisonnement deviendra plus facile et plus clair.

Leçon I. — Règle de Trois simple.

257. La règle de trois est *simple*, lorsque parmi les données il n'y a qu'un couple d'homogènes. Alors, les données sont au nombre de *trois*, et de là vient le nom de la règle.

Exemple I. *Une pièce d'étoffe de* 48^m *a coûté* 345^f,67 ; *combien coûteront* 36^m *de la même étoffe ?*

          Première partie   48^m ont coûté 345^f,67 ;
          Seconde partie   36^m coûteront x.

Les données 48^m et 36^m sont homogènes. La valeur connue 345^f, 67 et la valeur demandée x sont aussi homogènes. Or, pour 2 fois, 3 fois,... moins de mètres, il faudra payer 2 fois, 3 fois,... moins : donc **(255)** les quantités homogènes varient proportionnellement ; donc **(254)** le problème proposé est une règle de trois ; et elle est simple **(257)**, parce que les données (48^m, 36^m et 345^f,67) ne renferment qu'un seul couple d'homogènes (48^m et 36^m). — Pour la résoudre, je dis : 48^m ont coûté   345^f,67 ;

donc 1^m a coûté 48 fois moins,   ou $\dfrac{345,67}{48}$;
et   36^m coûteront 36 fois plus,   ou $\dfrac{345,67 \times 36}{48} = x$.

Effectuant les calculs, je trouve $x = 259^f, 25$ en moins.

258. Lorsqu'il se trouve des facteurs communs au dividende et au diviseur, on peut les supprimer, ce qui ne change point la valeur du quotient **(105)**.

Dans l'Exemple I, ci-dessus, en supprimant le facteur 12, commun à 36 et à 48, on a $x = \dfrac{345,67 \times 3}{4}$.

Exemple II. *Il a fallu 15 jours à 25 ouvriers pour faire un certain ouvrage ; combien 35 ouvriers auraient-ils employé de jours pour faire le même ouvrage ?*

          Première partie   25 ouv. ont mis   15^j ;
          Seconde partie   35 ouv. mettront x^j.

Quantités homogènes : 25 ouv. et 35 ouv., puis 15^j et x^j. Or, 2 fois, 3 fois,... plus d'ouvriers mettraient 2 fois, 3 fois.... moins de jours pour faire le même ouvrage : ce second problème est donc aussi une règle de trois simple. — Pour la résoudre, je dis :   25 ouv. ont mis   15^j ;

donc,   1 ouv. mettrait 25 fois plus,   ou   15.25
et   35 ouv. mettront 35 fois moins,   ou $\dfrac{15.25}{35} = x = 10^j \tfrac{5}{7}$.

EXEMPLE III. *Une marchandise qui coûtait 238ᶠ,50 a été revendue 261ᶠ,40 ; combien a-t-on gagné pour 100 ?*

Sur 238ᶠ,50 on a gagné   261,40 — 238,50 = 22ᶠ,90 :

la question proposée revient donc à celle-ci : « Avec 238ᶠ,50 » (ou 23850ᶜ), on a gagné 22ᶠ,90 ; combien a-t-on gagné avec » 100ᶠ (ou 10 000ᶜ) ? »

Première partie	Avec 23850ᶜ on a gagné	22ᶠ,90,
Seconde partie	Avec 10000ᶜ on gagne	x fr.

Solution :   Avec 23850 centimes on a gagné 22ᶠ,90 ;
donc,   Avec 1ᶜ on a gagné............ $\frac{22,90}{23850}$
et   Avec 10 000ᶜ........ $\frac{22,90 \times 10000}{23850} = x = 9^f,60.$

259. Quand plus donne plus, ou que moins donne moins, la règle de trois est appelée *directe :* tels sont les Exemples I et III, ci-dessus. — Quand plus donne moins, ou que moins donne plus, la règle de trois est appelée *inverse :* tel est l'Exemple II.

LEÇON II. — **Règle de Trois composée.**

260. La règle de trois est *composée,* lorsque les données fournissent plusieurs couples d'homogènes. Alors, les données sont au moins au nombre de cinq ; mais elles peuvent se réduire à *trois,* et la question peut se résoudre par la règle de trois simple.

EXEMPLE 1. *Un chef d'atelier a fait 123ᵐ d'ouvrage en 18 jours, par 9 ouvriers ; s'il emploie 20 ouvriers, combien fera-t-il de mètres en 12 jours ?*

1ʳᵉ Partie	9 ouv., en 18ʲ,	ont fait	123ᵐ ;
2ᵈᵉ Partie	20 ouv., en 12ʲ,	feront	x mèt.

Solution. Puisque   9 ouv., en 18ʲ, ont fait   123ᵐ ;
1 ouv., en 18ʲ, en a fait $\frac{123}{9}$;
20 ouv., en 18ʲ, en feront $\frac{123 \cdot 20}{9}$,
20 ouv., en 1ʲ, en feraient $\frac{123 \cdot 20 \cdot}{9 \cdot 18}$;
20 ouv., en 12ʲ, en feront $\frac{123 \cdot 20 \cdot 12}{9 \cdot 18} = x,$

ce qui revient à $x = \frac{41 \cdot 10 \cdot 4}{9} = 182^m,22$ en moins.

NOTA. Pour ramener la question précédente à une règle de trois simple, on dirait :

    1re Partie   Dans 18^j.9   ou 162^j, on a fait 123^m ;
    2de Partie   Dans 12^j.20 ou 240^j, on fera x mèt.

EXEMPLE II. *On a employé 42^{kg},50 de fil pour tisser 218^m,40 de toile, à 1^m,20 de largeur ; quelle longueur aura une autre pièce de 0^m,84 de largeur, tissée avec 51^{kg},60 du même fil ?*

    1re Partie   425 ^{hg}, à 120^c, donnent   218^m,40 de long ;
    2de Partie   516   , à 84 , donneront x mèt.

Solution. Puisque 425^{hg}, à 120^c, donnent   218^m,40,

$$1^{hg}, \text{ à } 120^c, \text{ donne } \frac{218.40}{425};$$

$$516^{hg}, \text{ à } 120^c, \text{ donnent } \frac{218.40 \times 516}{425};$$

$$516^{hg}, \text{ à } 1^c, \text{ donneraient } \frac{218.40 \times 516 \times 120}{425};$$

$$\text{et } 516^{hg}, \text{ à } 84^c, \text{ donneront } \frac{218.40 \times 516 \times 120}{425 \times 84} = x,$$

ce qui revient à $x = \dfrac{43.68 \times 516 \times 10}{85 \times 7} = \dfrac{62.4 \times 516}{85} = 378^m,80.$

EXEMPLE III. *Un compositeur, travaillant 10 heures par jour, a employé 18 jours à composer un livre de 120 pages contenant chacune 32 lignes de 50 lettres. Combien lui faudra-t-il de jours pour composer un ouvrage contenant 300 pages de 44 lignes contenant chacune 54 lettres, s'il travaille 9 heures par jour ?*

  1re Part. Tr. 10^h, il a comp. 120^p de 32^{lig} de 50^{let} en   18$_j$;
  2de Part. Tr. 9^h, ... 300^p .. 44^{lig} .. 54^{let} .. x^j.

Solution. En tr. 10^h, il a comp. 120^p de 32^{lig} de 50^{let} en 18^j ;
donc, En tr. 1^h, il compt^l.. 120 ... 32 .... 50 .... 18.10 ;

$$\text{En tr. } 9, \ldots\ldots 120 \ldots 32 \ldots 50 \ldots \frac{18.10}{9};$$

$$\text{En tr. } 9, \ldots\ldots 1^p \ldots 32 \ldots 50 \ldots \frac{18.10}{9.120};$$

$$\text{En tr. } 9, \ldots\ldots 300 \ldots 32 \ldots 50 \ldots \frac{18.10.300}{9.120};$$

$$\text{En tr. } 9, \ldots\ldots 300 \ldots 1^{lig} \ldots 50 \ldots \frac{18.10.300}{9.120.32};$$

$$\text{En tr. } 9, \ldots\ldots 300 \ldots 44 \ldots 50 \ldots \frac{18.10.300.44}{9.120.32};$$

$$\text{En tr. } 9, \ldots\ldots 300 \ldots 44 \ldots 1^{let} \ldots \frac{18.10.300.44}{9.120.32.50};$$

$$\text{Enfin, En tr. } 9, \text{ il comp}^a. \ 300 \ldots 44 \ldots 54 \ldots \frac{18.10.300.44.54}{9.120.32.50};$$

ce qui donne $\dfrac{11.27}{4} = 74^j \frac{1}{4} = 74^j 2^h 15^m$, car sa journée est de 9^h.

261. Dans la pratique, on n'indique pas séparément chaque résultat particulier, comme nous venons de le faire, ce qui serait trop long ; on se borne à indiquer le résultat final ; et pour l'obtenir, on tire une barre horizontale, au-dessus de laquelle on place l'homogène de l'inconnue ; on écrit ensuite *au-dessus* de la barre tous ses multiplicateurs, et *au-dessous* tous ses diviseurs.

Ainsi, dans notre dernier problème (Ex. III), ayant placé 18 au-dessus de la barre, je dis :

« Si, au lieu de 10 heures, il ne travaillait qu'*une* heure par » jour, il lui faudrait 10 fois plus de jours » ; il faut donc multiplier par 10, et, par conséquent, écrire 10 comme facteur au-dessus de la barre.

« Mais au lieu d'*une* heure, c'est 9ʰ qu'il travaillera chaque » jour : donc il mettra 9 fois moins de jours » ; il faut donc diviser par 9, et pour cela écrire 9 sous la barre.

« S'il n'avait qu'*une* page à composer, au lieu de 120, il serait » 120 fois moins de jours » : donc il faut diviser par 120, ce qui se fait en multipliant le diviseur 9 par 120.

« Mais au lieu d'*une* page à composer, il en a 300 ; donc il sera » 300 fois plus de jours » : donc il faut multiplier par 300, ce qui se fait en écrivant 300 comme facteur au-dessus de la barre.

On continue ainsi, et l'on opère semblablement dans toutes les règles de trois.

LEÇON III. — Règle d'Intérêt.

262. On appelle *intérêt*, le bénéfice que rapporte une somme prêtée ou placée ; cette somme s'appelle *capital*.

263. Afin de pouvoir calculer l'intérêt du capital, on convient du bénéfice à faire sur une somme de 100ᶠ placée pendant une certaine *unité de temps*, laquelle est ordinairement une année, ou un mois ; et si ce bénéfice est, par exemple, de 5ᶠ par an, on dit que *le capital est placé à 5 pour 100 par an*. L'intérêt de 100ᶠ est ce qu'on appelle *le taux*. — L'expression *pour* 100 s'écrit : *p.* %.

264. Dans les calculs d'intérêt, on compte ordinairement 30 jours pour chaque mois ; alors, l'année contient 360 jours, et les jours sont des 360ⁱᵉᵐᵉˢ d'année.

265. Dans toute question d'intérêt, il entre quatre choses : *le capital*, *le taux*, *le temps* du placement, et *l'intérêt* du capital pour ce temps. Trois de ces choses étant données, on peut toujours calculer la quatrième.

266. Il y a deux sortes d'intérêts : l'intérêt *simple*, et l'intérêt *composé*.

Intérêt simple.

267. L'intérêt est *simple*, lorsqu'il ne s'ajoute pas au capital, pour produire lui-même intérêt. Dans ce cas, le prêteur est en droit de retirer l'intérêt de son argent, après chaque unité de temps écoulée ; et, le capital restant le même, l'intérêt de 2 ans, de 3 ans,... est *double, triple,...* de l'intérêt annuel, tandis que celui d'un mois en est *le douzième*, celui de 6 mois *la moitié*, etc. Par conséquent, *Pour calculer l'intérêt d'un capital quelconque pour un temps donné, il suffit, ayant trouvé l'intérêt du capital pour l'unité de temps, de le multiplier par le nombre de ces unités.*

268. Problème I. *Quel est l'intérêt annuel de* 3000^f, *à* 5 *p.* % *par an?*

Cette question revient à celle-ci : « 100^f donnent un intérêt de » 5^f dans un an ; combien 3000^f donneront-ils d'intérêt dans le » même temps », qui n'est autre qu'une règle de trois simple.

Solution. Puisque   100^f donnent 5^f d'intérêt,
                                1^f donne $\frac{5}{100}$ ou 0^f,05 :

donc,   3000^f donnent 0,05 $\times$ 3000 = 150^f.

Problème II. *Quel est l'intérêt mensuel de* 3000^f *à* $\frac{1}{2}$ *p.* % *par mois?*

C'est comme si l'on disait : « 100^f donnent un intérêt de $\frac{1}{2}$ franc, » ou 0^f,50, dans un mois ; combien 3000^f donneront-ils d'intérêt » dans le même temps », ce qui est encore une règle de trois simple.

Solution. Puisque   100^f donnent 0^f,50 d'intérêt,
                                1^f donne $\frac{0,50}{100}$ ou 0^f,005 :

donc,   3000^f donnent 0,005 $\times$ 3000 = 15^f.

Ces solutions nous montrent que, *Pour calculer l'intérêt d'un capital quelconque* POUR L'UNITÉ DE TEMPS, *il suffit de diviser le taux par* 100 (ce qui donne l'intérêt d'un franc pour cette unité), *et de multiplier le quotient par le capital.*

269. Nous pouvons maintenant (**267**) calculer l'intérêt pour un temps quelconque.

EXEMPLE I. *Quel est l'intérêt de* 3000^f, *pour* 2 *ans, à* 5 *p.* °/₀ *par an?*

Intérêt annuel (268)   0^f,05 $\times$ 3000 :
donc (267), Intérêt demandé   0^f,05 $\times$ 3000 $\times$ 2 = 300^f.

EXEMPLE II. *Quel est l'intérêt de* 3000^f, *pour* 2 *ans 4 mois, à* 5 *p.* °/₀ *par an?*

Les 2^{a}4^m = 28 mois : donc (267), calculons l'intérêt mensuel, et le multiplions par 28. Or (268),

L'intérêt annuel étant   0^f,05 $\times$ 3000 = 150^f,
L'intérêt mensuel est $\frac{150}{12}$:
donc (267) Intérêt demandé $\frac{150}{12} \times$ 28 = 350^f.

EXEMPLE III. *Quel est l'intérêt de* 3000^f, *pour* 2 *ans 4 mois 24 jours, à* 5 *p.* °/₀ *par an?*

Les 2^{a}4^{m}24^j = 28^{m}24^j = 864^j : je calcule donc l'intérêt d'un jour, pour le multiplier par 864. Or (268),

L'intérêt annuel, ou de 360^j, est   0^f,05 $\times$ 3000 = 150^f ;
donc; l'intérêt d'un jour est $\frac{150}{360}$:
donc,   Intérêt demandé   = $\frac{150 \cdot 864}{360}$ = 5.72 = 360^f.

270. Le calcul de l'intérêt du capital est le cas le plus fréquent dans la matière qui nous occupe ; mais on peut aussi se proposer de calculer chacune des trois autres choses (**265**), connaissant l'intérêt du capital.

EXEMPLE I. *En combien de temps les intérêts simples de* 3000^f, *placés à* 6 *p.* °/₀ *par an, s'élèveront-ils à* 576^f ?

Il faut autant d'années que l'intérêt total 576^f contient de fois l'intérêt annuel de 3000^f. Or (**268**),

L'intérêt annuel est ici   0^f,06 $\times$ 3000 = 180^f :
donc,   Temps demandé $\frac{576}{180}$ = $\frac{32}{10}$ = 3^{a}2^{m}12^j.

EXEMPLE II. *Une somme de* 3000^f *a donné* 384^f *d'intérêt en* 3^{a}2^{m}12^j ; *trouver le taux annuel de l'intérêt.*

Le taux annuel (**263**) est l'intérêt annuel de 100^f ; donc, puisque 3^{a}2^{m}12^j = 38^{m}12^j = 1152^j, la question proposée revient à celle-ci : « 3000^f donnent 384^f en 1152^j ; combien 100^f donnent-ils en 360^j », qui n'est autre qu'une règle de trois composée.

Solution. Puisque 3000^f, en 1152^j, donnent   384^f,
1^f,... 1152 , donne $\frac{384}{3000}$:
100^f,... 1152 , donnent $\frac{384 \cdot 100}{3000}$;
100^f,...   1^j, ... $\frac{384 \cdot 100}{3000 \cdot 1152}$;
100^f,... 360^j, ... $\frac{384 \cdot 100 \cdot 360}{3000 \cdot 1152}$ = 4.

Ainsi, le capital a été placé à 4 p. °/₀ par an.

EXEMPLE III. *Quelle somme faut-il placer à 4 p. °/₀ par an, pour que les intérêts s'élèvent à 128ᶠ, en 3ᵃ2ᵐ12ʲ (ou 1152ʲ)?*

Il faut trouver quel capital donne 128ᶠ en 1152ʲ, sachant que 100ᶠ donnent 4ᶠ en 360ʲ : encore une règle de trois composée.

Solution. Pour avoir 4ᶠ, en 360ʲ, il faut placer 100ᶠ;

donc, Pour avoir 1ᶠ,... 360 ,.............. $\frac{100}{4}$;

.... 128ᶠ,... 360 ,.............. $\frac{100 \cdot 128}{4}$;

......,..... 128ᶠ,... 1ʲ,.............. $\frac{100 \cdot 128 \cdot 360}{4}$,

.... 128ᶠ,...1152ʲ,.............. $\frac{100 \cdot 128 \cdot 360}{4 \cdot 1152}$;

En effectuant, on trouve 1000ᶠ, pour le capital demandé,

EXEMPLE IV. *Quelqu'un veut toucher 1290ᶠ, capital et intérêt compris, après 2 ans et demi, en plaçant à 3 p. °/₀; combien doit-il placer?*

Dans 2ᵃ ½, 100ᶠ donnent 3 × 2 ½ = 7ᶠ,50.

Ainsi, en plaçant aujourd'hui 100ᶠ à 3, on touchera 100 + 7,50 =107ᶠ,50 dans 2ᵃ ½; donc la question proposée revient à celle-ci : « Pour toucher 107ᶠ,50 dans 2ᵃ ½, il faut placer aujourd'hui 100ᶠ; » combien faut-il placer pour avoir à toucher 1290ᶠ, à la même » époque ? »

Solution. Pour toucher 107ᶠ,50 il faut placer 100ᶠ;

donc, Pour toucher 1ᶠ, ... $\frac{100}{107,5}$;

et Pour toucher 1290ᶠ, .,............ $\frac{100 \cdot 1290}{107,5}$ = 1200ᶠ.

Rentes sur l'État.

271. On appelle *Rentes sur l'État*, les intérêts des divers capitaux empruntés par le gouvernement.

272. Il y a aujourd'hui trois sortes de rentes sur l'État : le 3, le 4, et le 4 ½ p. °/₀ (a). Le nom de chacune vient de ce que le gouvernement donnerait 100ᶠ pour 3ᶠ, 4ᶠ, ou 4ᶠ,50 de rente, si, pour ne plus payer la rente, il voulait rembourser le capital.

Par exemple, pour rembourser 30ᶠ de rente 3 p. °/₀, le gouvernement donnerait 1000ᶠ au possesseur de la rente.

273. Le possesseur d'une rente peut la vendre ; mais le prix n'en est pas fixe : il varie selon certaines circonstances, et s'appelle *le cours* de la rente ou des fonds.

Par exemple, lorsque la rente 3ᶠ s'achète ou se vend 65ᶠ,40, le cours est 65ᶠ,40, et on dit que le 3 p. °/₀ est à 65ᶠ,40.

(a) Mais le 4 et le 4 ½ doivent disparaître à une certaine époque, et bientôt il n'y aura plus que le 3 p. °/₀.

274. La rente est dite *au pair*, quand elle est au cours 100^f, c'est-à-dire, quand elle s'achète ou se vend 100^f.

275. La rente 3 p. % est payée par trimestre, savoir : le 22 Mars, le 22 Juin, le 22 Septembre et le 22 Décembre ; au lieu que le 4 et le 4 $^1/_2$ ne sont payés que par semestre, le 22 Mars et le 22 Septembre.

276. On ne peut acheter ou vendre la rente que par l'intermédiaire d'un *agent de change*, qui touche $\frac{1}{8}$ p. % des fonds qu'on lui remet : le prix de cette commission est *le courtage*. — Comme $\frac{1}{8}$ p. % est la même chose que 1 pour 800, en divisant le capital par 800, on aura le courtage, qui, ajouté au prix principal, donnera le prix total de la rente.

PROBLÈME I. *Combien coûteront* 500^f *de rente* 4 p. %, *lorsque le cours est* 104^f,20 ?

C'est comme si l'on disait : « 4^f de rente coûtent 104^f,20 ; » combien coûteront 500^f ? »

Solution.   4^f de rente coûtent   104^f,20 ;

           1^f .... coûte $\frac{104,20}{4}$;

donc,   500^f .... coûteront $\frac{104,20 \times 500}{4}$ = 13025^f

Ajoutant le courtage (N° **276**).....................   16^f,28
on a le prix total demandé............................ 13041^f,28,

PROBLÈME II. *Combien aura-t-on de rente* 4 $^1/_2$ p. %, *au cours de* 107^f, *pour une somme de* 40 000 *francs* ?

Le courtage monte ici à $\frac{40000}{800}$ = 50^f, que l'agent de change garde pour lui. Avec le reste 39 950^f, il achète la rente.

Solution.   Pour   107^f, on a une rente de   4^f,50 ;

           Pour   1^f,.................... $\frac{4,50}{107}$:

donc,   Pour 39950^f, on aura $\frac{4,50 \times 39950}{107}$ = 1680^f,14.

PROBLÈME III. *Quel est le cours du* 4 p. %, *lorsque* 500^f *de rente se vendent* 13 041^f,28 ?

Le courtage monte à 16^f,30 : c'est donc avec 13041^f,28 — 16^f,30 ou 13024^f,98 que l'agent paie la rente 500^f.

Solution.   500^f de rente se paient   13024^f,98 ;

           1^f.......... se paie $\frac{13024,98}{500}$:

donc,   4^f........ se paient $\frac{13024,98 \times 4}{500}$ = 104^f,19984.

Ainsi, le cours demandé est à très-peu près   104^f,20.

PROBLÈME IV. *Lequel est le plus avantageux, d'acheter du 3 p. °/₀ à 77ᶠ,60, ou du 4 ¹/₂ p. °/₀ à 104ᶠ,20?*

Solution   1ᶠ de rente 3 p. °/₀ coûte $\frac{77,60}{3} = 25^f,866\ldots$
               1ᶠ de rente 4 ¹/₂ p. °/₀ coûte $\frac{104,20}{4,50} = 23^f,155\ldots$
Ainsi, la rente 4 ¹/₂ pour 100 est la moins chère.

Intérêt composé.

277. L'intérêt est *composé*, lorsque le prêteur, au lieu de retirer à la fin de chaque unité de temps le bénéfice du capital qu'il a placé, le laisse à l'emprunteur, à condition que celui-ci en paie l'intérêt comme pour le capital. Dans ce cas, le prêteur ne reçoit donc pas seulement l'intérêt du capital, mais encore l'intérêt des intérêts.

278. RÈGLE. *Pour trouver quel est, après un temps déterminé, la valeur d'un capital placé à intérêt composé, on peut calculer l'intérêt d'un franc pour l'unité de temps dont il s'agit, ajouter un franc à cet intérêt, élever la somme à la puissance marquée par le nombre d'unités de temps, et multiplier le résultat par le capital placé.*

L'unité de temps dépend des conventions faites, pour la capitalisation, entre le prêteur et l'emprunteur, et elle est indiquée par le taux donné dans l'énoncé de la question : c'est *un an*, si c'est le taux *annuel* qui est donné; c'est *un mois*, si c'est le taux *mensuel;* etc.

EXEMPLE I. *Calculer quelle est la valeur de* 320ᶠ *après* 3 *ans, l'intérêt composé étant de* 5 p. °/₀ *par an.*

Puisque   100ᶠ donnent un intérêt de   5ᶠ,
                 1ᶠ donne.............   0ᶠ,05 ;
donc, après un an,   1ᶠ vaut $1^f + 0^f,05 = 1^f,05$:
donc, après un an,   320ᶠ valent $1^f,05 \times 320.$

Ainsi, *pour savoir quelle est après un an la valeur d'un capital placé à* 5 p. °/₀ *par an, il suffit de multiplier* 1ᶠ,05 *par ce capital.* De là il suit qu'après un an 1ᶠ,05 × 320 (qui est (**277**) le capital de la seconde année) vaut

$$1^f,05 \times 1,05 \times 320 = 1,05^2 \times 320 \ (N^o\ 59),$$

et cette valeur est celle de 320ᶠ, après 2 ans. Le capital de la troisième année est donc 1,05² × 320. Or, d'après la remarque précédente, ce nouveau capital vaut après un an

$$1^f,05 \times 1,05^2 \times 320 = 1,05^3 \times 320 :$$

c'est la valeur de 320ᶠ, après 3 ans, et par conséquent, c'est la valeur demandée. Mais 1,05 est la valeur de 1ᶠ et de son intérêt annuel; l'exposant 3 est le nombre d'années, et 320 est le capital placé. Donc, *Pour trouver...* En effectuant les calculs, on obtient $1,05^3 \times 320 = 370^f,44$.

EXEMPLE II. *Quelle est, après 7 mois, la valeur de* 8000ᶠ *placés à intérêt composé,* $\frac{1}{2}$ *p.* °/₀ *par mois ?*

Puisque   100ᶠ donnent par mois,   0ᶠ,50,
                1ᶠ donne,...........   0ᶠ,005 :
donc,   Valeur demandée $1,005^7 \times 8000 = 8284^f,23$.

PROBLÈME. *Le taux annuel de l'intérêt composé étant 4, quelle somme faut-il placer aujourd'hui, pour avoir à toucher* 8000ᶠ *dans 5 ans ?*

Puisque   100ᶠ donnent, par année,   4ᶠ,
                1ᶠ donne,............   0ᶠ,04.

Si donc nous connaissions la somme demandée, en la multipliant par $1,04^5$, nous trouverions 8000 d'après la Règle générale (**278**) : donc (**86**), en divisant 8000 par $1,04^5$, nous aurons la somme demandée : donc

$$\text{Réponse} \qquad \frac{8000}{1,04^5} = \frac{8000}{1,2166529024} = 6575^f,42$$

Dans ces sortes de calculs, la multiplication et la division abrégées (**112** à **115**) sont très-avantageuses.

NOTA. — Nous ne pouvons traiter ici, d'une manière complète, les *Intérêts composés.* Ceux qui auraient besoin de connaissances plus étendues sur cette matière, peuvent consulter notre *Arith. in-8°*, p. 515 à 553 ; ou bien nos *Leçons d'Alg.*, p. 448 à 467.

LEÇON IV. — Règle d'Escompte.

279. On appelle *Escompte*, la retenue faite sur le montant d'un billet payé avant son échéance. — *L'échéance* est l'époque fixée pour le paiement de la dette.

Par exemple, une dette de 3000ᶠ devant être acquittée le 20 Juin, si le débiteur paie le 20 Mai, il avance le paiement de 31 jours : il retiendra donc l'intérêt de 3000ᶠ pour 31 jours ; et cet intérêt prend le nom d'escompte.

280. Pour trouver l'escompte d'une somme, il suffit donc d'en calculer l'intérêt (**267** *et suiv.*) pour le temps qui reste à s'écouler jusqu'à l'échéance : en l'ôtant de la somme portée au billet, on aura ce que le débiteur doit débourser.

281. Mais, quoique dans les calculs d'intérêt, l'année soit de 360 jours (**264**), la loi veut qu'ici les mois soient tels qu'ils sont dans le Calendrier grégorien (**147**).

282. A cause de l'inégalité des mois, nous donnons ci-dessous une Table faisant connaître, de 5 en 5, le nombre de jours écoulés depuis le commencement de l'année : une simple soustraction donnera l'intervalle entre deux dates.

MOIS.	LE 5	LE 10	LE 15	LE 20	LE 25	LE 30
Janvier.....	5	10	15	20	25	30
Février.....	36	41	46	51	56	
Mars.......	64	69	74	79	84	89
Avril.......	95	100	105	110	115	120
Mai........	125	130	135	140	145	150
Juin.......	156	161	166	171	176	181
Juillet......	186	191	196	201	206	211
Août.......	217	222	227	232	237	242
Septembre..	248	253	258	263	268	273
Octobre	278	283	288	293	298	303
Novembre...	309	314	319	324	329	334
Décembre...	339	344	349	354	359	364

EXEMPLE I. *Combien y a-t-il de jours du* 10 *Mars au* 5 *Juin, dans l'année* 1861 ?

Pour le 10 Mars, la Table donne........... 69ʲ;
Pour le 5 Juin, elle en donne............. 156 :

Différence, ou intervalle demandé.................. 87 jours.

EXEMPLE II. *Combien y a-t-il de jours du 22 Avril 1861 au 13 Août de la même année ?*

Le 22 a lieu 2 jours après le 20 ; le 13 arrive 3 jours après le 10 : il faut donc prendre ici

Pour le 22 Avril,............... $110 + 2 = 112^j$;
Pour le 13 Août,.............. $222 + 3 = 225$:
Différence, ou intervalle demandé.................. 113 jours.

EXEMPLE III. *Combien y a-t-il de jours du 17 Août 1861 au 26 Avril 1862 ?*

Le 26 Avril 1862 arrive 365 jours après le 26 Avril 1861 : donc prenons, Pour le 26 Avril 1862,.... $116 + 365 = 481^j$;
Pour le 17 Août 1861,.... $227 + 2 = 229$:
Différence, ou intervalle demandé.................. 252 jours.

283. Passons maintenant au calcul de l'escompte.

PROBLÈME. *Je dois une somme de 4560^f payable le 13 Septembre 1861 : si je paie le 27 Juillet et que l'on m'accorde 4 p. °/₀ par an d'escompte, combien devrai-je débourser ?*

Du 27 Juillet au 13 Septembre, il y a 48 jours (**282**) : je calcule donc l'intérêt de 4560^f pour 48 jours, sachant que celui de 100^f est de 4^f pour 360 jours. C'est une règle de trois composée à faire.

100^f, dans 360^j, donnent 4^f d'escompte ;
1^f,....... 360 , donne $\frac{4}{100}$;
4560^f,....... 360 , donnent $\frac{4 \cdot 4560}{100}$;
4560^f,....... 1^j .... $\frac{4 \cdot 4560}{100 \cdot 360}$;
4560^f,....... 48 , ... $\frac{4 \cdot 4560 \cdot 48}{100 \cdot 360} = 24^f,32$.
Je n'aurai donc à débourser que $4560 - 24,32 = 4535^f,68$.

284. Le résultat précédent montre que, *Pour trouver l'escompte d'une somme quelconque, pour un certain nombre de jours, il suffit de multiplier le taux* ANNUEL *successivement par cette somme et par le nombre de jours, et de diviser le produit par* 36000.

EXEMPLE I. *Un négociant possédant un billet de 40000^f payable le 13 Décembre, se présente chez un banquier le 15 Août ; combien le banquier lui remettra-t-il, l'escompte étant fixé à 5 p. °/₀ par an ?*

Du 15 Août au 13 Décembre, il y a 120 jours (**282**) : le banquier donnera donc au négociant 40000^f *moins* l'escompte de cette somme pour 120 jours. Or, d'après la remarque précédente, on a

Escompte $= \frac{5 \cdot 40000 \cdot 120}{36000} = 666^f,67$:
donc, quantité demandée $40000 - 666,67 = 39333^f,33$.

EXEMPLE II. *Le 7 Juin 1861, un commerçant achète pour 9876ᶠ de marchandises payables le 15 Février 1862. S'il paie le 21 Octobre, combien aura-t-il à débourser, l'escompte étant de* $\frac{1}{2}$ *p. % par mois ?*

Du 21 Octobre 1861 au 15 Février 1862, il y a 117 jours. Et puisque 100ᶠ donnent $\frac{1}{2}$ ou 0ᶠ,50 par mois, ils donnent 0ᶠ,50 × 12, ou 6ᶠ par an. Le taux annuel étant donc 6, on aura

$$\text{Escompte} = \frac{6 \cdot 9876 \cdot 117}{36000} = 192^{\text{f}},582 :$$

donc, quantité demandée   9876 — 192, 582 = 9683ᶠ,418.

EXEMPLE III. *Quelqu'un doit 1234ᶠ payables le 19 Décembre. L'escompte étant à 6 p. % par an, quel jour doit-il acquitter sa dette, pour n'avoir que 1212ᶠ à débourser ?*

Il veut obtenir un escompte de 1234 — 1212 = 22ᶠ : cherchons donc d'abord combien il faut de temps à 1234ᶠ pour produire 22ᶠ d'intérêt, sachant que 100ᶠ donnent 6ᶠ en 1 an ou 360 jours : c'est une règle de trois composée à faire.

$$
\begin{array}{lll}
100^{\text{f}} \text{ donnent} & 6^{\text{f}} \text{ en} \dots & 360 \text{ jours;} \\
1^{\text{f}} \text{ donne} & 6 \dots & 360 \cdot 100; \\
1234^{\text{f}} \text{ donnent} & 6 \dots & \frac{360 \cdot 100}{1234}; \\
1234^{\text{f}} \dots & 1^{\text{f}} \dots & \frac{360 \cdot 100}{1234 \cdot 6}; \\
\text{Enfin,} \quad 1234^{\text{f}} \dots & 22 \dots & \frac{360 \cdot 100 \cdot 22}{1234 \cdot 6} = 107 \text{ jours.}
\end{array}
$$

Le paiement devra donc s'effectuer 107 jours avant le 19 Décembre. Or, le 19 Décembre, il y a 353 jours que l'année est commencée : donc, à l'époque demandée, il n'y en aura que 353 — 107, ou 246, ce qui, d'après la Table (282), conduit au *5 Septembre.*

LEÇON V. — Partages proportionnels.

285. On dit que *des nombres sont* DIRECTEMENT *proportionnels,* ou simplement, qu'*ils sont proportionnels à des nombres donnés,* lorsqu'ils sont *les produits* d'un nombre constant par chacun de ces nombres donnés.

Par exemple, les nombres......... 12,   14,   18,   30,
c'est-à-dire,..................... 2.6,   2.7,   2.9,   2.15,
sont proportionnels aux nombres..... 6,   7,   9,   15,
parce qu'ils sont *les produits* du même nombre 2 par 6, 7, 9, 15.

286. *Des nombres sont* INVERSEMENT *proportionnels à*

des nombres donnés, lorsqu'ils sont *les quotients* d'un nombre constant par chacun de ces nombres donnés.

Par exemple, les nombres...... $\frac{60}{2}$, $\frac{60}{3}$, $\frac{60}{4}$, $\frac{60}{5}$,
c'est-à-dire,.................... 30, 20, 15, 12,
sont invers^{t} prop^{ls} aux nombres... 2, 3, 4, 5,
parce qu'ils sont *les quotients* du même nombre 60 par 2, 3, 4, 5.

287. PROBLÈME. *Partager 126 en trois parties proportionnelles aux nombres 2, 3, 4 (a).*

Sur $2 + 3 + 4$, ou 9, les parties seraient   2, 3, 4 ;
Sur 1, elles seraient............ $\frac{2}{9}$, $\frac{3}{9}$, $\frac{4}{9}$;
donc, sur 126, elles seront....... $\frac{2 \cdot 126}{9}$, $\frac{3 \cdot 126}{9}$, $\frac{4 \cdot 126}{9}$,
ou bien........................ $\frac{126}{9} \cdot 2$, $\frac{126}{9} \cdot 3$, $\frac{126}{9} \cdot 4$,
ce qui donne................... 28, 42, 56.

Ces parties sont bien proportionnelles (285) aux nombres 2, 3, 4, puisqu'elles sont les produits du même nombre $\frac{126}{9}$ par 2, 3, 4 ; de plus, leur somme est 126 : donc, le problème est résolu. — De là, résulte la Règle suivante :

Pour partager un nombre quelconque en parties proportionnelles à des nombres donnés, il suffit de le diviser par la somme des nombres proportionnels : multipliant ensuite le quotient par chaque nombre proportionnel séparément, on aura les parties demandées.

NOTA. Lorsque la division ne s'effectue pas sans reste, il est préférable de multiplier d'abord le nombre à partager par chaque nombre proportionnel, pour diviser ensuite par leur somme.

EXEMPLE I. *Partager une longueur de 69^{mèt},50 en trois parties proportionnelles aux nombres 5, 6, 7, et trouver chaque partie en mètres et millimètres.*

Somme des nombres proportionnels $5 + 6 + 7 = 18.$
Donc, Première partie.......... $\frac{69,50 \times 5}{18} = 19^{\text{m}},3055\ldots$
Seconde.................... $\frac{69,50 \times 6}{18} = 23\ \ ,1666\ldots$
Troisième............... $\frac{69,50 \times 7}{18} = 27\ \ ,0277\ldots$
Parties demandées : $19^{\text{m}},305\ldots$ $23^{\text{m}},167\ldots$ $27^{\text{m}},028.$

EXEMPLE II. *Quatre ouvriers ont fait en commun un*

(a) C'est à ces derniers nombres que nous donnerons le nom de *nombres proportionnels*.

ouvrage qui leur a été payé 600^f. *Le premier y a travaillé 20 jours, le second 25, le troisième 30, et le quatrième 24. Trouver ce qu'il revient à chacun.*

Il est évident que, si nous connaissions le gain journalier, en le multipliant tour à tour par 20, 25, 30, 24, nous aurions le gain total de chaque ouvrier : donc (**285**) ces gains sont proportionnels aux nombres de jours 20, 25, 30, 24.

Somme des nombres proportionnels. $20 + 25 + 30 + 24 = 99$.

Donc, Gain du premier............. $\dfrac{600 \cdot 20}{99} = 121^f,21$

　　　Gain du second............. $\dfrac{600 \cdot 25}{99} = 151\ ,52$

　　　Gain du troisième........... $\dfrac{600 \cdot 30}{99} = 181\ ,82$

　　　Gain du quatrième.......... $\dfrac{600 \cdot 24}{99} = 145\ ,45$

EXEMPLE III. *Partager le jour* (24 heures) *en deux parties qui soient entre elles comme les nombres* 2 *et* 3.

C'est comme si l'on disait : « Partager 24^h en deux parties » telles que la première contienne autant de fois 2^h, que la se- » conde contiendra de fois 3^h » : Donc (**285**), les parties de- mandées sont proportionnelles aux nombres 2 et 3.

Somme des nombres proportionnels　　$2 + 3 = 5$.

Donc, Première partie........... $\dfrac{24 \cdot 2}{5} = 9^h\frac{3}{5}$, ou $9^h 36^m$;

　　　Seconde partie........... $\dfrac{24 \cdot 3}{5} = 14^h\frac{2}{5}$, ou $14^h 24^m$.

EXEMPLE IV. *Partager* 1000^f *entre trois individus, de manière que la part du premier soit à celle du second comme* 2 *est à* 3, *et que la part du second soit à celle du troisième comme* 4 *est à* 5.

C'est comme si l'on disait : « Partager 1000^f entre trois individus, » de manière à donner autant de fois 3^f au second que de fois » 2^f au premier, et autant de fois 5^f au troisième que de fois 4^f » au second. » Donc, en désignant ces trois parties respecti- vement par x, y, z, on doit avoir les deux égalités.

$$\frac{x}{2} = \frac{y}{3}, \quad \text{et} \quad \frac{y}{4} = \frac{z}{5}.$$

Ce qui empêche d'appliquer immédiatement la règle générale (**287**), c'est que la seconde part à deux nombres proportionnels différents 3 et 4. Pour faire disparaître cette difficulté, multiplions les deux premiers nombres proportionnels 2 et 3 par 4, et les deux derniers 4 et 5 par 3 : par cette opération (**200**), les deux membres de la première égalité ont été divisés par 4, et ceux de la seconde par 3 ; ces égalités subsistent donc encore, et l'on a

$$\frac{x}{8} = \frac{y}{12}, \quad \text{et} \quad \frac{y}{12} = \frac{z}{15}.$$

Cette dernière forme montre qu'il y a autant de fois 12 dans la seconde part, et de fois 15 dans la troisième, que de fois 8 dans la première; donc, les parts demandées sont les produits d'un même nombre par 8, 12, 15; elles sont donc proportionnelles à ces nombres (285) : donc, partageons 1000 en trois parties proportionnelles à 8, 12, 15.

Somme des nombres proportionnels $8 + 12 + 15 = 35.$

Donc, Part du premier........... $\dfrac{1000 \cdot 8}{35} = 228^{f},57.$

Part du second........... $\dfrac{1000 \cdot 12}{35} = 342,86.$

Part du troisième......... $\dfrac{1000 \cdot 15}{35} = 428,57.$

EXEMPLE V. *Un père laisse* 60000^{f} *à ses trois fils, et ordonne que cette somme leur soit partagée en raison inverse de leurs âges. Trouver la part de chacun, sachant que le plus jeune a 10 ans, le second 12, et l'aîné 15 ans.*

Les parts doivent être *inversement* proportionnelles aux nombres 10, 12, 15, ce qui veut dire (286) que, *n* étant un nombre quelconque, *x, y, z,* les trois parts,

$$\text{si } x = \frac{n}{10}, \text{ il faut que } y = \frac{n}{12} \text{ et } z = \frac{n}{15};$$

c'est-à-dire, si $x = n \cdot \frac{1}{10}$, on a $y = n \cdot \frac{1}{12}$, et $z = n \cdot \frac{1}{15}$.

Ainsi (285), les trois quantités $x, y, z,$ qui sont *inversement* proportionnelles à 10, 12, 15, sont *directement* proportionnelles aux fractions $\frac{1}{10}, \frac{1}{12}, \frac{1}{15}$: donc, partageons 60 000 en trois parties proportionnelles à ces fractions, c'est-à-dire à $\frac{6}{60}, \frac{5}{60}, \frac{4}{60}$, ou plus simplement, aux nombres 6, 5, 4.

Somme des nombres proportionnels $6 + 5 + 4 = 15.$

Donc, Part du plus jeune........... $\dfrac{60000 \cdot 6}{15} = 24\,000^{f};$

Part du second............. $\dfrac{60000 \cdot 5}{15} = 20\,000;$

Part de l'aîné.............. $\dfrac{60000 \cdot 4}{15} = 16\,000.$

On reconnaît que ces résultats sont *inversement* proportionnels aux âges donnés, en ce que si on les multiplie respectivement par 10, 12, 15, on obtient un même produit 240 000 : donc, en divisant 240 000, tour à tour, par 10, 12, 15, on aurait les résultats obtenus.

288. Si le nombre des parties demandées est *considérable*, il vaut mieux effectuer d'abord la division (287), et faire ensuite la multiplication.

Pour connaître quel degré d'exactitude il faut dans le quotient, il suffit d'*ajouter ensemble* LE NOMBRE *des chiffres de la partie entière du plus grand des nombres proportionnels, et* LE NOMBRE *des chiffres décimaux qu'on doit calculer à chaque partie demandée : la somme augmentée d'*UNE UNITÉ *donnera le nombre des décimales à calculer* dans la division du nombre à partager par la somme des nombres proportionnels. Il ne restera plus ensuite qu'à multiplier le quotient par chaque nombre proportionnel, ce que l'on exécutera comme il a été dit N° **68**, et l'on aura les résultats demandés.

EXEMPLE. *Vingt et un propriétaires veulent percer une route pour le service de leurs terres, et ils conviennent qu'ils contribueront, chacun proportionnellement à ses revenus. Le directeur des travaux se charge de l'entreprise, moyennant une somme de 89864 francs. — Trouver en francs et centimes combien chacun de ces propriétaires devra débourser, sachant que les revenus particuliers sont :*

1er....	8472f ,29	8e.....	40000f	15e.....	10008f ,54
2e.....	9424 ,41	9e.....	12345 ,67	16e.....	9992 ,60
3e.....	12900	10e.....	2946 ,32	17e.....	8876 ,55
4e.....	29347 ,64	11e.....	7689	18e.....	1142 ,30
5e.....	4983 ,72	12e.....	24678 ,90	19e.....	41319 , 22
6e.....	9929 ,38	13e.....	82934 ,16	20e.....	3333 , 26
7e.....	44322 ,59	14e.....	7620	21e.....	2345 , 67

Le plus grand nombre proportionnel 82934f,16 a 5 chiffres à sa partie entière ; on demande 2 décimales à chaque partie : donc, le quotient doit être calculé avec $5 + 2 + 1$, ou 8 décimales. Or, la somme des 21 nombres proportionnels est 374612f,22 ; ainsi, je divise 89864 par 374612,22, et j'ai pour quotient 0,23988539 : c'est la quantité qui, multipliée par chacun des nombres proportionnels, nous donnera toutes les parties demandées, jusqu'aux centimes. — Pour que l'on voie mieux comment nous entendons le procédé, nous donnerons ici le tableau des multiples du quotient, ainsi que le calcul de la première partie.

Multiples du Quotient.		Calcul de la 1re Partie.	
1........	0,2398 8539	Nombre propl $=$ 8472,29	
2........	0,4797 7078	ou 8000	1919,083
3........	0,7196 5617	$+$ 400........	95,954
4........	0,9595 4156	$+$ 70........	16,791
5........	1,1994 2695	$+$ 2........	0,479
6........	1,4393 1234	$+$ 0,2......	0,047
7........	1,6791 9773	$+$ 0,09.....	0,021
8........	1,9190 8312		
9........	2,1589 6851	1re Partie.....	2082,375
10........	2,3988 5390		

Nous prendrons 2032f,38 (N° **110**).

Tâchons maintenant de nous rendre compte du procédé.

1° Nous avons dû calculer dans le quotient plus de décimales que nous ne devions en conserver dans les résultats, parce que *si le multiplicande est fautif d'une certaine quantité, le produit est fautif de la même quantité $\times$ le multiplicateur.* Il est évident, en effet, que si le nombre 4,567 est trop faible *d'un millième*, son produit par 100, qui est 456,7 sera trop faible *d'un dixième*, c'est-à-dire que l'erreur sera 100 fois plus grande.

2° Le plus grand de nos nombres proportionnels (82934,16) n'a que 5 chiffres à la partie entière ; il est moindre que 100 000. Or (98), comme en multipliant notre quotient par 100 000, nous avancerions la virgule de 5 places vers la droite, il faut qu'il ne contienne pas moins de 5 + 2 décimales, puisque le résultat doit en avoir 2. Ainsi, 5 + 2 ou 7 décimales sont suffisantes, quand le multiplicateur est 100 000 ; elles suffisent, à plus forte raison, pour un multiplicateur moindre. Cependant, parce que nous négligeons, dans les résultats, les décimales au-dessous des centièmes, il est à propos d'en calculer une de plus dans le quotient, afin d'être plus sûr du dernier chiffre conservé. Le quotient aura ainsi 5 + 2 + 1, ou 8 décimales, ce qui justifie la règle donnée.

En opérant sur les 20 derniers nombres proportionnels, comme sur le premier, on trouve

2° P...	2260f ,78	9°...	2961f ,55	16°...	2397f ,08
3°.....	3094 ,52	10°...	706 ,78	17°...	2129 ,35
4°.....	7040 ,07	11°...	1844 ,48	18°...	274 ,02
5°.....	1195 ,52	12°...	5920 ,11	19°...	9911 ,88
6°.....	2381 ,91	13°...	19894 ,69	20°...	799 ,60
7°.....	10632 ,34	14°...	1827 ,93	21°...	562 ,69
8°.....	9595 ,42	15°...	2400 ,90		

LEÇON VI. — Règle de Société.

289. *La Règle de Société* est une opération dans laquelle on se propose de partager, entre plusieurs associés, le bénéfice ou la perte qui résulte de leur société.

290. Il est généralement convenu entre les négociants que la part de chaque associé est proportionnelle *à sa mise*, quand les temps sont égaux, et *au produit de la mise par le temps* pendant lequel cette mise reste dans la société, lorsque les temps sont inégaux.

Par exemple, si *deux négociants ayant mis, le premier* 5000ᶠ, *et le second* 8000ᶠ, *ont fait un gain de* 2000ᶠ, il s'agira de partager ce gain en deux parties proportionnelles aux mises 5000 et 8000, en cas que celles-ci aient été le même temps dans la société. Mais si les temps sont inégaux, si la première mise a été 9 mois dans l'entreprise, et la seconde 8, il faudra partager 2000ᶠ en deux parties proportionnelles aux produits 5000.9 et 8000.8. — Ainsi,

291. La Règle de Société n'est qu'un cas particulier des *Partages proportionnels* (Leçon V) : les nombres proportionnels sont les mises des associés, ou les produits de ces mises par les temps ; et le nombre à partager est le gain ou la perte résultant de la société. Donc, *Pour faire la Règle de Société, il suffit de diviser le gain ou la perte par la somme des mises : multipliant ensuite le quotient par chaque mise, on aura les résultats demandés.*

Nota. Lorsque la division ne s'effectue pas sans reste, il est préférable de multiplier d'abord le gain ou la perte par chacune des mises, pour diviser ensuite par leur somme.

292. Si les mises n'ont pas été le même temps dans la société, on multiplie chacune d'elles par le nombre d'unités de temps qu'elle y a été (**290**) ; on opère ensuite sur les produits comme s'ils étaient les mises des associés (**291**).

EXEMPLE I. *Quatre négociants se sont associés pour armer un navire qui a gagné* 8742ᶠ. *Le premier a mis* 6926ᶠ, *le second* 15172ᶠ, *le troisième* 18462ᶠ, *et le quatrième* 7378ᶠ. *Trouver ce qu'il revient à chacun.*

Il faut (**290**) partager le gain 8742ᶠ en quatre parties proportionnelles aux mises. La somme de celles-ci étant 47938ᶠ, on aura (**291**).

Gain du premier............ $\dfrac{8742 \cdot 6926}{47938} = 1263ᶠ,03$

Gain du second............. $\dfrac{8742 \cdot 15172}{47938} = 2766\ ,77$

Gain du troisième.......... $\dfrac{8742 \cdot 18462}{47938} = 3366\ ,74$

Gain du quatrième......... $\dfrac{8742 \cdot 7378}{47938} = 1345\ ,46$

EXEMPLE II. *Trois marchands s'étant associés pour 4 ans, le premier mit tout de suite* 6243ᶠ ; *le second mit* 5836ᶠ *au bout de 6 mois, et le troisième* 10342ᶠ *au bout de 18 mois. A la fin des 4 ans, le bénéfice montait à* 18123ᶠ,83. *Trouver ce qu'il revient à chacun.*

La mise du premier a été 4 ans ou 48 mois dans la société ; celle du second y a été 48 — 6 ou 42 mois ; et celle du troisième, 48 — 18 ou 30 mois. Il faut donc (290) partager 18123^f,83 en trois parties proportionnelles aux produits

c'est-à-dire

	6243.48,	5836.42,	10842.30,
	299664,	245112,	310260.

Somme des nombres proportionnels...... 855036.

Donc, (292), Gain du premier... $\frac{18123.83 \times 299664}{855036} = 6351^f,85$

Gain du second.... $\frac{18123.83 \times 245112}{855036} = 5195\ ,53$

Gain du troisième.. $\frac{18123.83 \times 310260}{855036} = 6576\ ,45$

Dans cette opération, et autres semblables, où l'on opère sur beaucoup de chiffres, il est très-avantageux de faire usage de la multiplication et de la division abrégées (**112** à **115**). Dans ce second Exemple, le diviseur ayant 6 chiffres, il suffit de calculer le dividende à moins d'*un mille*.

LEÇON VII. — Règle de Mélange.

293. On appelle *Mélange* un composé de plusieurs substances non métalliques réunies et intimement mêlées ensemble. — Les problèmes sur cette matière sont de deux espèces.

Première espèce de mélange.

294. Dans la première espèce de mélange, on connaît les quantités et les valeurs particulières d'unités de prix différents, et l'on se propose de trouver le prix d'une de ces unités, en les regardant alors comme étant toutes de même valeur.

EXEMPLE. *Un commerçant a mélangé 20 hectolitres de blé à 15^f l'hectolitre, avec 12 hect. à 16^f, et 8 hect. à 17^f ; à combien lui revient l'hectolitre du mélange ?*

Il est clair que	20^{ht} à 15^f valent.........	15.20 = 300^f ;
	12 à 16	16.12 = 192 ;
	8 à 17	17. 8 = 136 ;

donc, les   40 hect. reviennent à.............. 628^f :

donc, l'hectolitre revient à $\frac{628}{40} = 15^f,70$.

Cette solution montre que, *Pour résoudre les questions de mélange de la première espèce, il faut multiplier le prix de l'unité de chaque substance mélangée par le nombre d'unités de cette substance ; ajouter tous les produits ensemble, et diviser la somme par le nombre total des unités du mélange.*

295. On appelle *valeur moyenne* de plusieurs choses, la somme de leurs valeurs particulières divisée par leur nombre. Ainsi, dans le cas de *deux* choses, la valeur moyenne est *la demi*-somme des deux valeurs ; s'il y a *trois* choses, elle est le *tiers* de la somme des trois valeurs, etc., etc.

Par exemple, si l'on a du vin à 25 centimes le litre, à 30ᶜ, à 34ᶜ et à 35ᶜ, le prix moyen du litre sera $\frac{25 + 30 + 34 + 35}{4} = 31^c$.

Seconde espèce de Mélange.

296. Dans la seconde espèce, on connaît le prix de l'unité du mélange, et les prix particuliers des unités dont il doit se composer ; et l'on se propose de trouver ce qu'il faut prendre d'unités de chaque prix pour former le mélange.

297. *S'il n'y a dans le mélange que* DEUX *valeurs particulières, on peut prendre la différence entre la plus petite valeur et celle de l'unité du mélange, et la regarder comme le nombre d'unités de la plus grande valeur ; alors, la différence entre la plus grande valeur et celle de l'unité du mélange est le nombre d'unités de la plus petite valeur ; et la somme de ces différences donne le nombre d'unités dont le mélange est composé.* — On peut multiplier ou diviser ces différences par un même nombre : la somme des produits ou des quotients formera encore un mélange qui satisfera à la question.

298. Si le nombre total des unités du mélange est fixé, on le partage (**287**) en deux parties proportionnelles aux différences entre la valeur de l'unité du mélange et les deux valeurs particulières données.

EXEMPLE I. *Un débitant veut mêler du vin à 75 centimes le litre avec du vin à 40ᶜ, de manière qu'en le vendant 60ᶜ, il ne perde ni ne gagne : dans quelle proportion doit-il faire le mélange ?*

Le litre du mélange doit revenir à 60ᶜ : pour cela, il faut que la perte sur le vin à 75ᶜ soit exactement compensée par le bénéfice sur le vin à 40ᶜ. Or,

	Sur 1 litre à 75ᶜ, il y a perte de	$75 - 60 = 15^c$,
et	Sur 1 litre à 40ᶜ, il y a gain de	$60 - 40 = 20^c$;
donc,	Sur 20 litres à 75ᶜ, il y a perte de	$15^c.20$,
et	Sur 15 litres à 40ᶜ, il y a gain de	$20^c.15$.

La perte et le gain étant égaux (69), il s'ensuit qu'*avec 20 litres à 75ᶜ, il en faut 15 à 40ᶜ*, ce qui justifie la Règle donnée (297).

Si aux nombres 20 et 15, nous substituons 4 et 3, qui sont 5 fois moindres, le gain et la perte seront 5 fois plus petits ; ils seront donc encore égaux : donc, *avec 4 litres à 75ᶜ, il en faut 3 à 40ᶜ*.

EXEMPLE II. *Combien faut-il mêler d'hectolitres de blé à 30ᶠ l'hectolitre, et à 20ᶠ, pour en avoir 250 hectol. à 23ᶠ ?*

Perte sur 1 hect. à 30ᶠ........	$30 - 23 = 7^f$,
Gain sur 1 hect. à 20ᶠ........	$23 - 20 = 3^f$.

Ainsi, avec 3 hect. à 30ᶠ, il en faut 7 à 20ᶠ (Nº **297**), et alors le mélange se compose de 3 + 7, ou 10 hectolitres. Pour savoir quels seront les deux nombres demandés, le mélange étant de 250 hectolitres, je dis :

	Sur un mélange de 10ʰ, les résultats seraient	3 et 7 ;
	Sur un mélange de 1ʰ, ils seraient	$\frac{3}{10}$ et $\frac{7}{10}$;
et	Sur un mélange de 250ʰ, ils seront	$\frac{3.250}{10}$ et $\frac{7.250}{10}$

ou bien $\frac{250}{10} \times 3 = 75$,   et $\frac{250}{10} \times 7 = 175$:

Ainsi (**287**), le nombre total des unités du mélange, 250, est partagé en parties proportionnelles aux différences 3 et 7, et la seconde Règle (**298**) est justifiée. — Les résultats demandés sont donc 75 *hectolitres à 30ᶠ, et* 175 *à 20ᶠ*.

En effet,	75ʰ à 30ᶠ valent	$30.75 = 2250^f$,
et	175ʰ à 20ᶠ valent	$20.175 = 3500$;
donc, les	250ʰ valent..................	5750^f :
Or,	250ʰ à 23ᶠ valent	$23.250 = 5750^f$.

299. Mais comment opérer, s'il y a des unités *de plus de* DEUX *prix différents ?* — Le problème, dans ce cas, est *indéterminé*, c'est-à-dire qu'on peut, de plusieurs ma-

4*

nières, satisfaire aux conditions de l'énoncé (a). Pour le résoudre, on peut partager les inconnues en plusieurs groupes dont les parties soient proportionnelles à des nombres donnés ; et

Dans le PREMIER GROUPE, *multiplier chaque prix par le nombre proportionnel correspondant, ajouter tous les produits ensemble, et l'on a un* PREMIER RÉSULTAT *; multiplier le prix de l'unité du mélange par la somme des nombres proportionnels, et l'on a un* SECOND RÉSULTAT *; prendre la différence entre le premier résultat et le second ; noter si cette différence est une perte, ou si elle est un gain.*

Faire la même chose pour tous les autres groupes.

Ensuite, *Faire une somme de toutes les pertes, et une autre de tous les gains ; multiplier par la somme des pertes chacun des nombres proportionnels des groupes qui donnent un gain, et par la somme des gains, chacun des nombres proportionnels des groupes qui donnent une perte : alors, si le nombre total des unités du mélange n'est pas déterminé, chaque nombre proportionnel donnera pour produit le nombre d'unités qu'on peut prendre du prix correspondant.*

Si ce nombre total d'unités est déterminé, on le partage (**287**) en parties proportionnelles aux produits trouvés, et l'on a les quantités demandées.

300. Si l'énoncé ne fixe aucune condition particulière, on peut *multiplier le prix de l'unité du mélange par le nombre des prix inférieurs ; du produit, ôter la somme des prix inférieurs, et l'on a un* PREMIER RESTE. *Multiplier le prix de l'unité du mélange par le nombre des prix supérieurs ; ôter le produit de la somme des prix supérieurs, et l'on trouve un* SECOND RESTE. *Si le nombre total des unités du mélange n'est pas déterminé, le premier reste indique combien on peut prendre d'unités de chaque prix supérieur, et le second combien, en même temps, on doit prendre d'unités de chaque prix inférieur.* — Si ce nombre

------

(a) Cependant, si l'énoncé partage les inconnues en *deux* groupes seulement, et que les parties de chacun soient liées entre elles par certains rapports, le problème n'a qu'une solution.

total d'unités est déterminé, on le partage en parties proportionnelles aux deux restes... (a).

EXEMPLE I. *Un aubergiste a du vin à 25ᶜ, à 28ᶜ, à 30ᶜ, à 32ᶜ, et à 35ᶜ le litre. Il voudrait, au moyen de ces cinq qualités former un mélange dont le litre revînt à 31ᶜ; comment pourra-t-il faire?*

Point de condition particulière; ainsi, j'applique la seconde Règle (300). — Prenant *un* litre à 25ᶜ, *un* à 28ᶜ, et *un* à 30ᶜ, j'ai *trois* litres qui ne valent que $25 + 28 + 30 = 88ᶜ$; or, dans le mélange, ils vaudront $31.3 = 93$ centimes : donc, il y a ici *gain* de $93 — 88 = 10ᶜ$.................................... 1ᵉʳ *Reste.*

Prenant aussi *un* litre à 32ᶜ, et *un* à 35ᶜ, j'ai *deux* litres qui valent $32 + 35 = 67ᶜ$; or, dans le mélange, ils ne vaudront que $31.2 = 62ᶜ$: donc, il y a *perte* de $67 — 62 = 5ᶜ$....... 2ᵈ *Reste.*

Ainsi, avec 5ˡⁱᵗ de chacun des prix   25ᶜ, 28ᶜ, 30ᶜ,
il en prendra 10 de chacun des prix   32ᶜ, 35ᶜ.

En effet, le gain total est alors de 5 *fois* 10ᶜ, et la perte totale de 10 *fois* 5ᶜ : la perte et le gain étant égaux (69), la règle est justifiée.

NOTA. On peut diviser les deux nombres 5 et 10 par 5, et répondre qu'avec 1ˡⁱᵗ *de chaque prix inférieur, il prendra* 2ˡⁱᵗ *de chaque prix supérieur,* ce qu'il est aisé de vérifier.

EXEMPLE II. *Un aubergiste, avec cinq qualités de vins, 25ᶜ, 28ᶜ, 30ᶜ, 32ᶜ, 35ᶜ, veut en former une sixième à 31ᶜ; combien de litres de chaque qualité devra-t-il prendre, pour former un mélange de 352 litres, sachant qu'il en veut autant à 25ᶜ, qu'à 30ᶜ, mais deux fois plus à 32ᶜ, et trois fois plus à 35ᶜ, qu'à 28?*

Il y a ici deux groupes d'inconnues : les nombres de litres à 25ᶜ et à 30ᶜ forment le premier; les nombres de litres à 28ᶜ, à 32ᶜ et à 35ᶜ forment le second. J'appliquerai donc la première règle (299).

1ᵉʳ *Groupe.* Prenant *un* litre à 25ᶜ, il en doit prendre aussi *un* à 30ᶜ; cela fait 2ˡⁱᵗ qui ne valent que $25 + 30 = 55ᶜ$.   1ᵉʳ *Résultat.*
Or, dans le mélange, ils vaudront $31.2 = 62ᶜ$....   2ᵈ *Résultat.*

Il y a donc   *Gain de* $62 — 55 = 7ᶜ$.

(a) Ces Règles (299 et 300) ne sont point obligatoires dans la pratique. Si nous les donnons, c'est afin que les Élèves, opérant tous de la même manière, parviennent aux mêmes résultats. Sans cela, on s'exposerait, pour la vérification des devoirs, à une perte de temps considérable.

2^d *Groupe*. Avec *un* litre à 28^c, il en doit prendre 2 à 32^c et 3 à 35^c, ce qui fait 6^{lit}, qui valent 28+32.2+35.3 = 197^c. 1er *Résultat*. Dans le mélange, ils ne vaudront que 31.6 = 186^c. 2^d *Résultat*.

Il y a donc   *Perte de*   197 — 186 = 11^c.

Ainsi, *avec*   11^{lit} à 25^c, *et* 11^{lit} à 30^c, *il en doit prendre*   7 à 28^c,   14 à 32^c,   *et* 21 à 35^c.

En effet, le gain total est alors 11 *fois* 7^c, et la perte totale 7 *fois* 11^c : la compensation étant parfaite, la règle est justifiée. — Reste à partager 352 en cinq parties proportionnelles aux nombres 11, 11, 7, 14, 21, dont la somme est 64. Opérant comme nous l'avons dit N° **287** je trouve les résultats demandés :

          60^{lit},50 de chacun des prix 25^c et 30^c;
et   38^{lit},50 à 28^c,   77 à 32^c et 115,50 à 35^c.

EXEMPLE III. *Dans une pièce contenant déjà* 50^{lit} *à* 20^c, *un débitant met* 60^{lit} *à* 30^c *; combien doit-il en ajouter à* 35^c *et à* 40^c, *pour que le mélange revienne à* 32^c ?

Encore deux groupes : les nombres de litres à 20^c et à 30^c forment le premier, et ceux à 35^c et à 40^c forment le second.

1er *Groupe*. Il met 60^{lit} à 30^c, avec 50^{lit} à 20^c, ce qui fait 110^{lit}, qui ne valent que 30.60 + 20.50 = 2800^c .... 1er *Résultat*. Dans le mélange, ils vaudront 32.110 = 3520^c... 2^d *Résultat*.

Il y a donc   Gain de   3520 — 2800 = 720^c.

2^d *Groupe*. Les nombres de litres à 35^c et à 40^c n'étant liés entre eux par aucun rapport, il peut les rendre égaux. Avec *un* litre à 35^c, il en prend donc *un* à 40^c : cela fait 2 litres qui valent 35 + 40 = 75^c .... 1er *Résultat*. Dans le mélange, ils ne vaudront que 32.2 = 64^c.. 2^d *Résultat*.

Il y a donc   *Perte de*   75 — 64 = 11^c.

Ainsi (**299**), avec 11 fois 60^{lit} à 30^c et 11 fois 50^{lit} à 20^c, il en prendrait 720 à 35^c et 720 à 40^c : donc, avec 60^{lit} à 30^c et 50 à 20^c, c'est-à-dire avec 11 fois moins de litres à 30^c et à 20^c, *il en prendra* seulement $\frac{720}{11}$ = 65^{lit},45 *de chacun des prix* 35^c *et* 40^c.

EXEMPLE IV. *Dans une pièce de* 260 *litres, et contenant déjà* 50 *litres à* 20^c, *un débitant met* 60 *litres à* 30^c, *et il demande combien il en doit ajouter à* 35^c *et à* 40^c *pour la remplir, et pour que le litre du mélange revienne à* 32^c.

De   260^{lit} à 32^c, valant......... 32.260 = 8320^c,
ôtons   50^{lit} à 20^c, valant....... 20.50 = 1000^c,
et   60^{lit} à 30^c, valant....... 30.60 = 1800^c;

Il reste   150^{lit}, valant...................   5520^c:

donc le litre revient à $\frac{5520}{150}$ = 36^c,8.

Pour résoudre le problème proposé, nous avons donc maintenant à « Trouver combien on doit prendre de litres à 35ᶜ et à » 40ᶜ, pour faire un mélange de 150ˡⁱᵗ, qui revienne à 36ᶜ,8 le » litre » (Nᵒ 297). — J'exprime les prix en *millimes*.

Avec $\qquad$ 368 — 350, ou 18ˡⁱᵗ à 40ᶜ;
il en faut $\qquad$ 400 — 368, ou 32ˡⁱᵗ à 35ᶜ.

Je partage 150 en deux parties proportionnelles à 18 et 32.

J'ai (Nᵒ 287) $\qquad \frac{150}{50} \times 18 = 3.18 = 54^{\text{lit}}$ à 40ᶜ;

$\qquad\qquad\qquad \frac{150}{50} \times 32 = 3.32 = 96^{\text{lit}}$ à 35ᶜ.

301. REMARQUE. Les solutions précédentes montrent que la compensation ne peut avoir lieu que dans le cas où il y a perte d'une part et gain de l'autre : si tous les groupes donnaient une perte, ou si tous donnaient un gain, le problème serait impossible.

LEÇON VIII. — Règle d'Alliage.

302. On appelle *Alliage*, un composé de plusieurs métaux réunis et intimement mêlés ensemble par la fusion.

303. Dans la règle d'alliage, il y a deux cas généraux : il s'agit *du prix* de l'unité, ou bien il est question *du titre*. Dans le premier cas, elle ne diffère en rien de la règle de mélange; dans le second, on opère sur les titres comme dans le premier on opère sur les prix, ainsi que le montreront les Exemples suivants : les procédés sont donc les mêmes que pour le mélange (**294** et suiv.); nous ne les répéterons pas ici.

EXEMPLE I. *On a fondu ensemble 15 kilog. de cuivre à* 2ᶠ,50 *le kilog., et 9 kilog. d'étain à* 5ᶠ,20 *le kilog.; à combien revient le kilog. de l'alliage?*

$\qquad$ 15 kilog. de cuivre, à 2ᶠ,50, valent 2ᶠ,50 $\times$ 15 = 37ᶠ,50
$\qquad$ 9 kilog. d'étain, $\quad$ à 5ᶠ,20, valent 5,20 $\times$ 9 = 46, 8₀

Donc, les 24 kilog. de l'alliage valent..................... 84 ,30
Donc, le kilog. de l'alliage revient à $\quad \frac{84.30}{24} = 3^{\text{f}},5125$.

EXEMPLE II. *Un orfèvre a deux lingots d'argent : l'un au titre de 0,840 pèse 425 grammes ; l'autre est au titre de 0,960 et pèse 175 grammes. S'il les fondait, et qu'il n'en fît qu'un alliage, quel en serait le titre ?*

Le premier lingot est au titre de 0,840 et le second au titre de 0,960 : cela signifie (145) que, sur un gramme, le premier lingot contient 840 milligr. d'argent pur ou *de fin*, et le second 960 milligrammes : donc

$$\text{Le 1}^{er}\text{ lingot contient} \quad 0{,}840 \times 425 = 357^{gr} \text{ de fin;}$$
$$\text{Le 2}^{d}\text{ lingot contient} \quad 0{,}960 \times 175 = 168^{gr} \text{ de fin :}$$

Donc, le nouvel alliage, qui pèse 425 + 175, ou 600 grammes, contient 357 + 168, ou 525 grammes de fin. Ainsi, sur un gramme, il en contient $\frac{525}{600} = 0^{gr}{,}875$, c'est-à-dire qu'il est au titre de 0,875.

EXEMPLE III. *Un orfèvre a de l'argent à 0,840 et à 0,960 ; combien doit-il en prendre de grammes de chaque titre, pour faire un lingot au titre de 0,875 et pesant 175 grammes.*

Le titre de l'alliage doit être de 875^m : pour cela, il faut que la perte sur l'argent à 960^m soit exactement compensée par le gain sur l'argent à 840^m. Or,

$$\text{Sur} \quad 1 \text{ gr. à } 960^m, \text{ il y a perte de} \quad 960 - 875 = 85^m,$$
$$\text{et} \quad \text{Sur} \quad 1 \text{ gr. à } 840^m, \text{ il y a gain de} \quad 875 - 840 = 35^m,$$
$$\text{donc,} \quad \text{Sur } 35 \text{ gr. à } 960^m, \text{ il y a perte de} \quad 85^m.35,$$
$$\text{et} \quad \text{Sur } 85 \text{ gr. à } 840^m, \text{ il y a gain de} \quad 35^m.85.$$

La perte et le gain étant égaux (69), il s'ensuit qu'avec 85^{gr} à 960^m, il en faut 85 à 840^m. — Reste à partager le nombre donné 175 en deux parties proportionnelles aux nombres 35 et 85, dont la somme est 120.

$$\text{J'ai (N}^{o} \text{ 287)} \quad \begin{cases} \dfrac{175 \cdot 85}{120} = 123^{gr}{,}958 \text{ à } 0{,}840 \\[2mm] \dfrac{175 \cdot 35}{120} = 51^{gr}{,}042 \text{ à } 0{,}960 \end{cases}$$

Quelques autres questions relatives à l'Alliage.

304. La retenue au Change des monnaies, pour frais de fabrication, déchets compris, est depuis le 1er Avril 1854, de 6^f,70 par kilog. d'or, et de 1^f,50 par kilog. d'argent, l'un et l'autre au titre de 0,900.

$$\text{Or (143),} \quad 5^{gr} \text{ d'argent à } 0{,}900 \text{ valent} \quad 1^f;$$
$$\text{donc} \quad 1^{gr} \text{ d'argent à } 0{,}900 \text{ vaut} \quad 0^f{,}20,$$
$$\text{et 1 kilogr. ou 1000 grammes} \dots\dots\dots\dots\dots\dots \quad 200 \text{ francs.}$$

Mais là, retenue étant de 1f,50, le kilogr. à 0,900 ne vaut au Change que 200 — 1,50 = 198f,50.

L'or valant 15 fois et demie plus que l'argent, à poids égal (144), le kilog. d'or à 0,900 vaut 200 × 15 $\frac{1}{2}$ = 3100f; et au Change, à cause de la retenue 6f,70, il ne vaut que 3093f,30.

305. Dans les alliages de métaux précieux, le cuivre ne se paie pas ; ainsi les valeurs précédentes du kilogr. sont celles de 900 grammes de fin.

Donc 1°... 1gr d'argent pur vaut $\frac{200}{900}$, ou $\frac{198,5}{900}$,
et 1 kilogr............. $\frac{200 \times 1000}{900}$, ou $\frac{198,5 \times 1000}{900}$,
c'est-à-dire...................... 222f,2222... ou 220f,5555...

Donc 2°... 1gr d'or pur vaut $\frac{3100}{900}$, ou $\frac{3093,3}{900}$,
et 1 kilogr............. $\frac{3100 \times 1000}{900}$, ou $\frac{3093,3 \times 1000}{900}$,
c'est-à-dire...................... 3444f,4444... ou 3437 francs.

306. De ces calculs résulte le tableau suivant :

TARIF DU 1er AVRIL 1854.

KILOGRAMME.		SANS RETENUE OU AU PAIR.	AVEC RETENUE AU CHANGE.
ARGENT	{ pur à 0,900	222f,2222 .... 200 francs.	220f,5555 .... 198 ,50.
OR	{ pur à 0,900	3444f,4444 .... 3100 francs.	3437 francs. 3093, 30.

307. Les matières d'or et d'argent et les monnaies étrangères ne sont reçues qu'au poids dans les Changes des Hôtels des monnaies. — Le produit du poids et du titre fera connaître ce qu'elles contiennent de fin, et au moyen du Tarif (**306**), on en calculera la valeur en francs.

EXEMPLE I. *Le ducat d'or de Bavière pèse* 3gr, 490 *et est au titre de* 0,986 : *combien vaut-il en francs ?*

Ce ducat, d'après le titre, contient en or pur 3gr,490 × 0,986 : donc, puisque (306) le gramme d'or pur vaut 3f,44444...

on a Valeur demandée 3,4444... × 3,49 × 0,986 = 11f,85.

EXEMPLE II. *L'écu d'argent de Malte, au titre de 0,833, pèse 29^{gr},683 : trouver sa valeur en francs.*

Cet écu contient en argent pur   29^{gr},683 $\times$ 0,833 ;
or (306), le gramme d'argent pur vaut   0^f,22222...

donc,   Valeur demandée   0,2222... $\times$ 29,683 $\times$ 0,833 = 5^f,49.

EXEMPLE III. *Le souverain d'or d'Angleterre, au titre légal de 0,917, pèse 7^{gr},981 ; combien vaut-il en francs?— Combien vaut au Change un kilog. de cette monnaie, le Tarif ne l'admettant qu'au titre de 0,916 ?*

1° Valeur du souverain   3,4444... $\times$ 7,981 $\times$ 0,917 =   25^f,21.
2° Valeur du kilog., au Change,   3437^f $\times$ 0,916 = 3148^f,29.

EXEMPLE IV. *Trouver la valeur au Change de 24^{kg},568 de vaisselle d'argent au titre de 0,950,*

Réponse :   220,5555... $\times$ 24,568 $\times$ 0,950 = 5147^f,68.

EXEMPLE V. *Trouver la valeur au Change d'un vase d'or au titre de 0,840, et pesant 567^{gr},80.*

Réponse :   3,437 $\times$ 567,80 $\times$ 0,840 = 1639^f,29.

EXEMPLE VI. *Dans l'orfèvrerie et la bijouterie, la loi reconnaît trois titres pour l'or : 0,920,... 0,840,... 0,750 ; et deux titres pour l'argent : 0,950 et 0,800. Trouver la valeur d'un kilog. d'or et d'un kilog. d'argent de chaque titre, 1° au Pair, 2° au Change, sachant que le titre du tarif est moindre que le titre légal de 0,003.*

Valeur au Pair. Multipliant tour à tour 3444^f,44 par les titres légaux 0,920... 0,840... 0,750, on aura la valeur du kilog. d'or ; et multipliant 222^f,22 tour à tour par 0,950 et 0,800, on aura celle du kilog. d'argent.

Valeur au Change. Prendre les valeurs 3437^f, et 220^f,55 ; multiplier par les titres du tarif 0,917... 0,837... 0,747 pour l'or ; et par 0,947 et 0,797 pour l'argent.

On trouve ainsi la valeur du kilogramme.

		AU PAIR.	AU CHANGE.
OR	1er titre......	3168^f,89........	3151^f,73.
	2° titre......	2893 ,33........	2876 ,77.
	3° titre......	2583 ,33........	2567 ,44.
ARGENT	1er titre......	211 ,11........	208 ,87.
	2° titre......	177 ,78........	175 ,78.

CHAPITRE VIII. — Puissances et Racines des Nombres (a).

—

Leçon I. — Carrés des Nombres.

308. *On appelle* CARRÉ *ou* SECONDE PUISSANCE *d'un nombre, le produit de ce nombre par lui-même.* Il s'indique en donnant 2 pour exposant au nombre proposé, qu'on renferme entre parenthèses, s'il est fractionnaire à deux termes, ou composé de plusieurs parties. — *Exemples.*

$$\text{I.} \quad 37^2 = 37 \cdot 37 = 1369.$$

$$\text{II.} \quad \left(\tfrac{5}{8}\right)^2 = \tfrac{5}{8} \times \tfrac{5}{8} = \tfrac{25}{64}.$$

$$\text{III.} \quad \left(4\tfrac{2}{3}\right)^2 = \tfrac{14}{3} \times \tfrac{14}{3} = \tfrac{196}{9} = 21\tfrac{7}{9}.$$

$$\text{IV.} \quad 1{,}05^2 = 1{,}05 \times 1{,}05 = 1{,}1025.$$

L'Exemple II fait voir que *le carré d'une fraction s'obtient en carrant chacun de ses termes.*

309. Il est essentiel de connaître de mémoire les carrés des dix premiers nombres entiers. Les voici :

Nombres	1,	2,	3,	4,	5,	6,	7,	8,	9,	10 ;
Carrés	1,	4,	9,	16,	25,	36,	49,	64,	81,	100.

310. PRINCIPE FONDAMENTAL. *Le carré de la somme de deux nombres renferme trois parties, savoir :* Le carré du premier nombre, $+$ le double du premier, $\times$ le second, $+$ le carré du second.

—

(a) Nous ne parlerons ici que des puissances et des racines du 2e et du 3e degré.

En effet, soient 6 et 4 les deux nombres; leur somme est $6 + 4$. Pour la carrer, il faut (308)

$$
\begin{array}{lll}
\text{multiplier} \ldots \ldots \ldots \ldots & 6 & + 4 \\
\text{par} \ldots \ldots \ldots \ldots \ldots & 6 & + 4 \\
\hline
\text{Produit par 6} \ldots \ldots \ldots \ldots & 6^2 & + 6.4 \\
\text{Produit par 4} \ldots \ldots \ldots \ldots & & + 6.4 \quad + 4^2 \\
\hline
\end{array}
$$

$$(6 + 4)^2 = 6^2 + 6.2.4 + 4^2$$

Le multiplicateur étant $6 + 4$, ou 10, il est évident qu'en prenant 6 fois le multiplicande, et 4 fois le multiplicande, puis faisant la somme des deux produits partiels, nous aurons le produit total. Or (155, 4°), 6 fois le multiplicande $6 + 4 = 6.6 + 4.6$, ou $6^2 + 6.4$; et 4 fois le même multiplicande $= 6.4 + 4.4$, ou $6.4 + 4^2$: donc, le produit total, ou le carré de la somme $6 + 4$, est $6^2 + 2$ *fois* $6.4 + 4^2$, ou bien $6^2 + 6.2.4 + 4^2$, c'est-à-dire, *le carré du premier nombre,* $+$ etc.

311. *Le carré d'un nombre composé de dizaines et d'unités renferme trois parties, savoir : Le carré des dizaines,* $+$ *le double des dizaines* $\times$ *les unités,* $+$ *le carré des unités.*

En effet, tout nombre qui a des dizaines et des unités, est la somme de deux nombres, dont le premier est formé par les dizaines, et le second par les unités : donc (310), son carré renferme trois parties, savoir : *Le carré des dizaines,* $+$ etc.

Ainsi, 37^2, c'est-à-dire $(30 + 7)^2$, $= 30^2 + 30.2.7 + 7^2$.

312. Il faut bien remarquer que le nombre formé par les dizaines étant terminé par un zéro, le carré des dizaines est terminé par deux zéros, et le double des dizaines par un zéro : donc, des trois parties du carré (311), la première donne des centaines, et la seconde des dizaines. Par exemple.

$$37^2 = 30^2 + 30.2.7 + 7^2 = 900 + 420 + 49.$$

313. *La différence entre les carrés de deux nombres entiers consécutifs est égale au* DOUBLE *du plus petit,* $+ 1$.

Par exemple, la différence entre le carré de 10 et celui de 9, est $9.2 + 1$. En effet, d'après le principe fondamental (310),

$$
\begin{array}{ll}
\text{on a} \qquad 10^2, \text{ c'est-à-dire } (9 + 1)^2, = 9^2 + 9.2.1 + 1^2, \\
\text{ou simplement} \ldots \ldots \qquad 10^2 = 9^2 + 9.2 \quad + 1: \\
\text{donc} \ldots \ldots \qquad 10^2 - 9^2 = 9.2 \quad + 1.
\end{array}
$$

LEÇON II. — Extraction de la Racine carrée.

314. *On appelle* RACINE CARRÉE *d'un nombre, un autre nombre qui, étant carré, reproduit le nombre proposé.*

Ainsi, la racine carrée de 16 est 4, parce que le carré de 4 est 16; celle de 81 est 9, parce que le carré de 9 est 81.

315. Pour indiquer la racine carrée d'un nombre, on emploie le signe $\sqrt{}$, qu'on appelle *radical*.

Par exemple, on écrit : $\sqrt{16} = 4$; $\sqrt{81} = 9$;... et on lit : *Racine carrée de* 16 = 4; *Racine carrée de* 81 = 9;...

316. La racine carrée d'un nombre est dite *à moins d'une unité près, d'un dixième près, d'un centième près,*... lorsque, n'étant pas parfaitement juste, elle n'est pas fautive d'une unité, d'un dixième, d'un centième,...

Par exemple, la juste valeur de $\sqrt{30}$ n'est ni 5 ni 6, puisque $5^2 = 25$ et que $6^2 = 36$; mais elle est comprise entre ces deux nombres : donc, $\sqrt{30}$ est 5 *en moins,* et 6 *en plus,* à moins d'une unité près.

317. Lorsque la racine carrée d'un nombre entier n'est pas elle-même un nombre entier, il est impossible d'exprimer exactement cette racine.

Ainsi, il est impossible de dire quelle est la juste valeur de la racine carrée de 30 (*Arith.* in-8°, 492, 6°; ou *Alg.* 232); mais on peut obtenir cette racine à tel degré d'exactitude que l'on veut, comme nous le dirons plus loin.

Racine carrée des Nombres, à moins d'une unité près.

318. Pour trouver, à moins d'une unité près, la racine carrée d'un nombre moindre que 100, il suffit de savoir que les racines carrées des nombres

$$1, \ 4, \ 9, \ 16, \ 25, \ 36, \ 49, \ 64, \ 81, \ 100,$$

sont $\quad 1, \ 2, \ 3, \ 4, \ 5, \ 6, \ 7, \ 8, \ 9, \ 10.$

Ainsi, les racines *en moins*, à moins d'une unité près,

des nombres   10, 20, 60, 90, 50, 72, 29, 40,
sont   3, 4, 7, 9, 7, 8, 5, 6.

319. *Si le nombre entier dont on veut extraire la racine carrée, surpasse* 100, *on le sépare en tranches de* DEUX *chiffres, à partir de la droite. Alors la racine du plus grand carré contenu dans la première tranche à gauche est le premier chiffre de la racine; on ôte ce carré de la première tranche, et à droite du reste, on écrit la seconde tranche. On divise les* DIZAINES *du reste suivi de la tranche par le* DOUBLE *du premier chiffre de la racine : le quotient don ne le second chiffre ; on l'écrit à la droite du premier.*

Pour vérifier le second chiffre, on l'écrit aussi à la droite du double du premier; on multiplie le nombre ainsi formé par le second chiffre de la racine, et l'on ôte le produit du premier reste suivi de la seconde tranche. Si la soustraction est impossible, c'est une preuve que le second chiffre est trop fort : on le diminue d'une unité, on recommence la vérification, et l'on continue de même jusqu'à ce que la soustraction puisse s'effectuer.

Ayant les deux premiers chiffres de la racine, on s'en sert pour trouver le troisième comme on s'est servi du premier pour obtenir le second. On continue ainsi jusqu'à ce qu'on ait employé toutes les tranches du nombre proposé.

320. Il faut bien remarquer 1° Qu'aucun reste ne doit surpasser le double de la racine calculée ; 2° Que si le nombre des dizaines d'un reste suivi de la tranche écrite à sa droite, ne contient pas le double de la racine alors calculée, le chiffre que l'on cherche est *zéro*.

321. Pour vérifier l'opération, il suffit de carrer la racine, et d'ajouter au carré le reste, s'il y en a : on doit retrouver le nombre proposé.

EXEMPLE I. *Extraire, à moins d'une unité près, la racine carrée de* 1369.

La racine carrée de 100 étant 10, celle de 1369 surpasse 10, et par conséquent elle contient des dizaines et des unités : donc (**314**),

le nombre 1369 renferme *le carré* d'un certain nombre de *dizaines,*
+ *le double de ces dizaines* × *les unités,* + *le carré des unités.*
Mais (312) le carré des dizaines étant des centaines, il s'ensuit
que c'est dans les 13 centaines du nombre proposé que se trouve
le carré des dizaines de la racine demandée.

        13·69 ⟩ 37   Or (318), le plus grand carré contenu dans 13,
         9 }   est 9, dont la racine est 3 : donc 3 est le chiffre
        ̶ ̶ ̶ ̶   des dizaines de la racine. Calculons maintenant
        4 69   celui des unités.
          67   Si de 1369, qui renferme les trois parties du
        ̶ ̶ ̶ ̶   carré de la racine, nous ôtons le carré des 3 di-
          00   zaines calculées, nous aurons un reste qui ren-
fermera les deux dernières parties du carré. Effectuant la
soustraction, nous trouvons pour reste 4 centaines qui, étant
jointes aux 69 unités, donnent 469 pour reste total. Ainsi, 469
renferme *le double des 3 dizaines calculées* × *les unités,* + le
carré des unités : donc, en divisant 469 par le double des 3 dizaines, nous aurons au moins les unités. Mais (312) le double des
3 dizaines × les unités, étant des dizaines, est contenu dans les
46 dizaines de 469 : donc, pour obtenir le chiffre des unités, divisons 46 par 6, double de 3. Le quotient est 7. Ce quotient
pouvant être trop fort, il faut le vérifier, et pour cela former les
deux dernières parties du carré : si elles n'excèdent pas 469, le
chiffre 7 est bon. — Pour former ces deux dernières parties,
écrivons le chiffre 7 à la droite du double de 3 : nous avons ainsi
le nombre 67, qui, multiplié par 7, donne *le carré des 7 unités,*
+ *le double des 3 dizaines* × *les 7 unités.* Retranchant au fur et
à mesure de 469, nous arrivons à un reste nul : donc 7 est le
chiffre des unités; donc la racine demandée est exactement **37.**
— Et en effet, en carrant 37, on retrouve 1369.

EXEMPLE II. *Extraire, à moins d'une unité près, la
racine carrée de* 141376.

Raisonnant comme dans l'*Exemple I,* j'en conclus que c'est
dans les 1413 centaines du nombre proposé que se trouve le carré
des dizaines de la racine demandée. Je

     14·13·76 ⟩ 376   cherche donc la racine carrée de 1413. Je
       9 }   trouve 37, avec un reste 44 : donc la racine
      ̶ ̶ ̶ ̶   demandée contient 37 dizaines.
      5 13   Les 44 centaines qui restent et les 76 unités,
        67   ou le reste total 4476, renferment *le double
      ̶ ̶ ̶ ̶   des 37 dizaines* calculées × *les unités,* + le
      44 76   carré des unités : pour trouver le chiffre des
       7 46   unités, il faut donc maintenant diviser 4476
      ̶ ̶ ̶ ̶   par le double de 37 dizaines, ce qui revient
       0 00   à diviser 447 par 74, double de 37. Le quotient
est 6. Pour le vérifier, j'écris 6 à la droite de 74. Multipliant 746
par 6, je forme les deux dernières parties du carré ; et comme
le produit ôté de 4476 donne zéro pour reste, j'en conclus que la
racine demandée est **376.** — En effet, 376² = 376.376 = 141376.

EXEMPLE III. *Extraire, à moins d'une unité près, la racine carrée de* 13 753 000.

Le carré des dizaines de la racine est contenu dans 137 530, dont la racine est 370. — Le second reste 6 suivi de la troisième tranche (ce qui donne 630) ne contient pas le double de 37 *dizaines*; c'est pourquoi le troisième chiffre de la racine est *zéro*.

A droite du reste 630, j'écris la quatrième tranche, et j'ai 63 000 : je divise 6300 par 740, double de 370, ce qui me donne 8 pour le chiffre des unités.

Pour vérifier le chiffre 8, je l'écris à la suite de 740. Multipliant 7408 par 8, et ôtant le produit de 63000, je trouve pour *reste* 3736. — Je conclus de là que 3708 est la racine *en moins* de 13 753 000, à moins d'une unité près.

```
13·75·30·00 ) 3708
 9          )
 ───────
 4 75
   67
 ─────
  ·6 30 00
   74 08
 ─────────
Reste...  37 36
```

La racine 3708 est *en moins*, parce que, au carré de 3708, il faut *ajouter* le reste 3736, pour retrouver le nombre proposé : et cette racine n'est pas trop faible *d'une unité*, car $3709^2 - 3708^2$, étant égal à $3708 \cdot 2 + 1$ (N° **313**), pour que la racine pût être 3709, il faudrait que le *reste* surpassât $3708 \cdot 2$.

On voit maintenant comment on passerait à une racine de 5 chiffres; de celle-ci à une racine de 6 chiffres; de cette dernière, à une de 7 chiffres;... et ainsi (*Ex. I, II, III,*) se trouvent justifiées toutes les Règles données (**319** et **320**), pour l'extraction des racines carrées, à moins d'une unité près. — *Autres Exemples.*

IV. $\sqrt{529}$ = 23, sans reste.

V. $\sqrt{15129}$ = 123, sans reste.

VI. $\sqrt{98765}$ = 314 ; reste 169.

VII. $\sqrt{16738999}$ = 4091 ; reste 2718.

VIII. $\sqrt{14423456789}$ = 120097 ; reste 167380.

Abréviations.

322. Quand on a obtenu *plus de la moitié* des chiffres d'une racine carrée, on peut calculer les autres, en divisant le reste total par le double de la racine trouvée prise avec sa valeur relative (*Arith.* in-8°, **503**, **504**, ou *Alg.* **249**, **250**).

323. En combinant cette abréviation avec celle de la division (**113**), l'opération revient à *supprimer sur la droite du nombre proposé autant de tranches de deux chiffres qu'on peut calculer de chiffres par la seule division* (**322**) ; *à extraire la racine de la partie restante, et à diviser le reste que l'on trouve, par le double de la racine calculée,* sans avoir égard à sa valeur relative, mais en se rappelant que la suppression des chiffres est faite dans le dividende. On barre donc tout de suite le premier chiffre à droite du diviseur, et l'on trouve le premier des chiffres que l'on cherche ; on barre un second chiffre au diviseur, et on trouve le second chiffre cherché. On continue ainsi, jusqu'à ce qu'on ait calculé autant de chiffres qu'on le devait. — *Exemples.*

Calculer, à moins d'une unité près, la racine carrée de 104 121 800 906 648, *et celle de* 10 009 136 485 931 584.

Le premier de ces nombres ayant 15 chiffres, et le second 17, la racine du premier aura *huit* chiffres, et celle du second *neuf :* je puis donc calculer par la seule division *trois* chiffres dans la première racine, et *quatre* dans la seconde (**322**). C'est pourquoi je supprime trois tranches de deux chiffres dans le premier nombre, et quatre dans le second. Ainsi, j'opère sur 104 121 800, et 100 091 364. — Voici les calculs :

$$
\begin{array}{ll}
1\cdot04\cdot12\cdot18\cdot00 \;)\; 10204 & \qquad 1\cdot00\cdot09\cdot13\cdot64 \;)\; 10004 \\
\underline{1} & \qquad \underline{1} \\
\;\; .4\;12 & \qquad \;\;\; .9\;13\;64 \\
\;\; 2\;02 & \qquad \;\;\; 2\;00\;04 \\
\underline{} & \qquad \underline{} \\
\;\;\; .8\;18\;00 & \qquad 1\;13\;48 \;)\; 20008 \\
\;\;\; 2\;04\;04 & \qquad 13\;44 \;)\; \overline{5672} \\
\underline{} & \qquad 1\;44 \\
\;\;\;\; .1\;84 \;)\; 20408 & \qquad \;\;\; .4 \\
\;\;\;\; 00 \;)\; \overline{009} & \qquad \;\;\; 0
\end{array}
$$

Racine 10 204 009.   Racine 100 045 672.

Dans la première opération, après avoir barré le chiffre **8,** il se trouve que le reste 184 ne contient pas 2040, c'est pourquoi j'écris 0 au quotient ; 184 ne contenant pas non plus 204, j'écris un second 0 au quotient ; enfin, divisant 184 par 20, ou plutôt par 20,408, je trouve 9 pour troisième chiffre. L'opération est terminée, car je n'avais que trois chiffres à calculer par la division. — La seconde opération ne présente aucune difficulté.

324. Pour faire la *preuve* de l'opération ainsi exécutée, on carre la racine : le résultat obtenu est exact à moins d'une unité près, lorsque la différence entre le carré et le nombre proposé ne surpasse pas *le double de la racine en moins.*

Racine carrée des Nombres à un degré quelconque d'exactitude.

325. Pour avoir la racine carrée d'une fraction dont les termes sont des carrés parfaits, on extrait la racine de chacun de ses termes.

Ainsi, La racine carrée de $\frac{1}{4}$ est $\frac{1}{2}$, car $(\frac{1}{2})^2 = \frac{1}{4}$.
La racine carrée de $\frac{4}{9}$ est $\frac{2}{3}$, car $(\frac{2}{3})^2 = \frac{4}{9}$.

326. Si le dénominateur seul est un carré parfait, on extrait la racine du numérateur, à moins d'une unité près; on extrait ensuite celle du dénominateur : on a ainsi la racine de la fraction à un degré d'exactitude marqué par le nouveau dénominateur.

Par exemple, la racine carrée de $\frac{12}{25}$ est $\frac{3}{5}$, à moins d'un 5e près. En effet, le carré de $\frac{3}{5}$ est moindre, et celui de $\frac{4}{5}$ est plus grand que $\frac{12}{25}$.

327. Si le dénominateur n'est pas un carré parfait, on lui donne cette condition en multipliant les deux termes de la fraction par le dénominateur : alors on rentre dans le cas précédent (**326**). — *Exemples.*

$$\text{I.} \quad \sqrt{\tfrac{5}{14}} = \sqrt{\tfrac{5 \cdot 14}{14 \cdot 14}} = \frac{\sqrt{70}}{14} = \tfrac{8}{14}, \text{ ou } \tfrac{4}{7}, \text{ à } \tfrac{1}{14} \text{ près.}$$

$$\text{II.} \quad \sqrt{\tfrac{13}{30}} = \sqrt{\tfrac{13 \cdot 30}{30 \cdot 30}} = \frac{\sqrt{390}}{30} = \tfrac{19}{30}, \text{ à } \tfrac{1}{30} \text{ près.}$$

REMARQUE. Lorsque le dénominateur proposé renferme des facteurs premiers élevés au carré, ou au cube,... on peut avoir un dénominateur plus simple : alors, il suffit de multiplier les deux termes de la fraction par chacun des facteurs premiers dont l'exposant est impair. Par exemple, pour que 12, qui est égal à $2^2 \cdot 3$, devienne un carré, il suffit de multiplier ce nombre par 3. — Ainsi,

$$\text{I.} \quad \sqrt{\tfrac{5}{12}} = \sqrt{\tfrac{5 \cdot 3}{12 \cdot 3}} = \frac{\sqrt{15}}{\sqrt{36}} = \tfrac{3}{6}, \text{ ou } \tfrac{1}{2}, \text{ à } \tfrac{1}{6} \text{ près.}$$

$$\text{II.} \quad \sqrt{\tfrac{7}{40}} = \sqrt{\tfrac{7 \cdot 10}{40 \cdot 10}} = \frac{\sqrt{70}}{\sqrt{400}} = \tfrac{8}{20}, \text{ ou } \tfrac{2}{5}, \text{ à } \tfrac{1}{20} \text{ près.}$$

328. Si le nombre donné est fractionnaire, on peut le réduire en une seule fraction (**193**), puis opérer comme pour une fraction (**325** *et suiv.*). — *Exemples.*

I. $\sqrt{6\frac{1}{4}} = \sqrt{\frac{25}{4}} = \frac{5}{2}$, ou $2\frac{1}{2}$ (**325**).

II. $\sqrt{12\frac{4}{9}} = \sqrt{\frac{112}{9}} = \frac{10}{3}$, ou $3\frac{1}{3}$ (**326**).

III. $\sqrt{27\frac{3}{7}} = \sqrt{\frac{192}{7}} = \sqrt{\frac{192 \cdot 7}{7 \cdot 7}} = \frac{36}{7} = 5\frac{1}{7}$ (**327**).

IV. $\sqrt{88\frac{5}{8}} = \sqrt{\frac{709}{8}} = \sqrt{\frac{709 \cdot 2}{8 \cdot 2}} = \frac{37}{4} = 9\frac{1}{4}$ (*Rem.*).

329. Quel que soit le nombre dont on veut la racine carrée, si le degré d'approximation est donné, on peut le multiplier par le carré de celui qui marque ce degré; extraire la racine du produit, à moins d'une unité près, et lui donner le dénominateur indiqué.

Ainsi, pour *trouver la racine carrée de 20, à moins d'un 7ᵉ près,* je multiplie 20 par 7^2, ou par 49, ce qui donne 980 ; j'extrais la racine de 980, à moins d'une unité près, et je trouve 31 : donnant 7 pour dénominateur, j'ai $\frac{31}{7}$ ou $4\frac{3}{7}$ pour la racine demandée.

En effet, $20 = \frac{20 \cdot 7^2}{7^2} = \frac{20 \cdot 49}{49} = \frac{980}{49}$,

d'où il suit que $\sqrt{20} = \sqrt{\frac{980}{49}}$.

Or (**326**), la racine carrée de $\frac{980}{49} = \frac{31}{7}$, à $\frac{1}{7}$ près : donc, la racine carrée de 20 est aussi $\frac{31}{7}$, à moins d'un 7ᵉ près.

EXEMPLE I. *Trouver* $\sqrt{\frac{3}{4}}$, *à moins d'un* 20ᵉ *près.*

Solution : $\frac{3}{4} \times 20^2 = 300$; $\sqrt{300} = 17 \ldots$

donc,   Racine demandée $\frac{17}{20}$.

EXEMPLE II. *Trouver* $\sqrt{123\frac{4}{5}}$, *à moins d'un* 30ᵉ *près.*

Solution : $123\frac{4}{5} \times 30^2 = 111420$; $\sqrt{111420} = 333 \ldots$

donc,   Racine demandée $\frac{333}{30} = 11\frac{1}{10}$.

EXEMPLE III. *Évaluer* $\sqrt{12}$, *à moins d'un* 1000ᵉ *près.*

Solution : $12 \cdot 1000^2 = 12\,000\,000$; $\sqrt{12\,000\,000} = 3464 \ldots$

donc,   Racine demandée $\frac{3464}{1000} = 3,464$.

EXEMPLE IV. *Évaluer* $\sqrt{4\frac{5}{7}}$, *à moins d'un* 10000e *près*.

Solution : $\sqrt{4\frac{5}{7} \times 10000^2} = \sqrt{471\,428\,571\ldots} = 21\,712\ldots$

donc,   Racine demandée $\frac{21712}{10000} = 2,1712$.

EXEMPLE V. *Évaluer* $\sqrt{10,245}$, *à moins d'un* 100e *près*.

Solution : $\sqrt{10,245 \times 100^2} = \sqrt{102\,450} = 320\ldots$

donc,   Racine demandée $\frac{320}{100} = 3,20$.

330. Ces Exemples nous montrent que, *quand le degré d'approximation est* DÉCIMAL, la préparation revient, si le nombre proposé est *entier* (Ex. III), à écrire à sa droite deux fois plus de zéros qu'on ne veut de décimales au résultat; s'il est *fractionnaire* (Ex. IV), à réduire la fraction en décimales, en ayant soin de calculer deux fois plus de chiffres décimaux qu'on n'en veut au résultat demandé; enfin, s'il est *décimal* (Ex. V), à rendre le nombre des chiffres décimaux double de celui qu'on demande à la racine. — On supprime ensuite la virgule, on extrait la racine carrée du nouveau nombre, à moins d'une unité près, et l'on sépare sur sa droite, le nombre de décimales demandé.

LEÇON III. — Cubes des Nombres.

331. *On appelle* CUBE *ou* TROISIÈME PUISSANCE *d'un nombre, le produit de trois facteurs égaux à ce nombre.* Il s'indique en donnant 3 pour exposant au nombre proposé, qu'on renferme entre parenthèses, s'il est fractionnaire à deux termes, ou composé de plusieurs parties. — *Exemples.*

I. $47^3 = 47.47.47 = 103\,823$.

II. $\left(\frac{5}{8}\right)^3 = \frac{5}{8} \times \frac{5}{8} \times \frac{5}{8} = \frac{125}{512}$.

III. $\left(4\frac{2}{3}\right)^3 = \frac{14}{3} \times \frac{14}{3} \times \frac{14}{3} = \frac{2744}{27} = 101\frac{17}{27}$.

IV. $1,05^3 = 1,05 \times 1,05 \times 1,05 = 1,157625$.

L'Exemple II fait voir que *le cube d'une fraction s'obtient en cubant chacun de ses termes.*

332. Il est avantageux de connaitre de mémoire les cubes des dix premiers nombres entiers. Les voici :

Nombres 1, 2, 3, 4, 5, 6, 7, 8, 9, 10 ;
Cubes 1, 8, 27, 64, 125, 216, 343, 512, 729, 1000.

333. PRINCIPE FONDAMENTAL. *Le cube de la somme de deux nombres renferme quatre parties, savoir : Le cube du premier nombre, $+$ le triple carré du premier nombre $\times$ le second, $+$ le triple du premier $\times$ le carré du second, $+$ le cube du second.*

En effet, soient 6 et 4 les deux nombres ; leur somme est $6 + 4$. Pour la cuber, il faut **(331)** multiplier $6+4$ par $6+4$, et le produit par $6+4$. Or **(310)**, le produit de $6+4$ par $6+4$ est $6^2 + 6.2.4 + 4^2$: donc,

$$\begin{array}{ll} \text{Multiplions.} & 6^2 + 6.2.4 + 4 \\ \text{par} & 6 + 4 \\ \hline \text{Produit par 6.} & 6^3 + 6^2.2.4 + 6.4^2 \\ \text{Produit par 4.} & + 6^2.4 + 6.2.4^2 + 4^3 \\ \hline (6+4)^3 = & 6^3 + 6^2.3.4 + 6.3.4^2 + 4^3. \end{array}$$

Le produit par 6 de $6.2.4$ est $6.2.4.6 = 6^2.2.4$, car 6 est *deux fois* facteur. Or, $6^2.2.4 = 2$ *fois* $6^2.4$; et comme le produit de 6^2 par 4 donne ensuite *une fois* $6^2.4$, le produit total contiendra 3 *fois* $6^2.4$, ou $6^2.3.4$.

De même, le produit par 4 de $6.2.4$ est $6.2.4.4 = 6.2.4^2$, ou 2 *fois* 6.4^2 ; or, le produit de 4^2 par 6 a donné auparavant *une fois* 6.4^2 : donc, le produit total contiendra 3 *fois* 6.4^2, ou $6.3.4^2$.

Ainsi, le cube de $6+4$ est $6^3 + 6^2.3.4 + 6.3.4^2 + 4^3$, c'est-à-dire qu'il renferme *le cube du premier nombre, $+$ etc.*

334. *Le cube d'un nombre composé de dizaines et d'unités renferme quatre parties, savoir : Le cube des dizaines, $+$ le triple carré des dizaines multiplié par les unités, $+$ le triple des dizaines multiplié par le carré des unités, $+$ le cube des unités.*

En effet, tout nombre qui a des dizaines et des unités, est la somme de deux nombres, dont le premier est formé par les dizaines, et le second par les unités : donc **(333)** son cube renferme quatre parties, savoir : *Le cube des dizaines, $+$ etc.*

Ainsi , 47^3, ou $(40+7)^3$, $= 40^3 + 40^2.3.7 + 40.3.7^2 + 7^3$.

335. Il faut remarquer que le nombre formé par les dizaines étant terminé par un zéro, le cube des dizaines est terminé par trois zéros, le triple carré des dizaines par deux zéros, et le triple des dizaines par un zéro : donc, des quatre parties du cube (334), la première donne des mille, la seconde des centaines, et la troisième des dizaines.

Par exemple,
$$47^3 = 40^3 \; + \; 40^2.3.7 \; + \; 40.3.7^2 \; + \; 7^3,$$
c'est-à-dire,
$$= 64000 \; + \; 33600 \; + \; 5880 \; + \; 343.$$

336. *La différence entre les cubes de deux nombres entiers consécutifs est égale au* TRIPLE CARRÉ *du plus petit,* $+$ LE TRIPLE *du plus petit,* $+$ 1.

Par exemple, la différence entre le cube de 10 et celui de 9, est $9^2.3 + 9.3 + 1$. En effet (333), on a

$$10^3, \quad \text{ou } (9+1)^3, = 9^3 + 9^2.3.1 + 9.3.1^2 + 1^3,$$
ou simplement
$$10^3 = 9^3 + 9^2.3 \; + 9.3 \; + 1 :$$
donc. . . . .
$$10^3 - 9^3 = 9^2.3 \; + 9.3 \; + 1.$$

Leçon IV. — Extraction de la Racine cubique.

337. *On appelle* RACINE CUBIQUE *d'un nombre, un autre nombre qui, étant cubé, reproduit le nombre proposé.*

Ainsi, la racine cubique de 27 est 3, parce que le cube de 3 est 27 ; celle de 512 est 8, parce que le cube de 8 est 512.

338. Pour indiquer la racine cubique d'un nombre, on emploie aussi le *radical*, mais en mettant un 3 dans l'ouverture de ce signe.

On écrit donc : $\sqrt[3]{27} = 3$; $\sqrt[3]{512} = 8$;... et on lit : *Racine cubique de* 27 $=$ 3 ; *Racine cubique de* 512 $=$ 8 ;...

339. La racine cubique d'un nombre est dite *à moins d'une unité près, d'un dixième près, d'un centième près,*... lorsque, n'étant pas parfaitement juste, elle n'est pas fautive d'une unité, d'un dixième, d'un centième,...

Par exemple, la juste valeur de $\sqrt[3]{200}$ n'est ni 5 ni 6, puisque $5^3 = 125$, et que $6^3 = 216$; mais elle est comprise entre ces deux nombres : donc, $\sqrt[3]{200}$ est 5 *en moins*, et 6 *en plus*, à moins d'une unité près.

340. Lorsque la racine cubique d'un nombre entier n'est pas elle-même un nombre entier, il est impossible d'exprimer exactement cette racine.

Ainsi, il est impossible de dire quelle est la juste valeur de la racine cubique de 200 (*Alg.* **232**), mais on peut obtenir cette racine à tel degré d'exactitude que l'on veut, comme nous le dirons plus loin.

Racine cubique des Nombres entiers, à moins d'une unité près.

341. Pour trouver, à moins d'une unité près, la racine cubique d'un nombre moindre que 1000, il suffit de savoir que les racines cubiques des nombres.

> 1, 8, 27, 64, 125, 216, 343, 512, 729, 1000,
>
> sont 1, 2, 3, 4, 5, 6, 7, 8, 9, 10.

Ainsi, les racines *en moins*, à moins d'une unité près,
des nombres. 80, 333, 920, 800, 500, 200, 447,
sont. . . . . 4, 6, 9, 9, 7, 5, 7.

342. *Si le nombre entier dont on veut extraire la racine cubique, surpasse* 1000, *on le sépare en tranches de* TROIS *chiffres, à partir de la droite. Alors la racine du plus grand cube contenu dans la première tranche à gauche est le premier chiffre de la racine; on ôte ce cube de la première tranche, et à droite du reste, on écrit la seconde tranche. On divise les* CENTAINES *du reste suivi de la tranche par le* TRIPLE CARRÉ *du premier chiffre de la racine : le quotient donne le second chiffre; on l'écrit à la droite du premier.*

Pour vérifier le second chiffre, on cube toute la racine trouvée, et l'on ôte le cube des deux premières tranches à gauche : le chiffre essayé est bon, si la soustraction est possible; et il est trop fort, si la soustraction ne peut se faire : alors on le diminue d'une unité, on recommence la vérification, ce que l'on continue jusqu'à ce que la soustraction puisse s'effectuer.

Ayant les deux premiers chiffres de la racine, on s'en sert pour trouver le troisième, comme on s'est servi du premier pour obtenir le second. On continue ainsi jusqu'à ce qu'on ait employé toutes les tranches du nombre proposé. — Il faut d'ailleurs remarquer que le cube du nombre formé par les trois premiers chiffres de la racine, doit s'ôter des trois premières tranches à gauche ; de même, le cube des quatre premiers chiffres doit s'ôter des quatre premières tranches, et ainsi de suite.

Il faut encore observer 1° qu'aucun reste ne doit surpasser le triple carré de la racine calculée, $+$ le triple de cette racine ; 2° que si le nombre des centaines d'un reste suivi de la tranche écrite à sa droite, ne contient pas le triple carré de la racine alors calculée, le chiffre que l'on cherche, est *zéro*.

343. Pour vérifier l'opération, on peut doubler la racine trouvée, cuber le produit, et ajouter au cube le produit du reste par 8 : il faut que *le huitième de la somme soit égal au nombre proposé.*

EXEMPLE I. *Extraire, à moins d'une unité près, la racine cubique de* 103823.

La racine cubique de 1000 étant 10, celle de 103 823 surpasse 10, et par conséquent elle contient des dizaines et des unités : donc (334) le nombre 103 823 renferme *le cube* d'un certain nombre *de dizaines*, $+$ *le triple carré de ces dizaines* multiplié par *les unités*, $+$... Mais (335) le cube des dizaines étant des mille, il s'ensuit que c'est dans les 103 mille du nombre proposé que se trouve le cube des dizaines de la racine demandée. Or (332), le plus grand cube contenu dans 103, est 64, dont la racine est 4 : donc 4 est le chiffre des dizaines de la racine. Calculons maintenant celui des unités.

$$
\begin{array}{r}
103 \cdot 823 \\
64 \\
\hline
39\ 823 \\
47^3 = 103\ 823 \\
\hline
000\ 000
\end{array}
\left.\right\rbrace
\begin{array}{l}
47 \\
\hline
48 = 4^2.3
\end{array}
$$

Si de 103 823, qui renferme les quatre parties du cube de la racine, nous ôtons le cube des 4 dizaines calculées, nous aurons un reste qui renfermera les trois dernières parties. Effectuant la soustraction, nous trouvons pour reste 39 mille qui, étant joints aux 823 unités, donnent 39 823 pour reste total. Ainsi, 39 823 renferme *le triple carré des 4 dizaines calculées* $\times$ *les unités*, $+$ le triple de ces quatre dizaines $\times$ le carré des unités, $+$ le cube des unités : donc, en divisant 39 823 par le triple carré des 4 dizaines, nous aurons au moins les unités. Mais (**335**), le triple carré des dizaines × les unités, étant des centaines, est contenu dans les 398 centaines de 39 823 : donc, pour obtenir le chiffre des unités, divisons 398 par 48, triple carré de 4. Le quotient est 8. Il faut vérifier ce chiffre, et pour cela cuber 48. Nous trouvons $48^3 = 110\,592$, nombre qui surpasse 103 823 : donc 8 est trop fort. J'essaie 7. Comme $47^3 = 103\,823$, j'en conclus que 7 est le second chiffre de la racine, et que le résultat demandé est exactement 47.

EXEMPLE II. *Extraire, à moins d'une unité près, la racine cubique de* 105 154 048.

Raisonnant comme dans l'*Exemple I*, j'en conclus que c'est dans les 105 154 mille du nombre proposé que se trouve le cube des dizaines de la racine demandée. Je cherche donc la racine cubique de 105 154. Je trouve 47, avec un reste 1331 : donc la racine demandée contient 47 dizaines.

Les 1331 mille qui restent, et les 48 unités, ou le reste total 1 331 048, renferme *le triple carré des 47 dizaines* calculées × *les unités*+, etc. : pour trouver le chiffre des unités, il faut donc maintenant diviser 1 331 048 par le triple carré des 47 dizaines, ce qui revient à diviser 13310 par 6627, triple carré de 47. Le quotient est 2. Pour le vérifier, je cube 472 : comme je retrouve le nombre proposé, j'en conclus que la racine demandée est exactement 472.

$$\begin{array}{ll}
105.154.048 &)\ 472 \\
64 & \\
\hline
41\ 154 & \quad 48\ =\ 4^2.3 \\
47^3 = 103\ 823 & \\
\hline
1\ 331\ 048 & \quad 6627\ =\ 47^2.3 \\
472^3 = 105\ 154\ 048 & \\
\hline
000\ 000\ 000 &
\end{array}$$

EXEMPLE III. *Extraire, à moins d'une unité près, la racine cubique de* 104 249 874 400.

Le cube des dizaines de la racine est contenu dans 104 249 874, dont la racine est 470. — Le second reste 426 suivi de la troisième tranche 874 (ce qui donne 426874) ne contient pas le triple carré de 47 dizaines, lequel est 662 700 : c'est pourquoi le troisième chiffre de la racine est *zéro*.

A droite du reste 426 874, j'écris la quatrième tranche, et j'ai 426 874 400 ; je divise 4 268 744 par 662 700, triple carré de 470, ce qui me donne 6 pour le chiffre des unités.

$$\begin{array}{ll}
104.249.874.400 &)\ 4706 \\
64 & \\
\hline
40\ 249 & \quad 48\ =\ 4^2.3 \\
47^3 = 103\ 823 & \quad 6627\ =\ 47^2.3 \\
\hline
426\ 874\ 400 & \quad 662700\ =\ 470^2.3 \\
4706^3 = 104\ 221\ 127\ 816 & \\
\hline
Reste \ \ldots\ 28\ 746\ 584 &
\end{array}$$

Pour vérifier ce dernier chiffre, je cube 4706, et j'ai 104 221 127 816, que je puis ôter du nombre proposé. Je conclus de là que 4706 est la racine *en moins* de 104 249 874 400, *à moins d'une unité près.*

La racine 4706 est *en moins*, car son cube est moindre que le nombre proposé ; et cette racine n'est pas trop faible *d'une unité*, car $4707^3 - 4706^3$, étant égal à $4706^2.3 + 4706.3 + 1$ (N° **336**), pour que la racine pût être 4707, il faudrait que le reste surpassât $4706^2.3 + 4706.3$, ou 66 453 426.

Preuve. On a $(4706.2)^3$, ou 9412^3, $= 833\,769\,022\,528$; ajoutant 8 fois *le reste*, ou $28\,746\,584.8$, $= 229\,972\,672$, on trouve pour somme. . . . . 833 998 995 200, dont le *huitième* $=$ exactement le nombre proposé.

Il est maintenant aisé de voir comment on passerait à une racine de 5 chiffres ; de celle-ci, à une de 6 chiffres ; de cette dernière, à une de 7 chiffres ;... et ainsi (*Ex I, II, III*) se trouvent justifiées toutes les Règles données (**342**) pour l'extraction des racines cubiques, à moins d'une unité près.— *Autres Exemples.*

IV. $\sqrt[3]{89444555}$ $\qquad\;\; = 447$; reste 129 932.

V. $\sqrt[3]{833769022528}$ $\;\; = 9412$, sans reste.

VI. $\sqrt[3]{1728456829732000} = 120010$; reste 24 793 731 000.

Nouveau procédé pour l'extraction des racines cubiques (*Alg.* **266**)

344. *Extraire la racine cubique de* 14 299 778 336.

Je calcule comme d'habitude (**342**) les deux premiers chiffres de la racine. Mais pour vérifier le second, je l'écris à part (A), et

14.299.778.336	2427	
8	——	
——	1200	64 . . . . . (A)
6 299	256 }	
1 456	—— } 16	
——	1456 }	
475 778	172800	722 . . . . . (B)
174 244	1444 }	
——	—— } 4	
127 290 336	174244 }	
17 620 069	17569200	7267 . . . . . (C)
——	50869	
3 949 853	17620069	

à sa gauche, je place le triple du premier, ce qui me donne 64. Je multiplie 64 par le second chiffre 4, et j'ajoute le produit 256 à 1200 (triple carré de 2, suivi de *deux zéros*) ; je trouve 1456, que je porte sous le premier reste suivi de la seconde tranche. Multipliant 1456 par 4, et retranchant de 6299, j'obtiens 475 : c'est l'excès de 14 299 sur le cube de 24.

Quand la soustraction précédente est impossible, comme elle le serait en prenant 5, c'est une preuve que le chiffre essayé est trop fort.

Pour avoir le troisième chiffre de la racine, il faut (342) diviser les centaines de 475 778 par le triple carré de 24. — On obtient ce triple carré en ajoutant ensemble les nombres 256, 1456, et 16, carré du second chiffre 4. Divisant 4757 par 1728, j'ai 2 pour troisième chiffre de la racine. Pour le vérifier, je l'écris à part (B), et à sa gauche, je place 72, triple des deux premiers chiffres, ce qui me donne 722. Je multiplie 722 par le troisième chiffre 2, et j'ajoute le produit 1444 à 172 800 (triple carré de 24, suivi de *deux zéros*) ; je trouve 174 244, que je porte sous le second reste suivi de la troisième tranche. Multipliant 174 244 par le troisième chiffre 2, et retranchant le produit de 475 778, j'obtiens 127 290 : c'est l'excès de 14 299 778 sur le cube de 242.

Pour avoir le quatrième chiffre de la racine, il faut diviser les centaines de 127 290 836 par le triple carré de 242. — On obtient ce triple carré, en ajoutant ensemble les nombres 1444, 174 244, et 4, carré du troisième chiffre 2. Divisant 1 272 908 par 175 692, j'ai 7 pour quatrième chiffre de la racine. Pour le vérifier, je l'écris à part (C), et à sa gauche, je place 726, triple des trois premiers chiffres, ce qui me donne 7267. Je multiplie 7267 par le quatrième chiffre 7, et j'ajoute le produit 50 869 à 17 569 200 (triple carré de 242, suivi de *deux zéros*) ; je trouve 17 620 069, que je porte sous le troisième reste suivi de la quatrième tranche. Multipliant 17 620 069 par 7, et ôtant le produit de 127 290 836, j'obtiens 3 949 853 : c'est l'excès du nombre proposé sur le cube de 2427.

Ainsi, la racine est 2427, à moins d'une unité près (a).

Pour vérifier l'opération, il suffit de cuber la racine trouvée, et d'ajouter au cube le reste, lorsqu'il y en a : on doit retrouver le nombre proposé.

Abréviations.

345. Quand on a obtenu *plus de la moitié* des chiffres d'une racine cubique, on peut calculer les autres en divisant le reste total par le triple carré de la racine trouvée, prise avec sa valeur relative (*Alg.* **263, 264**).

(a) Cette nouvelle méthode, plus compliquée, mais beaucoup plus expéditive que le procédé ordinaire (342), est due à feu M. QUERRET, qui l'a publiée pour la première fois dans les *Annales de Mathématiques.*

346. En combinant cette abréviation avec celle de la division (**113**), l'opération revient à *supprimer sur la droite du nombre proposé autant de tranches de* TROIS *chiffres qu'on peut calculer de chiffres par la seule division* (**345**) ; *à extraire la racine de la partie restante, et à diviser le reste par le triple carré de la racine calculée,* sans avoir égard à sa valeur relative. Alors, on pourra de nouveau supprimer sur la droite du dividende et du diviseur autant de chiffres qu'il en reste à calculer. Barrant ensuite le premier des chiffres qui restent sur la droite du diviseur, on trouve le premier des chiffres que l'on cherche ; barrant un nouveau chiffre au diviseur, on trouve le second chiffre cherché. On continue ainsi, jusqu'à ce qu'on ait calculé par la division autant de chiffres qu'on le devait.

EXEMPLE. *Extraire, à moins d'une unité près, la racine cubique de* 14 296 778 336 123 456 789.

Ce nombre formant sept tranches, donnera 7 chiffres à sa racine ; je puis donc calculer les *trois* derniers par la division : ainsi, j'opère d'abord sur 14 296 778 336, en supprimant les *trois* dernières tranches.

```
14.296.778.336  | 2427
 8              |----------
----------      | 1200              64
 6 296          |  256  )
 1 456          |------ } 16
----------      | 1456  )
                | 172800            722
 . 472 778      |  1444 )
 174 244        |------ } 4
----------      | 174244)
 124 290 336    | 17569200          7267
  17 620 069    |   50869 )
----------      |-------- } 49
  .. 949 853    | 17620069)
    .65         | 17670987
    12          |--------
                |  053
```

Racine demandée   2 427 053.

J'extrais la racine par la nouvelle méthode (**344**), et je trouve d'abord 2427, avec un reste 949 853, dont je supprime les *trois* derniers chiffres à droite, à cause des *trois* chiffres qui restent à calculer ; et j'en supprime le même nombre dans 17 670 987, triple carré de 2427 : j'ai ainsi 949 à diviser par 17670. Je barre le 0, et comme 949 ne contient pas 1767, j'écris 0 au quotient. Je barre le 7, et je divise 949 par 176, ou plutôt par 176,7 : je trouve 5 pour quotient, et 65 de reste. Je divise 65 par 17,.... Je m'arrête après le troisième chiffre, parce que je n'avais que trois chiffres à calculer par la division.

347. Pour faire la *preuve* de l'opération ainsi exécutée, on cube la racine : le résultat obtenu est exact à moins d'une unité près, lorsque la différence entre le cube et le nombre proposé n'est pas plus grande que *le triple carré de la racine* en moins, $+$ *le triple de cette racine*.

Racine cubique des Nombres, à un degré quelconque d'exactitude.

348. Pour avoir la racine cubique d'une fraction, dont les termes sont des cubes parfaits, on extrait la racine de chaque terme.

Ainsi,   La racine cubique de $\frac{1}{8}$ est $\frac{1}{2}$, parce que $(\frac{1}{2})^3 = \frac{1}{8}$.
La racine cubique de $\frac{27}{64}$ est $\frac{3}{4}$, parce que $(\frac{3}{4})^3 = \frac{27}{64}$.

349. Si le dénominateur seul est un cube parfait, on extrait la racine du numérateur, à moins d'une unité près ; on extrait ensuite celle du dénominateur : on a ainsi la racine de la fraction à un degré d'exactitude marqué par le nouveau dénominateur.

Par exemple, la racine cubique de $\frac{41}{125}$ est $\frac{3}{5}$, à moins d'un $\frac{1}{5}$e près. En effet, le cube de $\frac{3}{5}$ est moindre, et celui de $\frac{4}{5}$ est plus grand que $\frac{41}{125}$.

350. Si le dénominateur n'est pas un cube parfait, on lui donne cette condition, en multipliant les deux termes par le carré du dénominateur : alors, on rentre dans le cas précédent (**349**). — *Exemples.*

I. $\sqrt[3]{\dfrac{3}{7}} = \sqrt[3]{\dfrac{3\cdot 49}{7\cdot 49}} = \dfrac{\sqrt[3]{147}}{7} = \dfrac{5}{7}$, à $\dfrac{1}{7}$ près.

II. $\sqrt[3]{\dfrac{7}{30}} = \sqrt[3]{\dfrac{7\cdot 900}{30\cdot 900}} = \dfrac{\sqrt[3]{6300}}{30} = \dfrac{18}{30}$, ou $\dfrac{3}{5}$, à $\dfrac{1}{30}$ près.

REMARQUE. Pour obtenir un dénominateur qui soit un cube parfait, il suffit de multiplier par un nombre tel que chacun des facteurs premiers du dénominateur devienne un cube parfait. D'ailleurs, chacun de ces facteurs est un cube, lorsque son exposant est 3, ou un multiple de 3.

Par exemple, les nombres   576,   200,   162,
étant les mêmes que $2^6.3^2$, $2^3.5^2$, 2.3^4.

pour qu'ils deviennent des cubes parfaits, il suffit de multiplier le premier par 3, le second par 5, et le troisième par $2^2.3^2$, ou par 36. Ainsi,

$$\text{I.} \quad \sqrt[3]{\tfrac{225}{576}} = \sqrt[3]{\tfrac{225\cdot 3}{576\cdot 3}} = \frac{\sqrt[3]{675}}{\sqrt[3]{1728}} = \frac{8}{12}, \text{ ou } \frac{2}{3}, \text{ à } \frac{1}{12} \text{ près.}$$

$$\text{II.} \quad \sqrt[3]{\tfrac{83}{200}} = \sqrt[3]{\tfrac{83\cdot 5}{200\cdot 5}} = \frac{\sqrt[3]{415}}{\sqrt[3]{1000}} = \frac{7}{10}, \text{ à } \frac{1}{10} \text{ près.}$$

$$\text{III.} \quad \sqrt[3]{\tfrac{125}{162}} = \sqrt[3]{\tfrac{125\cdot 36}{162\cdot 36}} = \frac{\sqrt[3]{4500}}{\sqrt[3]{5832}} = \frac{16}{18}, \text{ ou } \frac{8}{9}, \text{ à } \frac{1}{18} \text{ près.}$$

351. Si le nombre donné est fractionnaire, on peut le réduire en une seule fraction (**193**), puis opérer comme pour une fraction (**348** *et suiv.*). — *Exemples.*

$$\text{I.} \quad \sqrt[3]{3\tfrac{3}{8}} = \sqrt[3]{\tfrac{27}{8}} = \frac{3}{2}, \quad \text{ou } 1\tfrac{1}{2} \qquad\qquad (348).$$

$$\text{II.} \quad \sqrt[3]{12\tfrac{4}{27}} = \sqrt[3]{\tfrac{3\cdot8}{27}} = \frac{6}{3}, \quad \text{ou } 2 \qquad\qquad (349).$$

$$\text{III.} \quad \sqrt[3]{7\tfrac{2}{5}} = \sqrt[3]{\tfrac{37}{5}} = \sqrt[3]{\tfrac{37\cdot 25}{5\cdot 25}} = \frac{9}{5}, \quad \text{ou } 1\tfrac{4}{5} \quad (350).$$

352. Si le degré d'approximation est fixé, on peut, quel que soit le nombre dont on veut la racine cubique, le multiplier par le cube de celui qui marque ce degré ; extraire la racine du produit, à moins d'une unité près, et lui donner le dénominateur indiqué.

Par exemple, pour *trouver la racine cubique de* 20, *à moins d'un* 7e *près*, je multiplie 20 par 7^3, ou par 343, ce qui me donne 6860 ; j'extrais la racine de 6860, à moins d'une unité près, et je trouve 19 : donnant 7 pour dénominateur, j'ai $\frac{19}{7}$, ou $2\frac{5}{7}$, pour la racine demandée.

$$\text{En effet,} \quad\quad 20 = \frac{20\cdot 7^3}{7^3} = \frac{20\cdot 343}{343} = \frac{6860}{343},$$

d'où il suit que
$$\sqrt[3]{20} = \sqrt{\tfrac{6860}{343}}$$

Or (**349**), la racine cubique de $\frac{6860}{343} = \frac{19}{7}$, à $\frac{1}{7}$ près : donc la racine cubique de 20 est aussi $\frac{19}{7}$, à moins d'un 7e près.

EXEMPLE I. *Trouver* $\sqrt[3]{\tfrac{3}{4}}$, *à moins d'un 20ᵉ près.*

Solution : $\tfrac{3}{4} \times 20^3 = 6000$; $\sqrt[3]{6000} = 18\ldots$

donc,   Racine demandée $\tfrac{18}{20}$, ou $\tfrac{9}{10}$.

EXEMPLE II. *Trouver* $\sqrt[3]{123\tfrac{4}{5}}$, *à moins d'un 30ᵉ près.*

Solution : $123\tfrac{4}{5} \times 30^3 = 3\,342\,600$; $\sqrt[3]{3\,342\,600} = 149\ldots$

donc,   Racine demandée $\tfrac{149}{30} = 4\tfrac{29}{30}$.

EXEMPLE III. *Évaluer* $\sqrt[3]{12}$, *à moins d'un 10ᵉ près.*

Solution : $12 \cdot 10^3 = 12\,000$; $\sqrt[3]{12\,000} = 22\ldots$

donc,   Racine demandée $\tfrac{22}{10}$, ou $2{,}2$.

EXEMPLE IV. *Évaluer* $\sqrt[3]{4\tfrac{5}{7}}$, *à moins d'un 100ᵉ près.*

Solution : $4\tfrac{5}{7} \times 100^3 = 4\,714\,285$; $\sqrt[3]{4\,714\,285} = 167\ldots$

donc,   Racine demandée $\tfrac{167}{100}$, ou $1{,}67$.

EXEMPLE V. *Évaluer* $\sqrt[3]{10{,}245}$, *à moins d'un 1000ᵉ près.*

Solution : $\sqrt[3]{10{,}245 \times 1000^3} = \sqrt[3]{10\,245\,000\,000} = 2171\ldots$

donc,   Racine demandée $\tfrac{2171}{1000}$, ou $2{,}171$.

353. Ces Exemples nous montrent que, *quand le degré d'approximation est* DÉCIMAL, la préparation revient, si le nombre proposé est *entier* (Ex. III), à écrire à sa droite trois fois plus de zéros qu'on ne veut de décimales au résultat; s'il est *fractionnaire* (Ex. IV), à réduire la fraction en décimales, en ayant soin de calculer trois fois plus de décimales qu'on n'en veut à la racine; enfin, s'il est *décimal* (Ex. V), à rendre le nombre des chiffres décimaux triple de celui qu'on demande. — On supprime ensuite la virgule, on extrait la racine cubique du nouveau nombre, à moins d'une unité près, et l'on sépare sur sa droite le nombre de décimales demandé.

CHAPITRE IX. — Notions de Géométrie. — Métrage, Aréage.

Leçon I. — Définitions relatives aux Surfaces.

354. On appelle *ligne*, ce qui a longueur seulement, sans largeur, ni épaisseur ou hauteur : la distance d'un point à un autre est une ligne.

355. Il y a deux sortes de lignes : la ligne droite et la ligne courbe. — La ligne *droite* est le plus court chemin d'un point à un autre ; la ligne *courbe* est celle qui n'est ni droite, ni composée de lignes droites.

AB (Fig. 1) est une ligne droite ; ABC (Fig. 2) est une ligne courbe.

356. On appelle *surface*, ce qui a deux dimensions, longueur et largeur, sans aucune épaisseur ou profondeur : le dessus d'un plancher est une surface.

357. Le *plan* est une surface sur laquelle on peut tracer une ligne droite dans tous les sens : la surface d'une glace bien unie est un plan.

358. On appelle *cercle*, un plan limité par une ligne courbe dont tous les points sont également distants d'un point intérieur nommé *centre* : cette ligne courbe se nomme *circonférence*. — Les *rayons* sont des droites qui, partant du centre, se terminent à la circonférence ; les *diamètres* passent par le centre, et se terminent à la circonférence de part et d'autre.

FIG. 3.

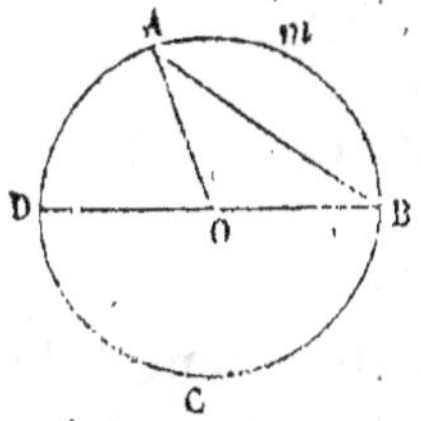

La courbe ABCD (FIG. 3) est une circonférence, dont O est le centre; OA est un rayon, BD est un diamètre; et la surface renfermée par ABCD est un cercle.

359. Toute circonférence, petite ou grande, se divise en 360 parties égales appelées *degrés*; le degré se divise en 60 *minutes*, la minute en 60 *secondes*.

Les degrés, minutes, secondes, se désignent respectivement par °, ′, ″. — Ainsi, on écrira : *La circonférence* $= 360° = 21\,600′ = 1\,296\,000″$.

360. Un *arc* est une portion plus ou moins grande de la circonférence; la droite qui joint les deux extrémités d'un arc, en est la *corde*.

AmB (FIG. 3) est un arc, dont la droite AB est la corde. Cette même droite AB est aussi la corde de l'arc ADCB.

361. On appelle *angle*, l'ouverture plus ou moins grande de deux lignes qui se rencontrent; ces deux lignes sont les *côtés* de l'angle, et leur point de rencontre, le *sommet*.

La Figure 4 représente un angle, dont A est le sommet, et les droites AB, AC, les côtés.

362. Lorsqu'un seul angle a son sommet en un point, on l'énonce ordinairement par une seule lettre, que l'on place au sommet; mais si plusieurs angles ont un sommet commun, on emploie trois lettres qu'on place, une au sommet, et les deux autres le long des côtés. Quand on énonce l'angle, on doit toujours nommer celle du sommet la seconde.

FIG. 4.   FIG. 5.   FIG. 6.

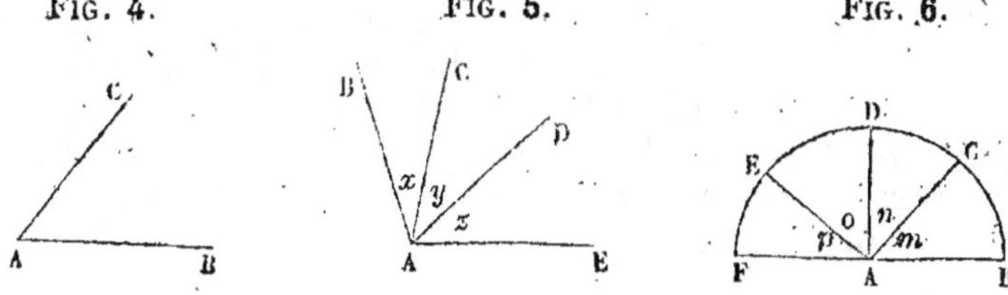

Ainsi, dans la Figure 4, on dira : *L'angle* BAC, ou *l'angle* CAB, ou simplement, *l'angle* A. — Mais dans la Figure 5, il faut dire :

L'angle BAC, *l'angle* BAD, etc. Toutefois, les angles partiels peuvent aussi s'énoncer par une seule lettre, qu'on place dans l'intérieur. Au lieu de : *L'angle* BAC, *l'angle* CAD, *l'angle* DAE, on peut dire : *L'angle* x, *l'angle* y, *l'angle* z.

363. Un angle *rectiligne* est celui dont les côtés sont des lignes droites (Fig. 4 et 5).

Nous ne parlerons que des angles rectilignes.

364. Il y a trois sortes d'angles relativement à leur grandeur : l'angle *droit*, dont chaque côté ne penche ni vers l'autre côté, ni vers son prolongement; l'angle *aigu*, qui est moins ouvert que l'angle droit ; et l'angle *obtus*, qui est plus ouvert que l'angle droit.

La Figure 6 présente deux angles droits, BAD, DAF : quatre angles aigus, *m, n, o, p* ; et deux angles obtus, BAE, CAF.

365. Un angle a pour mesure le nombre des degrés et parties de degré de l'arc compris entre ses côtés, et décrit de son sommet comme centre.

L'angle droit BAD (Fig. 6) a pour mesure l'arc BCD, qui vaut le quart de la circonférence ou 90°; l'angle aigu *m* a pour mesure l'arc BC, moindre que 90°; l'angle obtus BAE a pour mesure l'arc BDE, plus grand que 90°. On voit que la grandeur de l'angle ne dépend pas de la longueur de ses côtés.

366. Une droite est *perpendiculaire* à une autre, lorsque la première forme avec la seconde un angle droit.

Ainsi, AD (Fig. 6) est perpendiculaire à AB, car BAD est un angle droit; mais l'angle *m*, n'étant pas droit, AC est *oblique* à AB.

367. Deux droites, qui sont dans le même plan, sont *parallèles*, lorsqu'elles ne peuvent se rencontrer, à quelque distance qu'on les imagine prolongées. — Telles sont AB et CD (Fig. 7).

368. Un *polygone* est une figure terminée par plusieurs lignes ou *côtés*. On appelle en particulier *triangle*, le polygone de trois côtés ; *quadrilatère*, celui de quatre côtés ; *pentagone*, celui de cinq côtés ; *hexagone*, celui de six côtés ; *octogone*, celui de huit côtés ; *décagone*, celui de dix côtés ; etc.

369. On appelle *diagonale*, une droite qui joint deux sommets non adjacents à un même côté.

Les droites BD, BE (FIG. 8), sont des diagonales.

FIG. 7.   FIG. 8.   FIG. 9.

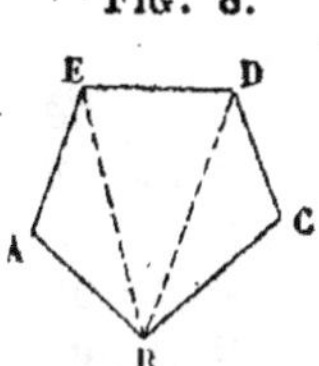 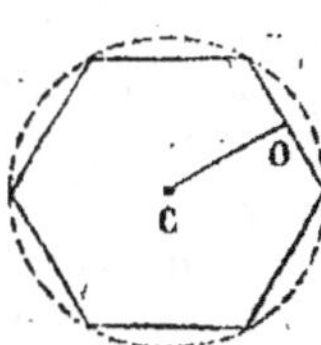

370. Le *périmètre* d'un polygone est le contour de ce polygone.

371. Le polygone est *régulier*, lorsque tous ses côtés sont égaux, et que tous ses angles sont égaux (FIG. 9).

Pour construire un polygone régulier, il suffit de tracer une circonférence, et de la diviser en autant de parties égales qu'on veut de côtés dans la figure : joignant ensuite par une droite chaque point de division au suivant, on a le polygone demandé. — Le centre de la circonférence est aussi celui du polygone régulier.

372. La droite (CO, FIG. 9) tirée du centre du polygone régulier au milieu d'un de ses côtés, est perpendiculaire à ce côté, et se nomme l'*apothème* de ce polygone.

373. Il y a trois sortes de triangles relativement aux longueurs égales ou inégales de leurs côtés : le triangle *équilatéral*, dont les trois côtés sont égaux; le triangle *isoscèle*, dont deux côtés seulement sont égaux ; et le triangle *scalène*, dont tous les côtés sont inégaux.

374. Il y a deux sortes de triangles relativement à leurs angles : le triangle *obliquangle*, qui n'a pas d'angle droit (FIG. 10 et 11); et le triangle *rectangle*, qui a un angle droit, et dont le plus grand côté (le côté opposé à l'angle droit) s'appelle *hypothénuse* (FIG. 12).

L'angle droit étant A, l'hypothénuse est BC ; et les droites AB, AC, sont les côtés de l'angle droit.

FIG. 10.   FIG. 11.   FIG. 12.

 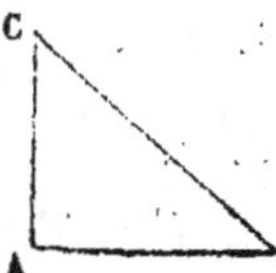

375. Si l'on exprime, au moyen d'une unité quelconque, la juste longueur de chaque côté d'un triangle rectangle, on trouvera que toujours *le carré de l'hypothénuse = la somme des carrés des côtés de l'angle droit ;* et, par une suite nécessaire, que *le carré d'un des côtés de l'angle droit = le carré de l'hypothénuse, moins le carré de l'autre côté.* On peut donc aisément calculer un des côtés du triangle rectangle, lorsqu'on connaît les deux autres. — *Exemples.*

I. Lorsque AB = 4, et que AC = 3 (FIG. 12), on a

$$\text{Le carré de} \quad BC = 4^2 + 3^2 = 16 + 9 = 25 :$$

donc, L'hypothénuse $BC = \sqrt{25} = 5$.

II. Lorsque BC = 26, et que AC = 10, on a

$$\text{Le carré de AB} = 26^2 - 10^2 = 676 - 100 = 576 :$$

donc, Le côté $AB = \sqrt{576} = 24$.

376. Dans un triangle, on appelle *base*, un côté quelconque ; la *hauteur* est la perpendiculaire à la base, et elle est comprise entre cette base et le sommet de l'angle opposé.

Dans la Figure 13, selon que la base est AB, BC, ou AC, la hauteur est C*p*, A*m*, ou B*n*.

377. Il y a trois sortes de quadrilatères : le quadrilatère simplement dit, le trapèze, et le parallélogramme. — Dans le *quadrilatère simplement dit,* aucun côté n'est parallèle à un autre (FIG. 14).

FIG. 13.   FIG. 14.   FIG. 15.

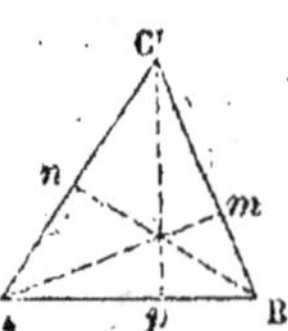
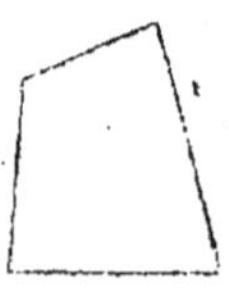
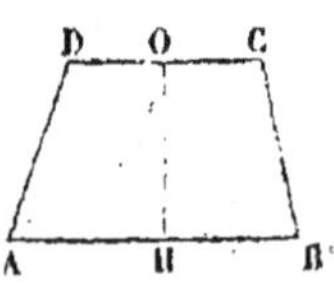

378. *Le trapèze* est un quadrilatère dont deux côtés seulement sont parallèles. — Ces côtés parallèles sont les *bases* du trapèze, et la *hauteur* est une perpendiculaire menée d'une base sur l'autre (FIG. 15).

Les bases sont AB et CD, et la hauteur OH.

379. *Le parallélogramme* est un quadrilatère dont les côtés opposés sont parallèles. — *La base* est un côté quelconque; *la hauteur* est une perpendiculaire à la base, et elle est comprise entre cette base et le côté opposé (FIG. 16).

FIG. 16.

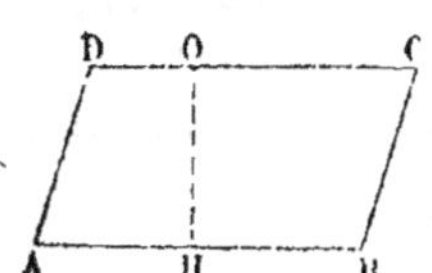

La base étant AB, ou CD, la hauteur est OH. — La base d'un parallélogramme porte aussi le nom de *longueur*, la hauteur celui de *largeur*; et la base et la hauteur s'appellent d'un nom commun *dimensions*.

380. Il y a quatre sortes de parallélogrammes : *le rectangle*, dont les angles sont droits et les côtés inégaux (FIG. 17); *le carré*, dont les angles sont droits et les côtés égaux (FIG. 18); *le losange*, dont les angles ne sont pas droits, mais dont les côtés sont égaux (FIG. 19); et *le rhomboïde*, dont les angles ne sont pas droits, et dont les côtés sont inégaux (FIG. 16). — *Dans tout parallélogramme, les côtés opposés sont égaux.*

FIG. 17.   FIG. 18.   FIG. 19.

381. On appelle *ellipse*, une courbe plane telle que la somme des distances de chacun de ses points à deux points fixes du plan est constante. Ces deux points fixes se nomment *foyers*; la droite qui les joint, terminée à la courbe de part et d'autre, s'appelle *grand axe*; la perpendiculaire sur le milieu du grand axe, et terminée aussi à la courbe, est *le petit axe*; et le point où se coupent les deux axes est le *centre* de l'ellipse. —

FIG. 20.

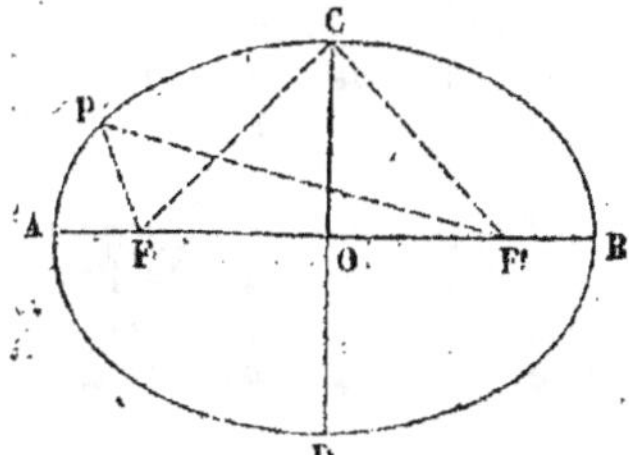

On donne aussi le nom d'ellipse à la surface renfermée par la courbe.

Soit ACBD (FIG. 20) une ellipse. Les foyers étant F et F', le grand axe sera AB, le petit axe CD; et le centre O. — On aura

$$AF + AF' = PF + PF' = CF + CF' = \ldots$$

Ainsi,
$$AF + AF' = BF' + BF,$$

c'est-à-dire,
$$AF + AF' + FF' = BF' + BF' + FF';$$

par conséquent,
$$AF = BF' :$$

donc,
$$AF + AF' = BF' + AF' = AB,$$

ce qui montre que *la somme constante des distances d'un point
quelconque de l'ellipse aux deux foyers, est égale au grand axe.*

LEÇON II. — **Métrage des Surfaces.** — **Aréage.**

382. *Le* MÉTRAGE *des surfaces* est l'art de trouver le
nombre des unités superficielles qu'elles contiennent.
Le nom de *métrage* vient de ce que les dimensions se
mesurent avec le mètre.

Le métrage prend le nom d'*aréage*, quand il s'agit
de mesurer la surface des terrains, parce qu'alors la
surface s'exprime en *ares*.

383. PARALLÉLOGRAMME. — *Pour trouver la surface d'un* PARALLÉLOGRAMME **(379)**, *on multiplie la base par
la hauteur.*

I. Soit *le rectangle* ABCD (FIG. 26), dont la base AB = 5 mèt.,
et la hauteur AD = 4 mèt. : sa surface = 5.4 = 20 mètres carrés.

FIG. 26.

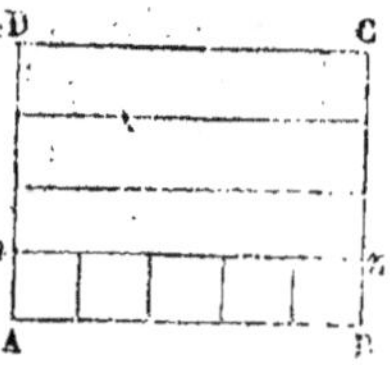

En effet, la hauteur AD étant de 4^m, di-
visons-la en 4 parties égales, et par chaque
point de division, conduisons une parallèle
à la base ; nous aurons 4 rectangles égaux
ayant chacun 5^m de base et 1^m de hauteur :
cherchons combien ils contiennent chacun
de mètres carrés **(126)**. — Divisant la base AB
en 5 parties égales, et par chaque point de
division, menant une perpendiculaire ter-
minée au côté *mn*, nous aurons 5 *mètres carrés* dans le seul rectangle AB*mn* : dans le rectangle total ABCD, il y en aura donc
4 fois 5, ou 5.4 = 20.

II. Si la base et la hauteur du rectangle sont égales, ce qui a
lieu dans *le carré* **(379 et 380)**, leur produit est le carré de l'une
de ces lignes **(308)** : donc, *pour trouver la surface d'un carré, il
suffit de multiplier le côté par lui-même.* — Nous l'avions déjà
démontré **(127)**.

FIG. 27.

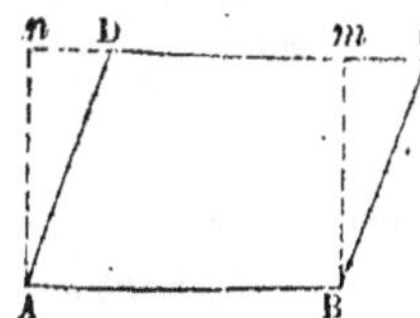

III. Si le parallélogramme est un *rhomboïde* ABCD (FIG. 27), menons aux extrémités de la base AB les perpendiculaires An, Bm : nous transformons ainsi la Figure ABCD en un rectangle ABmn, de même base AB et de même hauteur Bm. Ce rectangle contient *de plus* que le rhomboïde le triangle ADn ; mais il a *de moins* le triangle BCm : comme ces deux triangles sont égaux, il s'ensuit que ABmn a la même surface que ABCD. Or (I), la surface de ABmn $=$ AB $\times$ Bm : donc la surface de ABCD $=$ aussi AB $\times$ Bm.

IV. Pour *le losange,* même démonstration que pour le rhomboïde (III).

Donc, *Pour trouver la surface d'un parallélogramme,* il suffit de *multiplier la base par la hauteur,* en sorte que S étant la surface d'un parallélogramme quelconque, b étant sa base, et h sa hauteur, on a toujours...................... $S = b \cdot h$.

N. B. Les Élèves doivent bien remarquer que le produit de la base par la hauteur donne des *mètres* carrés, ou des *décimètres* carrés, ou des *centimètres* carrés,... selon que les dimensions sont exprimées en *mètres,* ou en *décimètres,* ou en *centimètres,*... Cette observation est applicable à toutes les Figures.

PROBLÈME. *Un menuisier a fait un plancher de* 18ᵐ,50 *de long, sur* 8ᵐ,40 *de large ; combien lui est-il dû, à* 3ᶠ,75 *le mètre carré ?*

Ce plancher présente un rectangle de 18ᵐ,50 de base, et 8ᵐ,40 de hauteur ; donc, *surface,* en mètres carrés, 18,50 $\times$ 8,40 $=$ 155,40 :

Quantité demandée   3,75 $\times$ 155,40 $=$ 582ᶠ,75.

384. TRIANGLE. — *Pour trouver la surface d'un* TRIANGLE (368), *on multiplie la base par la hauteur, et on prend la moitié du produit.*

Soit le triangle ABC (FIG. 28) : si la base AB $=$ 5 mèt., et que la hauteur CH $=$ 4ᵐ, la surface $=$ *la moitié* de 5.4 $=$ 10 mèt. carrés.

FIG. 28.

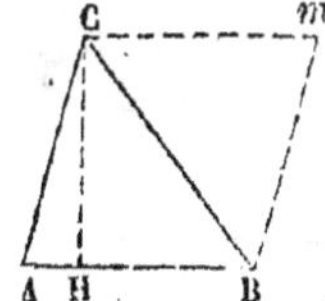

En effet, par le sommet C, menons Cm parallèle à AB, et par le sommet B, menons Bm parallèle à AC ; nous formons ainsi le parallélogramme ABmC (379), de même base AB et de même hauteur CH que le triangle. Or, ABmC, outre le triangle ABC, contient le triangle BCm égal à ABC ; donc ABmC est le double du triangle ABC : donc, lorsque la surface de ABmC $=$ 5.4 ou 20 mèt. carrés, celle de ABC $=$ la moitié de 5.4 $=$ 10 mèt. carrés.

Donc, *Pour trouver la surface d'un triangle, il suffit de multiplier la base par la hauteur, et de prendre la moitié du produit,* en sorte que S étant la surface d'un triangle quelconque, dont b est la base et h la hauteur, on a toujours....... $S = \frac{1}{2} b \cdot h$.

PROBLÈME. *Le toit d'une maison présente, dans une partie, un triangle de* 7ᵐ,50 *de base, sur* 3ᵐ,80 *de hauteur ; combien coûte cette partie, à* 2ᶠ,40 *le mètre carré?*

Surface du triangle = la moitié de $7,50 \times 3,80$ = 14ᵐᵐ,25 ;
     Prix demandé   2ᶠ,40 $\times$ 14,25 = 34ᶠ,20.

385. Il arrive quelquefois qu'on ne peut pas commodément abaisser et mesurer la perpendiculaire à la base : alors, si l'on peut mesurer chacun des côtés, *Pour trouver la surface du triangle, on fait une somme des trois côtés, et on en prend la moitié ; de cette moitié, on retranche tour à tour chacun des côtés* (a), *ce qui donne trois restes; on multiplie la demi-somme successivement par les trois restes : la* RACINE CARRÉE *du produit est la surface du triangle.*

Ainsi, S étant la surface d'un triangle, dont a, b, c, sont les côtés, et s la demi-somme, on a toujours

$$S = \sqrt{s \cdot (s - a) \cdot (s - b) \cdot (s - c)}.$$

EXEMPLE. *Quelle est la surface d'un triangle dont les côtés ont respectivement* 14ᵐ... 22ᵐ,50... 26ᵐ,50?

Demi-somme des trois côtés, s = 31ᵐ, 50 ;
Les trois restes sont   17,50... 9... 5;

Surface demandée $S = \sqrt{24\,806,25}$ = 157ᵐᵐ,50.

386. TRAPÈZE. — *Pour trouver la surface d'un* TRAPÈZE (378), *il suffit de multiplier la somme des bases par la hauteur, et de prendre la moitié du produit.*

Soit le trapèze ABCD (FIG. 29), dont la base AB = 6ᵐ, la base CD = 5ᵐ, et la hauteur OH = 4ᵐ; la surface = la moitié de $(6 + 5) \cdot 4$ = 22 mètres carrés.

(a) Les trois soustractions doivent toujours être possibles, et aucun des restes ne peut être nul : s'il en était autrement, le triangle n'existerait pas.

FIG. 29.

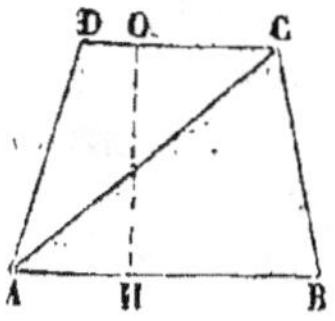

En effet, tirons la diagonale AC : nous aurons deux triangles ayant pour hauteur commune OH, celle du trapèze ; et pour bases, l'un la base supérieure CD, l'autre la base inférieure AB. Or (384), on a

$$\text{Triangle ACD,... Surf.} = \tfrac{1}{2}\,\text{CD}\cdot\text{OH} = \frac{\text{CD}\cdot\text{OH}}{2};$$

$$\text{Triangle ABC,... Surf.} = \tfrac{1}{2}\,\text{AB}\cdot\text{OH} = \frac{\text{AB}\cdot\text{OH}}{2}:$$

donc,   Surface du Trapèze

$$\text{ABCD} = \frac{\text{CD}\cdot\text{OH}}{2} + \frac{\text{AB}\cdot\text{OH}}{2} = \frac{\text{CD}\cdot\text{OH} + \text{AB}\cdot\text{OH}}{2},$$

ce qui revient à $\dfrac{(\text{CD} + \text{AB})\cdot\text{OH}}{2} = \tfrac{1}{2}\,(\text{CD} + \text{AB})\cdot\text{OH},$

et montre que, *Pour trouver la surface d'un* TRAPÈZE,... en sorte que S étant la surface d'un trapèze, dont les bases sont b et b', et la hauteur h, on a toujours.......... $S = \tfrac{1}{2}\,(b + b')\cdot h.$

PROBLÈME. *Une pièce de terre formant un trapèze ayant pour bases* 64ᵐ,40 *et* 89ᵐ,30, *et pour hauteur* 75ᵐ, *est achetée à* 72ᶠ,40 *l'are : combien doit-on payer?*

Surface....... $\tfrac{1}{2}\,(64,4 + 89,3)\cdot 75 = 5763$mm, 75 = 57ares,6375.
Prix demandé.............. 72ᶠ,40 $\times$ 57,6375 = 4172ᶠ,955.

387. Pour trouver la surface d'un polygone autre que le parallélogramme, le triangle et le trapèze, on peut mener d'un sommet des diagonales aux autres sommets, et le polygone se trouve partagé en autant de triangles qu'il y a de côtés, moins deux (FIG. 8) : calculant alors la surface de chaque triangle (**384, 385**). et les réunissant toutes, on a la surface cherchée.

388. Dans l'Aréage, lorsqu'on fait usage de l'*équerre*, on se contente ordinairement d'une diagonale AD (FIG. 21), qu'on nomme *directrice*, laquelle joint deux sommets éloignés. De chacun des autres sommets, on abaisse une perpendiculaire sur la directrice, et le polygone est divisé en triangles rectangles et en trapèzes.

PROBLÈME. *Un terrain,* ayant la forme de la FIG. 21,

est loué à raison de 123^f,45 l'hectare. *Trouver à un cen-*
time près, ce que le fermier doit payer annuellement au
propriétaire, sachant que Am $= 31^m$, Gm $= 22^m$, mn $=$
23^m,50, nB $= 77^m$, no $= 38^m$,50, oF $= 81^m$,20, op $= 45^m$,
pC $= 35^m$,40, pr $= 40^m$, rE $= 49^m$,30 et rD $= 24^m$.

FIG. 21.

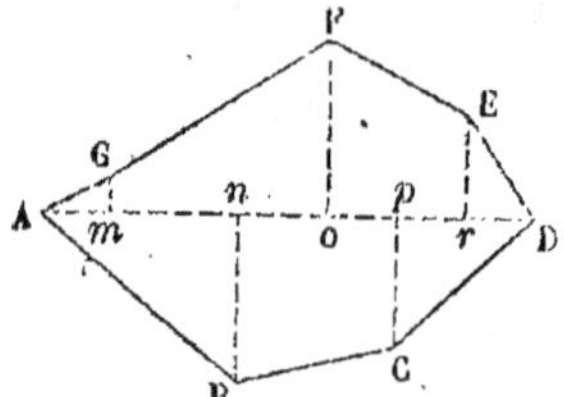

La figure contient quatre triangles
et trois trapèzes, dont il faut trouver
la surface, afin de pouvoir calculer
la quantité demandée. Mais, au lieu
de prendre la moitié de chaque produit, il est plus court, après les avoir
ajoutés ensemble, de prendre la
moitié de leur somme. Remarquant
que les perpendiculaires Gm, nB,...
sont les bases des figures partielles,
et que les parties Am, mn,... de la directrice, en sont les
hauteurs, on trouvera donc (**384, 386**)

Triangle AB*n*........ $(31 + 23,50) \cdot 77 = 4196,50$;
Trapèze BC*pn* ...... $(77 + 35,40) \cdot (38,50 + 45) = 9385,40$;
Triangle CD*p* .... $(40 + 24) \cdot 35,40 = 2265,60$;
Triangle DE*r* .... $24 \times 49,30 = 1183,20$;
Trapèze EF*or* ...... $(49,3 + 81,2) \cdot (45 + 40) = 11092,50$;
Trapèze FG*mo*....... $(81,2 + 22) \cdot (23,5 + 38,5) = 6398,40$;
Triangle AG*m*...... $22 \cdot 31 = 682$

Demi-somme des sept produits, ou surface totale, $= 17601^{mm}$,80,
ce qui fait (**128**).......... 176^{ares},018 $= 1^{hect}$,76018 :

donc (**73, 1°**), Quantité demandée 123^f,45 $\times 1,76018 = 217^f$,30.

389. POLYGONES RÉGULIERS. — On peut opérer
comme il vient d'être dit (**387, 388**), lors même que le
polygone est *régulier* (**371**) ; mais, dans ce dernier cas,
le calcul peut s'abréger, car *Pour trouver la surface*
d'un POLYGONE RÉGULIER, *il suffit d'en multiplier le péri-*
mètre (**370**) *par l'apothème* (**372**), *et de prendre la moitié*
du produit.

390. La longueur de l'apothème dépendant de celle
du côté, on peut calculer la surface d'un polygone régulier au moyen du côté seulement. *Cette surface,* en
effet, *est égale au* CARRÉ *du côté,* multiplié par *un nombre*
qui est le même pour toutes les figures d'un égal nombre
de côtés.

En désignant la surface par S, et le côté par C, on a toujours

Pour le Polygone régulier

De 3 côtés (triang. équil.)..	$S = C^2 \times 0{,}43301$
De 4 côtés (le carré)........	$S = C^2 \times 1 = C^2$
De 5 côtés....	$S = C^2 \times 1{,}72048$
De 6 côtés..................	$S = C^2 \times 2{,}59808$
De 7 côtés..................	$S = C^2 \times 3{,}63393$
De 8 côtés..................	$S = C^2 \times 4{,}82843$
De 9 côtés..................	$S = C^2 \times 6{,}18182$
De 10 côtés..................	$S = C^2 \times 7{,}69421$
De 12 côtés..................	$S = C^2 \times 11{,}19615$
De 15 côtés..................	$S = C^2 \times 17{,}64236$
De 20 côtés..................	$S = C^2 \times 31{,}56876$

391. FIGURES IRRÉGULIÈRES, *à côtés non rectilignes.*
— Il arrive fréquemment que certains côtés d'une figure,
au lieu d'être rectilignes, sont plus ou moins sinueux.

FIG. **22** et **23**.

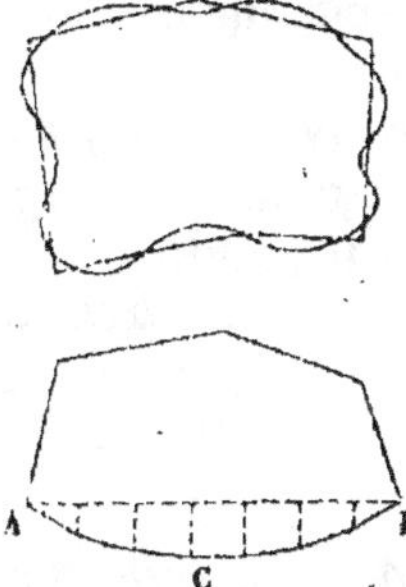

Alors, on a recours à des com-
pensations (FIG. 22); ou bien (FIG.
23), tirant une droite AB, qui soit
tout entière sur la surface à mesurer, on abaisse des perpendiculaires assez rapprochées l'une de
l'autre, pour que chaque portion
de la courbe interceptée puisse
être regardée sensiblement comme
droite : dans ce dernier cas, la figure se trouvant partagée en tri-
angles et en trapèzes, on opère comme dans le N° **388.**
— Il est d'ailleurs à remarquer que, si les perpendiculaires sont équidistantes, une surface, telle que ABC,
comprise entre une droite AB et une courbe ACB, et
terminée de part et d'autre par un triangle, a pour mesure *la somme des perpendiculaires* multipliée par *la
distance de deux perpendiculaires consécutives.*

Par exemple, si la distance entre deux perpendiculaires consécutives est de 20^m, et que les longueurs de ces lignes au nombre
de sept, soient 5, 8, 17, 14, 10, 12 et 9 mètres, la surface sera
$(5 + 8 + 17 + 14 + 10 + 12 + 9) . 20 = 75 . 20 = 1500^{mm} = 15$ ares.

FIG. **24** et **25**.

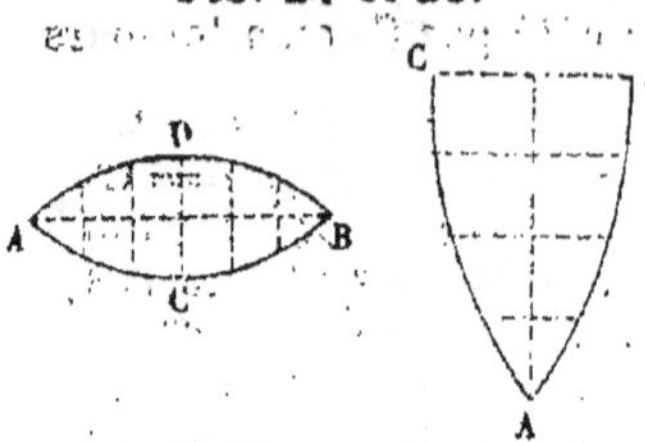

On calculerait absolument de la même manière la surface ACBD (FIG. 24), comprise entre les deux courbes ACB, ADB; mais dans la FIG. 25, terminée d'une part par un triangle et de l'autre par un trapèze, on ne prendrait que *la moitié* de la dernière perpendiculaire BC.

392. CIRCONFÉRENCE. — *La circonférence* du cercle (**358**) est égale à son diamètre $\times$ un nombre constant, que les Géomètres désignent par π (*a*); en sorte que *d* étant le diamètre, ou *r* le rayon, en remarquant que le diamètre vaut deux rayons, on voit que l'on a toujours

$$\text{Circonf.} = d \cdot \pi = 2r \cdot \pi,$$

ou bien

$$\text{Circonf.} = \pi \cdot d = 2\pi \cdot r.$$

Or, on a trouvé $\pi = 3{,}141\,592\,653\ldots = $ à peu près $3\frac{1}{7}$, $=$ beaucoup plus exactement $\frac{355}{113}$. — La valeur $3\frac{1}{7}$ peut s'employer dans la plupart des cas; et $\frac{355}{113}$ donne un résultat suffisamment exact pour tous les besoins de l'industrie. — Ainsi,

Pour trouver LA CIRCONFÉRENCE *d'un cercle, il suffit de multiplier son diamètre par* $3\frac{4}{7}$, ce qui se fait en multipliant le diamètre par 3, et ajoutant au produit le 7ᵉ du diamètre; ou bien, si l'on a besoin d'une grande précision, *de multiplier le diamètre par* $\frac{355}{113}$, ce qui se fait en multipliant le diamètre par 355, et divisant le produit par 113.

EXEMPLE. *Trouver la circonférence d'un cercle dont le diamètre est de 8 mètres.*

$$\text{Circonf. demandée} \quad 8^m \times 3\tfrac{1}{7} = 25^m{,}143 \text{ à p. p.}$$
$$\text{ou bien}\ldots\ldots \quad 8^m \times \tfrac{355}{113} = 25^m{,}133.$$

393. CERCLE. — *La surface d'un* CERCLE *est égale à sa circonférence* $\times$ *la moitié de son rayon.*

En effet, concevons que l'on partage la circonférence en un très-grand nombre de parties, égales ou inégales, de manière que chacune d'elles puisse être regardée comme une ligne sensiblement droite, et que par chaque point de division on mène une droite au centre : le cercle sera ainsi décomposé en un très-

---

(*a*) Le caractère π est une lettre de l'alphabet grec; elle s'appelle *pi.*

grand nombre de triangles ayant tous pour hauteur le rayon du cercle, et pour bases, chacun une petite portion de la circonférence. La surface de chacun de ces triangles étant égale à la moitié du produit de sa base par sa hauteur (384), il s'ensuit que la surface de tous ces triangles réunis est égale à la moitié du produit de la somme des bases par la hauteur commune. Mais tous ces triangles réunis forment la surface du cercle ; la somme des bases est la circonférence, et la hauteur commune est le rayon : donc, *La surface du cercle = la moitié de la circonférence × le rayon, ou = la circonférence × la moitié du rayon.* — En sorte que S étant la surface du cercle et r le rayon, comme la circonférence est $2\pi.r$ (392), on a toujours

$$S = 2\pi.r.\tfrac{1}{2}r = \pi.r.r = \pi.r^2 \qquad \text{Ainsi,}$$

Pour trouver la surface d'un CERCLE, *on peut carrer le rayon, et multiplier le carré par* π, *c'est-à-dire par* $3\tfrac{1}{7}$, *ou par* $\frac{355}{113}$.

EXEMPLE. *Quelle est la surface d'un cercle dont le rayon est de 8 mètres ?*

$$\text{Surface demandée.} \quad 8^2 \times 3\tfrac{1}{7} = 201^{mm},14$$
$$\text{ou bien.......} \quad 8^2 \times \tfrac{355}{113} = 201^{mm},06$$

394. ELLIPSE. — Pour trouver la surface d'une *ellipse* (381), il suffit de multiplier le grand axe par le petit axe, et le produit par π : le quart du nouveau produit est le résultat cherché. — En sorte que les axes étant a et b, et la surface S, on a toujours.. $S = \tfrac{1}{4}\pi.a.b.$

PROBLÈME. *Trouver le prix d'une table formant une ellipse dont les axes sont de* $3^m,50$ *et de* $1^m,90$, *sachant que le mètre carré est payé* $12^f,80$.

$$\text{Surface de la table...} \quad \tfrac{1}{4} \text{ de } 3,5 \times 1,9 \times 3\tfrac{1}{7},$$
$$\text{ou bien.........} \quad \tfrac{1}{4} \text{ de } 3,5 \times 1,9 \times \tfrac{355}{113} :$$
$$\text{donc ,} \quad \text{Prix demandé.} \quad \tfrac{1}{4} \text{ de } 12,8 \times 3,5 \times 1,9 \times 3\tfrac{1}{7} = 66^f,88,$$
$$\text{ou bien...} \quad \tfrac{1}{4} \text{ de } 12,8 \times 3,5 \times 1,9 \times \tfrac{355}{113} = 66^f,85.$$

LEÇON III. — **Définitions relatives aux Corps.**

395. On appelle *corps*, tout ce qui a les trois dimensions, longueur, largeur, et profondeur. — Le *volume* d'un corps est la portion d'espace qu'il occupe.

Les dimensions prennent différents noms, selon le corps que l'on considère. On dit : Longueur, largeur, profondeur *d'un fossé*; Longueur, largeur, épaisseur *d'une planche*; Longueur, épaisseur, hauteur *d'un mur*, etc.

396. On appelle *polyèdre*, tout corps dont les faces sont planes. Ces faces, en se rencontrant deux à deux, forment les *côtés* ou *arètes* du polyèdre; et lorsque plus de deux faces passent par le même point, elles forment un *angle polyèdre*, nommé aussi *angle solide*.

397. Le polyèdre est *régulier*, lorsque toutes ses faces sont des polygones réguliers égaux, et que tous ses angles solides sont égaux entre eux.

Il n'y a que cinq polyèdres réguliers, savoir :
Le *Tétraèdre régulier*, compris sous quatre triangles;
L'Hexaèdre régulier, ... sous six carrés;
L'Octaèdre régulier, ... sous huit triangles;
Le *Dodécaèdre régulier*, ... sous douze pentagones;
L'Icosaèdre régulier, ... sous vingt triangles.

398. On appelle *prisme*, un polyèdre terminé par deux polygones égaux et parallèles (*a*), et dont toutes les autres faces sont des parallélogrammes. Ces deux polygones sont les *bases* du prisme, et une perpendiculaire menée d'une base sur l'autre en est la *hauteur* (b).

Un prisme est *triangulaire* (FIG. 30), *quadrangulaire* (FIG. 31), *pentagonal* (FIG. 32),... selon que la base est un triangle, un quadrilatère, un pentagone,...

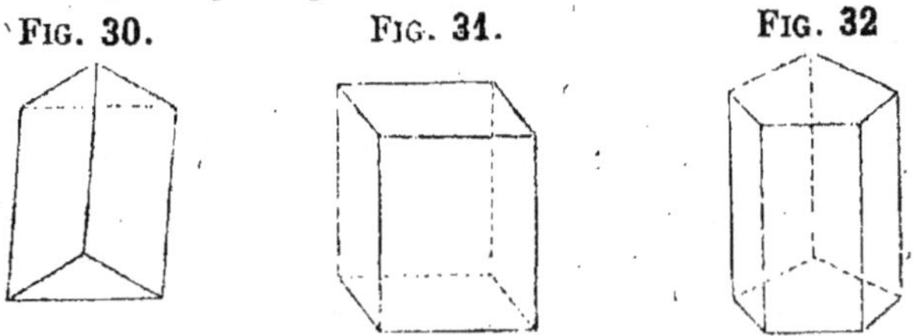

FIG. 30. FIG. 31. FIG. 32

(*a*) Deux polygones, et en général, deux plans sont *parallèles*, lorsqu'ils ne peuvent se rencontrer, à quelque distance qu'on les imagine prolongés. — Le plancher d'une salle et son plafond sont deux plans parallèles.

(*b*) Une droite est *perpendiculaire* à un plan, lorsqu'elle fait un angle droit avec chacune des droites qui passent par son pied dans ce plan; elle est *oblique* au plan, lorsqu'elle le rencontre, sans lui être perpendiculaire.

399. Un prisme est *droit*, ou *oblique*, selon que les arètes latérales sont ou ne sont pas perpendiculaires aux bases.

400. Si les bases du prisme sont aussi des parallélogrammes, toutes les faces sont alors des parallélogrammes, et le polyèdre prend le nom de *parallélipipède*; on l'appelle *parallélipipède rectangle*, si toutes les faces sont des rectangles, et *cube*, si toutes les faces sont des carrés.

Le cube a la forme d'un dé à jouer (**132**); c'est l'hexaèdre régulier (**397**).

401. *La pyramide* est un polyèdre compris entre un polygone quelconque, et des triangles qui, ayant pour bases les côtés de ce polygone, ont leurs sommets réunis en un même point. Ce point est *le sommet* de la pyramide; le polygone en est *la base*; et la perpendiculaire menée du sommet sur la base, en est *la hauteur*.

Une pyramide est *triangulaire* (FIG. 33), *quadrangulaire* (FIG. 34), *pentagonale* (FIG. 35),.... selon que la base est un triangle, un quadrilatère, un pentagone,....

<table>
<tr><td>FIG. 33.</td><td>FIG. 34.</td><td>FIG. 35.</td></tr>
<tr><td>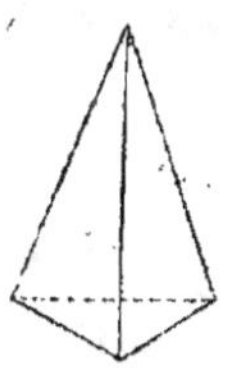</td><td>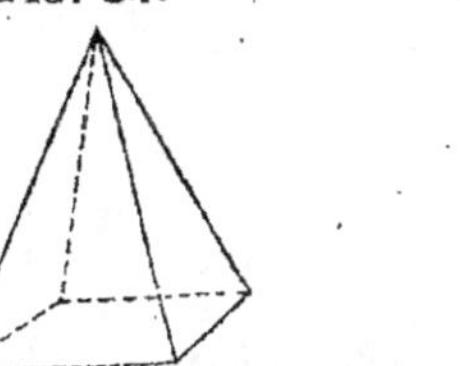</td><td>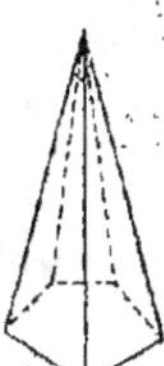</td></tr>
</table>

402. La pyramide est dite *régulière*, lorsque sa base est un polygone régulier, et que sa hauteur passe par le centre de la base. Alors, tous les triangles sont égaux et isoscèles; et la droite qui joint le sommet de la pyramide au milieu d'un des côtés de la base, est perpendiculaire à ce côté, et se nomme l'*apothème* de la pyramide.

La pyramide peut être régulière sans être un polyèdre régulier (**397**).

403. Un *cylindre* est un corps renfermé par deux cercles égaux et parallèles, et par la surface que tracerait une ligne droite appelée *génératrice* qui, se mouvant parallèlement à elle-même, toucherait toujours les circonférences des deux cercles. Ces deux cercles du cylindre en sont *les bases*; la droite qui joint leurs centres, en est *l'axe*; et la perpendiculaire menée d'une base sur l'autre, *la hauteur*.

FIG. 36.

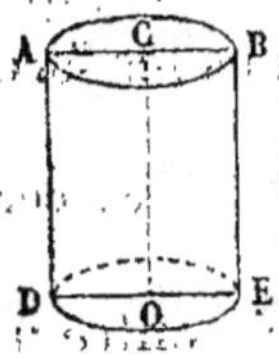

La FIG. 36 représente un cylindre. Les bases sont les cercles dont les rayons sont AC, DO; l'axe est CO, qui joint les deux centres; la génératrice est AD. La surface tracée par la génératrice est *la surface convexe* du cylindre. — Le litre, le décalitre, et les autres mesures de capacité du commerce, sont des cylindres.

404. Le cylindre est *droit*, ou *oblique*, selon que l'axe est ou n'est pas perpendiculaire aux bases.

Nous ne parlerons que du *cylindre droit*.

405. Un *cône* est un corps renfermé par un cercle, et par la surface que tracerait une ligne droite appelée *côté* ou *génératrice* qui, passant continuellement par un point fixe, se mouvrait en touchant toujours la circonférence. Ce point fixe est *le sommet* du cône; le cercle en est *la base*; et la perpendiculaire du sommet sur la base, *la hauteur*.

FIG. 37.

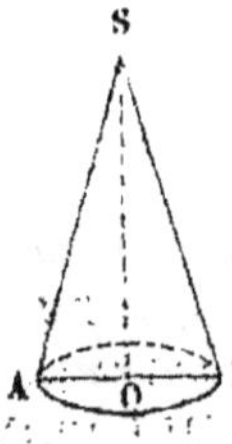

La FIG. 37 représente un cône. La base est le cercle dont le rayon est AO; l'axe est SO, qui joint le sommet S au centre de la base; le côté, ou la génératrice est SA; et la surface tracée par la génératrice en est *la surface convexe*. — Le toit d'un moulin à vent est ordinairement un cône.

406. Le cône est *droit*, ou *oblique*, selon que l'axe est ou n'est pas perpendiculaire à la base.

Nous ne parlerons que du *cône droit*.

407. On appelle *cône tronqué, pyramide tronquée*, à bases parallèles, ce qu'il reste d'un cône, ou d'une pyramide, lorsqu'ayant coupé ce corps par un plan parallèle à sa base, on supprime la partie qui contient le sommet.

La plupart des seaux et des cuves sont des cônes tronqués à bases parallèles.

408. Une *sphère* est un corps terminé de toutes parts par une surface dont tous les points sont également éloignés d'un point intérieur, qu'on appelle *centre*.

Les balles, les boules, les boulets sont des sphères.

409. Les droites qui vont du centre de la sphère à sa surface, sont des *rayons*; celles qui, passant par le centre, se terminent de part et d'autre à la surface, sont des *diamètres*.

Tous les rayons d'une même sphère sont égaux; et les diamètres, valant chacun deux rayons, sont aussi égaux.

410. Si on coupe la sphère par un plan, on obtient toujours un cercle : c'est un *grand cercle*, si le plan passe par le centre de la sphère ; c'est un *petit cercle*, s'il n'y passe pas.

Tous les grands cercles d'une même sphère sont égaux; mais les petits cercles sont inégaux, et d'autant plus petits que leurs centres sont plus éloignés de celui de la sphère.

LEÇON IV. — **Métrage des Corps. — Jaugeage.**

411. *Le Métrage des corps* est l'art de trouver le nombre d'unités de volume qu'ils contiennent; il prend le nom de *jaugeage*, dans le cas où l'on mesure un corps creux, *un tonneau*, par exemple.

412. PRISME. — Pour avoir LA SURFACE *latérale* (a) d'un *prisme* (398), il suffit de calculer la surface de chacun des parallélogrammes qui la composent (383) puis de les ajouter ensemble. — Si le prisme est *droit* (399), l'opération revient à multiplier le contour de la base par la hauteur.

413. *Deux prismes de bases équivalentes* (b) *et de hauteurs égales, sont équivalents* (FIGURE 38).

(a) Dans la surface *latérale* du prisme, celle des bases n'est pas comprise.

(b) Deux surfaces sont *équivalentes*, lorsqu'elles contiennent le même nombre d'unités superficielles; deux corps sont *équivalents*, lorsqu'ils contiennent le même nombre d'unités de volume.

FIG. 38.

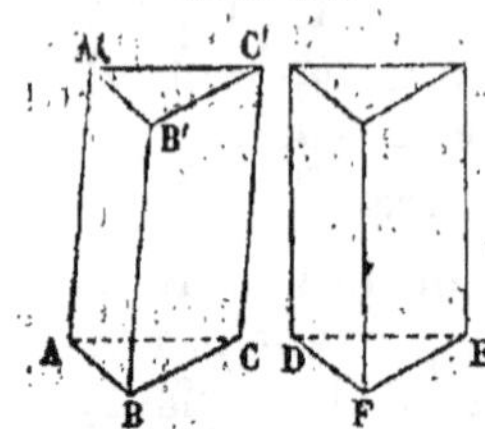

Concevons que nous puissions disposer d'un nombre indéfini de grains de sable, chacun un million de fois plus petit que le millimètre cube. Les bases ABC, DEF, étant équivalentes, nous pourrons les recouvrir entièrement par le même nombre de grains; et, les hauteurs étant égales, nous pourrons remplir les deux prismes par le même nombre de couches. Ainsi, les deux prismes contiendront le même nombre de grains: donc ils sont équivalents.

414. *Un prisme peut se décomposer en autant de prismes triangulaires qu'il a de côtés moins deux dans sa base.*

FIG. 39.

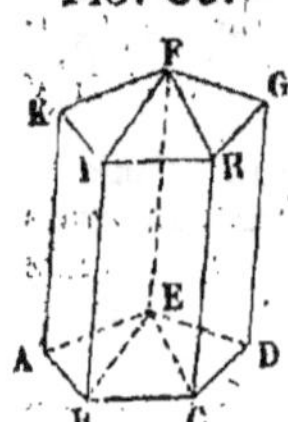

Ainsi, le prisme pentagonal (FIGURE 39), dont la base contient trois triangles, se décompose en trois prismes triangulaires, savoir : ABEFKI, BCEFIH, CDEFHG.

415. LE VOLUME *d'un prisme a pour mesure le produit de la surface de sa base par sa hauteur.*

FIG. 40.

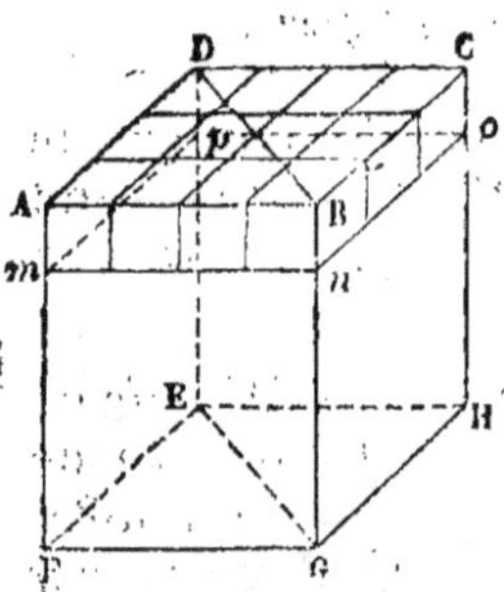

I. Soit le parallélipipède rectangle (FIG. 40) : Si AB = 4^m, et que AD = 3^m, la surface de la base sera $4.3 = 12^{mm}$ (383 et 400) ; si en même temps la hauteur AF = 5^m, le volume du corps aura pour mesure $12.5 = 60$ mèt. cubes. — En effet, partageons AF en 5 parties égales (chaque partie sera d'un mètre), et par chaque point de division, coupons le prisme parallèlement à la base ABCD : nous aurons 5 tranches égales, ayant chacune 4^m de long, 3^m de large, et 1^m de haut.— Cherchons donc le volume d'une tranche : en le multipliant par 5, nous aurons celui du parallélipipède.— Partageons AB en 4 parties égales, et AD en 3 (chaque partie sera d'un mètre); puis, par chaque point de division de AD, coupons le corps parallèlement à la face ABGF; et par chaque point de division de AB, coupons parallèlement à la face ADEF : chaque tranche, telle que ABCI*pmno*, se trouvera partagée en 12 cubes ayant chacun un mètre de côté. — Chaque tranche contenant 12 mètres cubes, le parallélipipède rectangle en contient 5 *fois* 12, ou $12.5 = 60$.

II. Par la diagonale BD et les arètes opposées BG, DE, coupons le parallélipipède rectangle : nous le décomposerons en deux prismes triangulaires droits ABDEFG, BCDEGH, ayant pour bases les triangles-rectangles égaux ABD, BCD, c'est-à-dire (384), la moitié de celle du parallélipipède : ces deux prismes étant équivalents (413) (ils sont même *égaux*), il s'ensuit que *le volume du prisme triangulaire a pour mesure le produit de sa base par sa hauteur*. — Cela est vrai du moins pour le prisme *droit* dont la base est un triangle *rectangle*.

Si la base ABC (Fig. 38) n'est pas un triangle rectangle, changeons-la en un triangle DEF, rectangle en D, dans lequel DE = AC, et DF = la perpendiculaire menée de B sur AC ; et sur DEF, construisons un prisme triangulaire *droit* de même hauteur que ABCC'A'B' : les deux prismes, ayant des bases équivalentes et des hauteurs égales, seront équivalents (413). Il faut conclure de là que *le volume de* TOUT PRISME TRIANGULAIRE *a pour mesure le produit de sa base par sa hauteur*.

III. Quel que soit le prisme, on peut le décomposer en autant de prismes triangulaires que sa base contient de côtés moins deux (414). Ces prismes triangulaires ont tous même hauteur, celle du prisme total : donc, puisque le volume de chaque prisme triangulaire = le produit de sa base par sa hauteur (II), le volume de tous ces prismes réunis = le produit de la somme des bases par la hauteur commune. Donc, *le volume d'un* PRISME QUELCONQUE *a pour mesure le produit de sa base par sa hauteur*, en sorte que b étant la base d'un prisme, et h sa hauteur, si on désigne le volume par V, on a dans tous les cas..... $V = b.h$.

PROBLÈME. *Un mur a* $47^m,50$ *de long,* $4^m,60$ *de haut, et* $0^m,75$ *d'épaisseur : combien vaut-il, à* $12^f,50$ *le mèt. cube ?*

Ce mur forme un parallélipipède rectangle de $4^m,60$ de haut, et dont la base a $47^m,50$ de long, sur $0^m,75$ de large.

Volume......... $47,50 \times 0,75 \times 4,60 = 163^{mmm},875$.
Valeur demandée...... $12^f,50 \times 163,875 = 2048^f,44$.

416. PYRAMIDE. — Pour avoir LA SURFACE *latérale d'une pyramide* (401), il suffit de calculer la surface de chacun des triangles qui la composent (384), puis de les ajouter ensemble. — Si la pyramide est régulière (402), l'opération revient à multiplier le contour de la base par la moitié de l'apothème.

417. *Deux pyramides qui ont des bases équivalentes et des hauteurs égales, sont équivalentes* (FIGURE 41).

FIG. **41.**

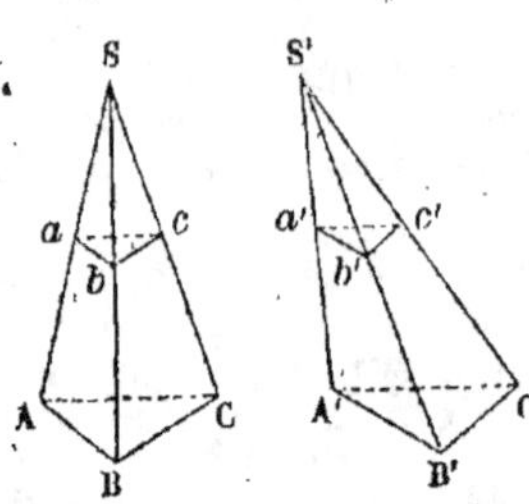

Supposons que les pyramides SABC, S'A'B'C', aient la même hauteur, et que les bases ABC, A'B'C', posées sur le même plan, soient équivalentes : la Géométrie démontre qu'alors, si par un point quelconque a de l'une des pyramides, on fait passer un plan parallèle aux bases, il déterminera deux sections abc, $a'b'c'$, qui seront aussi équivalentes entre elles. — Cela posé, concevons que nous puissions disposer d'un nombre indéfini de grains de sable, chacun un million de fois plus petit que le millimètre cube. Les bases ABC, A'B'C', étant équivalentes, nous pourrons les recouvrir entièrement par le même nombre de grains ; et les hauteurs étant égales, nous mettrons dans chaque pyramide le même nombre de couches entre la base et le sommet. Mais les couches de même rang, étant à égale distance des bases, couvriront des polygones équivalents, et par conséquent contiendront le même nombre de grains. Donc, les deux pyramides contiendront le même nombre de grains : donc elles seront équivalentes.

418. LE VOLUME *d'une pyramide a pour mesure* LE TIERS *du produit de sa base par sa hauteur.*

FIG. **42.**

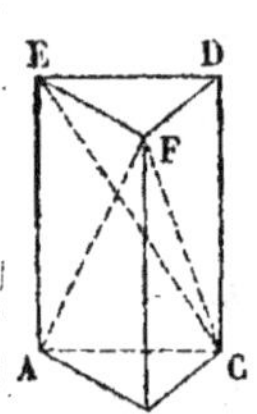

I. Soit le prisme triangulaire ABCDEF (FIG. 42) : coupons-le par un plan passant par les trois points A, C, F ; nous en détacherons ainsi une pyramide triangulaire FABC, qui a même base ABC que le prisme, et même hauteur, puisque le sommet F appartient à la base supérieure.— Le reste du prisme est une pyramide quadrangulaire ayant pour sommet F, et pour base le parallélogramme ACDE. Coupons-la par un plan qui passe par les trois points E, F, C : elle sera partagée en deux pyramides triangulaires FACE, FCDE, ayant même hauteur, car le sommet F est commun, et leurs bases ACE, CDE, sont sur le même plan ; de plus, elles ont des bases égales, car les triangles ACE, CDE, sont égaux : donc (**417**), elles sont équivalentes. Or, l'une d'elles, FCDE, peut être considérée comme ayant pour base le triangle DEF, et pour sommet le point C ; elle a donc la même base et la même hauteur que le prisme ; donc (**417**), elle est équivalente à la première FABC ; donc les trois pyramides FABC, CDEF, FACE, sont équivalentes ; donc, puisque les trois réunies forment le prisme, chacune d'elles en est le tiers. Par conséquent, *le volume d'une pyramide* TRIANGULAIRE *a pour mesure le tiers du produit de sa base par sa hauteur.*

Fig. 43.

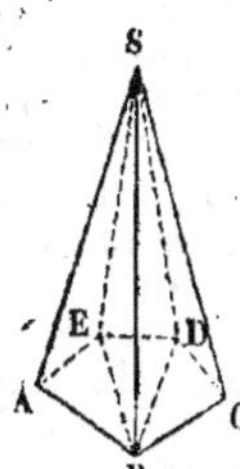

II. Soit la pyramide pentagonale SABCDE (Fig. 43).
En faisant passer des plans par le sommet S, et par
les diagonales BD, BE, nous la décomposons en
trois pyramides triangulaires SABE, SBDE, SBCD,
ayant pour hauteur commune celle de la pyramide
totale ; et pour bases, les triangles ABE, BDE,
BCD. Chacune d'elles ayant pour mesure le tiers du
produit de sa base par sa hauteur (I), il s'ensuit
que la pyramide pentagonale, qui est la somme des
trois pyramides triangulaires, a pour mesure le tiers
du produit de la somme des bases par la hauteur
commune. Or, la somme des bases est le polygone ABCDE, et
la hauteur commune est celle de la pyramide pentagonale : donc,
le volume de cette pyramide a aussi pour mesure le tiers du
produit de sa base par sa hauteur.

Ainsi, *Pour trouver* LE VOLUME *d'une pyramide quelconque, il
suffit de calculer la surface de sa base, et de la multiplier par sa
hauteur, puis de prendre* LE TIERS *du produit.* — Soit donc V le
volume d'une pyramide quelconque dont la base est b, et la
hauteur h : on a dans tous les cas............ $V = \frac{1}{3} b \cdot h$.

PROBLÈME. *Un monument se compose d'un prisme sur-
monté d'une pyramide. Le prisme est un parallélipipède
rectangle de* 2^m,60 *de long,* 1^m,50 *de large, et* 2^m,50 *de
haut. La pyramide a* 8^m,40 *de hauteur, et la même base
que le prisme. Combien coûte ce monument, si le mètre
cube revient à* 200 *francs?*

Volume du prisme $2,6 \times 1,5 \times 2,5 =$ 9^{mmm},750 ;
Vol. de la pyram. $\frac{1}{3}$ de $2,6 \times 1,5 \times 8,4 = 10$,920 ;
Volume total du monument............ $= 20$,670 :

donc,   Prix demandé   200$^f \times 20,670 =$ 4134 francs.

419. AUTRES POLYÈDRES. — Pour obtenir le volume
d'un polyèdre autre que le prisme et la pyramide, on
le décompose en prismes et en pyramides : calculant
alors le volume de chaque polyèdre partiel, puis les
réunissant tous, on a le volume du polyèdre total.

EXEMPLE I. *Trouver le volume d'un polyèdre renfermé
par un rectangle, deux trapèzes et deux triangles* (FIG. 44).
— C'est la forme d'une tente militaire, et celle de
certains toits.

Fig. 44.

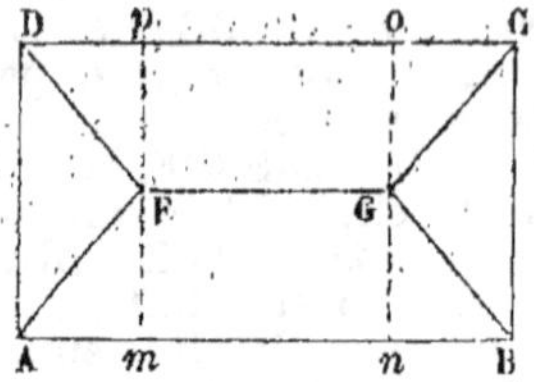

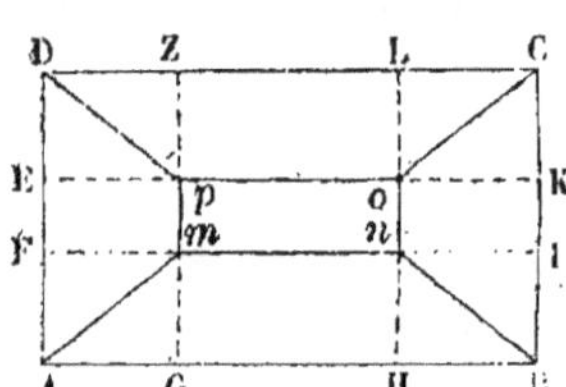

Le faîte FG étant parallèle au rectangle ABCD, nous ferons passer par F et par G des plans perpendiculaires à FG : le polyèdre se trouvera décomposé en deux pyramides quadrangulaires et un prisme triangulaire. Les pyramides ont pour sommets F et G ; pour bases les rectangles ADpm, BCon, et pour hauteur commune la perpendiculaire menée d'un point de FG sur ABCD ; le prisme a pour hauteur la longueur de FG, et pour base un triangle dont la hauteur est celle des pyramides, et la base la largeur BC du parallélogramme ABCD.

Cela posé, si AB $= 20^m$, BC $= 6^m$, Am $=$ Bn $= 4^m$, et la perpendiculaire de FG sur ABCD, $= 10^m$: alors FG sera égal à 12^m, les deux pyramides seront égales, et l'on aura **(415, 418)**.

Volume du prisme..   *Moitié* de 6.10.12 $=$ 360 mèt. cub. ;
Vol. des 2 pyram...   2 *tiers* de 6. 4.10 $=$ 160 mèt. cub. :

donc, Volume du polyèdre......   360 $+$ 160 $=$ 520 mèt. cub.

EXEMPLE II. *Trouver le volume d'un polyèdre renfermé par deux rectangles parallèles, et quatre trapèzes* (Fig. 45). — Telle est cette mesure en usage, sur les routes, pour les pierres concassées dont on fait les macadams.

Fig. 45.

Par *mp* et *no*, faisons passer des plans perpendiculaires à ABCD ; le polyèdre se trouvera décomposé en trois parties, savoir : 1° un prisme quadrangulaire ayant pour hauteur la ligne *mn*, et pour base un trapèze dont les bases sont GZ et *mp*, et la hauteur la perpendiculaire menée d'un point de *mp* sur GZ ; 2° deux polyèdres renfermés l'un et l'autre entre un rectangle, deux trapèzes et deux triangles, comme dans l'EXEMPLE I. — Il y a donc en tout sept figures : *un* prisme quadrangulaire, *deux* prismes triangulaires, et *quatre* pyramides quadrangulaires.

Cela posé, si AB $= 2^m,50$, BC $= 1^m,50$, AG $=$ BH $=$ BI $=$ CK $= 0^m,50$, et que la perpendiculaire menée de *mnop* sur ABCD soit aussi de $0^m,50$: alors EF $=$ IK $= 0^m,50$, et GH $=$ LZ $= 1^m,50$. On aura donc, en exprimant toutes les dimensions en décimètres :

Vol. du pr. quadr....   *Moitié* de (15$+$5) .5.15$=$750 déc. cub.
Vol. des 2 prismes triang...........   5.5. 5$=$125
Vol. des 4 pyr. quadr.....   4 *tiers* de 5.5. 5$=$166 $\frac{2}{3}$

Donc, Volume du polyèdre..   750 $+$ 125 $+$ 166 $\frac{2}{3}$ $=$ 1041 $\frac{2}{3}$.

420. POLYÈDRES RÉGULIERS (397). — On pourrait opérer comme nous venons de le dire (419). Mais dans le cas actuel, le calcul peut s'abréger, car *le volume d'un* POLYÈDRE RÉGULIER *a pour mesuré* LE CUBE *de son côté multiplié par un nombre qui est le même pour toutes les figures d'un égal nombre de faces.*

En désignant le volume par V et le côté par C, on a toujours

Tétraèdre régulier........	$V = C^3 \times 0,117851$
Hexaèdre régulier (le cube).	$V = C^3 \times 1 = C^3$
Octaèdre régulier........	$V = C^3 \times 0,471405$
Dodécaèdre régulier......	$V = C^3 \times 7,66312$
Icosaèdre régulier........	$V = C^3 \times 2,181694$

421. TRONC DE PYRAMIDE A BASES PARALLÈLES (407). — Il est équivalent à la somme de trois pyramides qui ont même hauteur que ce tronc, et dont les bases sont, pour la première, la base inférieure du tronc; pour la seconde, la base supérieure; pour la troisième, une *moyenne proportionnelle* (a) entre la base inférieure et la base supérieure.

NOTA. Pour qu'un corps dont toutes les faces sont planes, soit un tronc de pyramide à bases parallèles, il faut qu'il soit terminé par deux polygones inégaux et parallèles, et que toutes les autres faces soient des trapèzes; de plus, les deux polygones parallèles doivent être *semblables*, ce qui a lieu lorsque les angles de l'un sont égaux, chacun à chacun, aux angles de l'autre, et qu'en divisant chaque côté du premier par le côté correspondant du second, on obtient un même quotient.

PROBLÈME. *Une pièce de bois écarrie a 16^m de longueur. Les extrémités forment des rectangles, l'un de $1^m,20$ sur $0^m,90$, l'autre de $0^m,84$ sur $0^m,63$. Elle est vendue à $12^f,50$ le décistère : combien l'acheteur doit-il débourser ?*

Les rectangles ont les angles égaux chacun à chacun; de plus, $\frac{120}{84} = \frac{10}{7}$, et $\frac{90}{63} = \frac{10}{7}$: à ces conditions, on reconnaît le tronc de pyramide à bases parallèles. — En exprimant toutes les dimensions en centimètres, la hauteur $= 1600$; la grande base $= 120 \cdot 90 = 10800$; la petite, $84 \cdot 63 = 5292$; et la moyenne proportionnelle $\sqrt{10800 \cdot 5292} = 7560$. On aura donc, pour les volumes,

---

(a) Un nombre est *moyen proportionnel* entre deux autres, lorsqu'il est égal à la racine carrée de leur produit. Par exemple, 6 est moyen proportionnel entre 4 et 9, parce que $6 = \sqrt{4 \cdot 9} = \sqrt{36}$.

$$1^{re}\ \text{Pyramide} \dots\dots\dots\dots \tfrac{1}{3}\ \text{de } 10800.1600 ;$$
$$2^e\ \text{Pyramide} \dots\dots\dots\dots \tfrac{1}{3}\ \text{de } 5292.1600 ;$$
$$3^e\ \text{Pyramide} \dots\dots\dots\dots \tfrac{1}{3}\ \text{de } 7560.1600 :$$

donc,   Volume total...... $\tfrac{1}{3}$ de $(10800 + 5292 + 7560).1600$,
ce qui fait 12 614 400 cent. cub. ; ou **(135, 136)**... 126 décist.,144.

     Prix demandé..... $12^f,50 \times 126,144 = 1576^f,80.$

En général, si l'on désigne par H la hauteur d'un tronc de pyramide à bases parallèles, par B la grande base, par b la petite, et par V le volume, on a toujours

$$V = \tfrac{1}{3}\,(B + b + \sqrt{B.b}).H.$$

422. Comme il est rare que les corps aient toutes les faces parfaitement planes, ordinairement, pour calculer les volumes de ceux qui forment à peu près des troncs de pyramides à bases parallèles, *on multiplie la demi-somme des bases par la hauteur,* mais ce procédé donne un résultat trop fort ; ou bien, *on calcule la surface d'une base placée à une égale distance de la grande base et de la petite, et on la multiplie par la hauteur,* et ce nouveau procédé donne un résultat trop faible.

     Reprenons le calcul précédent (N° **421**, PROBLÈME).

     La grande base étant de 10800, et la petite de 5292, on aurait

$$V = moitié \text{ de } (10\ 800 + 5292).1600 = 12\ 873\ 600^{ccc}.$$

La base placée à égale distance de la grande et de la petite, ayant pour longueur $\tfrac{1}{2}(120 + 84) = 102$, et pour largeur $\tfrac{1}{2}(90 + 63) = 76,5$, a pour surface $102 \times 76,5 = 7803$.

Ainsi, on aurait $V = 7803.1600 = 12\ 484\ 800$ cent. cubes.

     Le premier de ces nouveaux résultats est trop fort de 259200^{ccc}, le second est trop faible de 129600^{ccc} : la seconde erreur n'est que *la moitié* de la première. — Avant de conclure un marché, il faut donc convenir de la manière dont on mesurera le corps, afin de proportionner le prix au volume réel (*a*).

     423. CYLINDRE. — La surface convexe du cylindre *droit* (**404**) est celle d'un rectangle ayant pour hauteur celle du cylindre, et pour base la circonférence de ce

---

(*a*) Dans ce N° et les trois précédents, il n'a pas été question de *surfaces* : puisqu'on sait calculer la surface d'un polygone quelconque (**390**, *puis* **383** *et suiv.*), de nouvelles règles seraient superflues.

même cylindre déployée en ligne droite : donc (**383**),
Pour trouver LA SURFACE CONVEXE *d'un cylindre droit, il*
suffit de multiplier la circonférence de sa base par sa
hauteur. Or, (**392**), le diamètre étant d, la circonférence
est $\pi.d$: donc, si la hauteur est h, et S la surface convexe du cylindre droit, on a toujours $S = \pi.d.h = d.h.\pi$,
ce qui montre que *Pour calculer* LA SURFACE CONVEXE *du*
cylindre droit, l'opération revient à *multiplier le dia-*
mètre par la hauteur, et le produit par π.

424. Le cylindre est un prisme dont la base est un
polygone régulier d'une infinité de côtés : donc (**415**),
Pour calculer LE VOLUME *d'un cylindre, il suffit d'en mul-*
tiplier la surface de la base par la hauteur. Or (**393**), le
rayon étant r, la surface de la base est $\pi.r^2$: donc, si
la hauteur est h, et V le volume du cylindre, on a

toujours $$V = \pi.r^2.h = r^2.h.\pi,$$

ce qui montre que *Pour trouver* LE VOLUME *d'un cylindre*,
le calcul revient à *multiplier le carré du rayon par la*
hauteur, et le produit par π.

PROBLÈME. *Un propriétaire a bâti un moulin à vent,*
dont la muraille cylindrique a 12^m,60 *de hauteur,* 6^m,50
de diamètre, de dedans en dedans, et 75 *centimètres d'é-*
paisseur. Le maçon est convenu de 7^f,20 *par mètre cube, et*
le plafonneur de 2^f *par mètre carré à l'intérieur, et de*
1^f,50 *à l'extérieur. Combien est-il dû au maçon, au pla-*
fonneur, et à combien revient la muraille de ce moulin?

Pour faire le compte du plafonneur, nous avons d'abord à calculer la surfaxe convexe de deux cylindres droits ayant pour
hauteur commune 12^m,60, et pour diamètres, l'un 6^m,50, l'autre
6^m,50 + 0^m,75.2 = 8^m. Ainsi (**423**), en prenant $\pi = 3\frac{1}{7}$, on aura

Premier cylindre. . . . $S = 6,50 \times 12,60 \times 3\frac{1}{7} = 257^{mm},40$;
Second cylindre. . . . $S = 8 \quad \times 12,60 \times 3\frac{1}{7} = 316 \quad ,80$:

Il est donc dû *au plafonneur* $2^f \times 257,40 + 1^f,50 \times 316,80 = 990^f$.

L'ouvrage du maçon est la différence de deux cylindres ayant
pour hauteur commune 12^m,60, et pour rayons, l'un la moitié de
6^m,50, ce qui fait 3^m,25, l'autre 3^m,25 + 0^m,75 = 4^m. Prenant
toujours $\pi = 3\frac{1}{7}$, on a donc (**424**)

Petit cylindre. . . . $V = 3,25^2 \times 12,60 \times 3\frac{1}{7} = 418^{mmm},275$;
Grand cylindre. . . $V = 4^2 \quad \times 12,60 \times 3\frac{1}{7} = 633 \quad ,600$;

différence, ou volume de la muraille $633,600 - 418,275 = 215,325$:
donc, il est dû au maçon $\quad 7^f,20 \times 215,325 = 1550^f,34$.

Prix total de la muraille $\quad 990 + 1550,34 = 2540^f,34$.

Fig. 46.

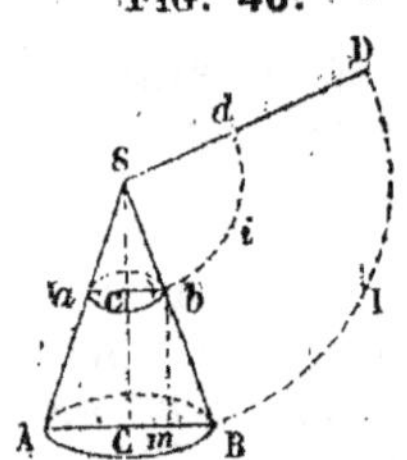

425. CONE. — En développant *la surface* d'un cône droit SAB (Fig. 46), on a une portion de cercle SBID, dont le rayon SB est le côté du cône, et dont l'arc BID est égal à la circonférence qui a pour diamètre AB. Raisonnant comme pour le cercle (**393**), on trouve que la surface de SBID = la longueur de BID $\times$ la moitié de SB : donc, LA SURFACE CONVEXE *du cône droit a pour mesure la circonférence de sa base* $\times$ *la moitié de son côté.* Or (**392**), r étant le rayon de la base, la circonférence est $2\pi.r$: si donc C est le côté du cône droit, et S la surface convexe, on a dans tous les cas

$$S = 2\pi.r.\tfrac{1}{2}C = r.C.\pi,$$

ce qui montre que *Pour trouver* LA SURFACE CONVÉXE *d'un cône droit,* le calcul revient à *multiplier le rayon de la base par le côté, et le produit par* π.

PROBLÈME. *La toiture conique d'un moulin à vent de* $6^m,30$ *de diamètre et de* 5^m *de côté, a été construite à raison de* $4^f,20$ *le mètre carré. Combien coûte-t-elle?*

Le diamètre, étant $6^m,30$, le rayon $= 3^m,15$: si donc $\pi = 3\frac{1}{7}$,
on a $\quad$ Surface du toit. . . $\quad 3,15 \times 5 \times 3\frac{1}{7} = 49^{mm},50$:
donc, $\quad$ Prix demandé. . . . $\quad 4^f,20 \times 49,50 = 207^f,90$.

426. Le cône est une pyramide dont la base est un polygone régulier d'une infinité de côtés : donc (**418**), LE VOLUME *d'un cône a pour mesure le tiers du produit de sa base par sa hauteur.* Or (**393**), le rayon étant r, la surface de la base est $\pi.r^2$: si donc h est la hauteur et V le volume du cône, on a dans tous les cas

$$V = \pi.r^2.\tfrac{1}{3}h = \tfrac{1}{3} \text{ de } r^2.h.\pi,$$

ce qui montre que *Pour trouver* LE VOLUME *d'un cône, le calcul revient à multiplier* LE CARRÉ *du rayon par la hauteur et le produit par* π : LE TIERS *du nouveau produit est le volume cherché.*

EXEMPLE. *Trouver le volume d'un cône de* 3^{m},50 *de rayon et de* 8^{m},40 *de hauteur, en prenant* $\pi = 3\frac{1}{7}$.

RÉPONSE : V $=$ *le tiers* de 3,50^2 $\times$ 8,40 $\times$ 3$\frac{1}{7}$ $=$ 107mmm,800.

427. TRONC DE CONE *à bases parallèles.*—LA SURFACE CONVEXE *d'un tronc de cône droit à bases parallèles, a pour mesure la demi-somme des circonférences de ses bases* $\times$ *son côté.*

La surface convexe du cône SAB (FIG. 46) étant égale à SBID (**425**), et celle du petit cône S*ab*, à S*bid*, celle du tronc AB*ba* est égale à BID*dib*, sorte de trapèze (**377**) dont les bases sont des arcs. — Partageons la base inférieure BID en un grand nombre de parties, de manière que chacune d'elles puisse, sans erreur sensible, être regardée comme une ligne droite, et par chaque point de division, tirons une droite au sommet du cône : la surface BID*dib* se trouvera partagée en un grand nombre de trapèzes rectilignes, ayant pour hauteur commune le côté B*b* du tronc ; et, pour bases, chacun une petite portion de BID et de *bid*. La surface de chacun de ces petits trapèzes étant égale à la moitié du produit de la somme de ses bases par sa hauteur (**386**), il s'ensuit que, la hauteur étant la même, tous réunis ont pour mesure la demi-somme de toutes leurs bases $\times$ la hauteur commune. Or, la somme de toutes les bases, c'est la somme des arcs BID et *bid*, c'est-à-dire la somme des circonférences des deux bases du tronc : donc LA SURFACE CONVEXE *d'un tronc de cône droit à bases parallèles a pour mesure...*
Mais, désignons par R le rayon de la grande base, et par *r* celui de la petite : la grande circonférence sera 2π.R, et la petite 2π.*r* (**392**) ; leur demi-somme sera la moitié de 2π.R $+$ 2π.*r*; ce qui fait π.R $+$ π.*r*, ou (R $+$ *r*).π (**155**, 4°) : donc, C étant le côté du tronc, et S la surface, on aura dans tous les cas

$$S = (R + r).\pi.C = (R + r).C.\pi,$$

ce qui montre que, *Pour trouver* LA SURFACE CONVEXE *d'un tronc de cône droit à bases parallèles,* le calcul revient à *faire la somme du rayon de la grande base et de celui de la petite, à la multiplier par le côté du tronc et le produit par* π.

428. Le tronc de cône à bases parallèles est un tronc de pyramide dont la base est un polygone régulier d'une infinité de côtés : donc (**421**) il est équivalent à la somme de trois pyramides qui ont même hauteur que ce tronc, et dont les bases sont la base inférieure, la base supérieure, et une moyenne proportionnelle entre l'une et l'autre.

Mais ici les bases étant des cercles, si R désigne le rayon de la grande base, et r celui de la petite, la surface de la grande base sera $\pi.R^2$, celle de la petite $\pi.r^2$ (**393**), et celle de la moyenne proportionnelle $\sqrt{\pi.R^2.\pi.r^2} = \pi.R.r$; ainsi, la somme des trois est

$$\pi.R^2 + \pi.r^2 + \pi.R.r = (R^2 + r^2 + R.r).\pi \quad (\textbf{155}, 4^o) :$$

donc, H étant la hauteur, et V le volume du tronc, on a

$$V = \tfrac{1}{3} \text{ de } (R^2 + r^2 + R.r).\pi.H = \tfrac{1}{3} \text{ de } (R^2 + r^2 + R.r).H.\pi,$$

ce qui montre que, *Pour calculer* LE VOLUME *d'un tronc de cône à bases parallèles, on peut carrer le plus grand rayon, carrer le plus petit, multiplier le plus grand par le plus petit, faire une somme des trois résultats, puis multiplier cette somme par la hauteur et le produit par π :* LE TIERS *du nouveau produit sera le résultat cherché.*

PROBLÈME. *Un industriel fait construire une cuve formant un tronc de cône de $3^m,50$ de hauteur ; le rayon à l'ouverture est de $1^m,90$, et au fond, de $1^m,40$. Il la fait garnir intérieurement d'une feuille de plomb qui lui coûte $0^f,15$ le décimètre carré, et il paie pour la façon $2^f,50$ par hectolitre. Faire le compte du plombier, et celui du tonnelier, puis dire à combien revient cette cuve.*

PLOMBIER. Cherchons la surface d'un cercle de $1^m,40$ de rayon (c'est le fond de la cuve), puis la surface convexe d'un tronc de cône droit dont la hauteur est $3^m,50$, et les rayons $1^m,90$ et $1^m,40$. Mais il nous faut *le côté* du tronc. Pour le déterminer, abaissons bm perpendiculaire à BC (FIG. 46) : nous aurons un triangle rectangle Bmb, dans lequel l'hypothénuse Bb est le côté du tronc, bm est la hauteur, et Bm la différence des rayons BC et bc. Or, dans le problème actuel, $bm = 3^m,50$ ou 35 décimèt., et B$m = 1,90 - 1,40 = 0^m,50$ ou 5 décimèt. : donc (**374**), B$b = \sqrt{35^2 + 5^2} = 35^d,355...$ Cela posé, prenant $\pi = 3\tfrac{1}{7}$, et exprimant toutes les dimensions *en décimètres*, nous aurons

Cercle (**393**)....... $S = 14^2.3\tfrac{1}{7} = 616^{dd}$;
Tronc de cône (**427**). $S = (19 + 14).35,355.3\tfrac{1}{7} = 3666^{dd},82$;

Surface totale recouverte de plomb $3666,82 + 616 = 4282^{dd},82$:

donc,   il revient au plombier $0^f,15 \times 4282,82 = 642^f,42.$

TONNELIER. Nous avons à trouver le volume d'un tronc de cône de 35 décimètres de hauteur, ayant pour rayons 19 décimèt. et 14 décimètres : le nombre de décimètres cubes donnera la capacité de la cuve *en litres* (138), d'où nous conclurons aisément le nombre d'hectolitres. Or (428), on a

Tronc de cône, $V = \frac{1}{3}$ de $(19^2 + 14^2 + 19.14).35.3\frac{1}{7} = 30176^{ddd},66$;

donc,   la cuve contient $30176^{litres},66$ ou $301^{hl},7666$:

donc   il revient au tonnelier $2^f,50 \times 301,7666 = 754^f,41$.

Et la cuve coûte en tout....... $642,42 + 754,41 = 1396^f,83$.

429. Les pieds d'arbres non écarris forment ordinairement des troncs de cône plus ou moins parfaits. Pour en calculer le volume, il est assez d'usage de *carrer* LE CINQUIÈME *de la circonférence mesurée au milieu de la pièce, et de multiplier le carré par la longueur.* Le résultat que l'on obtient ainsi, est à peu près le volume de la pièce non compris l'écorce et l'aubier.

PROBLÈME. *J'achète à* $3^f,50$ *le décistère, un pied d'arbre dont la circonférence par le milieu a* $1^m,10$, *et qui a* $5^m,20$ *de longueur ; combien dois-je payer ?*

Le cinquième de $1^m,10 = 0^m,22$; par conséquent,

Volume de la pièce... $0,22^2 \times 5,20 = 0^{mmm},251680$,

ce qui fait (Nº **136**)...........   0 stère, 25168 = 2 décist.,5168 :

donc,   Prix demandé........ $3^f,50 \times 2,5168 = 8^f,81$.

430. SPHÈRE. — LA SURFACE *de la sphère a pour mesure le produit de sa circonférence par son diamètre.*

Si donc on désigne par d le diamètre de la sphère, et par S sa surface, sa circonférence étant alors $\pi.d$ (**392**), on aura

$$S = \pi.d.d = \pi.d^2, \quad \text{ou} \quad d^2.\pi,$$

ce qui montre que, *Pour trouver* LA SURFACE *d'une sphère,* le calcul revient à *carrer le diamètre et à multiplier le carré par* π.

431. LE VOLUME *d'une sphère a pour mesure* LE TIERS *du produit de sa surface par son rayon.*

Concevons que l'on fasse passer par le centre un très-grand nombre de plans, de manière à diviser la surface sphérique en parties assez petites pour que chacune d'elles puisse, sans erreur sensible, être regardée comme plane : la sphère se trouvera ainsi décomposée en un grand nombre de pyramides, ayant pour sommet commun le centre de la sphère, pour hauteur commune son rayon, et pour bases, chacune une petite portion de sa surface. Or (418), chacune de ces pyramides ayant pour mesure le tiers du produit de sa base par sa hauteur, il s'ensuit que, la hauteur étant la même, toutes réunies ont pour mesure le tiers du produit de la somme des bases par la hauteur commune. Mais toutes ces pyramides réunies composent la sphère entière ; la somme de leurs bases, c'est la surface sphérique, et la hauteur commune est son rayon : donc, LE VOLUME *de la sphère a pour mesure*.....

Désignons le diamètre par d, et le volume par V ; la surface sera $d^2 \cdot \pi$ (430) : donc, puisque le rayon est la moitié du diamètre, on aura

$$V = \tfrac{1}{3} \text{ de } d^2 \cdot \pi \cdot r = \tfrac{1}{3} \text{ de } d^2 \cdot \pi \cdot \tfrac{1}{2} d = \tfrac{1}{6} \text{ de } d^3 \cdot \pi,$$

ce qui montre que, *Pour trouver* LE VOLUME *d'une sphère, le calcul revient à cuber le diamètre et à multiplier le cube par* π : LE SIXIÈME *du produit est le résultat cherché.*

PROBLÈME. *On a une sphère de plomb de 14 centimètres de diamètre, et on veut la faire dorer à raison de $2^f,20$ par décimètre carré. Sachant que le plomb coûte $1^f,20$ le kilogr., et que le centimètre cube de ce métal pèse $11^{gr},35$, on demande à combien reviendra cette sphère.*

Pour trouver le prix de la dorure, il faut connaître la surface.

Or (430) on a. . . . . $S = 14^2 \cdot 3\tfrac{1}{7} = 616^{cc} = 6^{dd},16$:

donc,   Prix de la dorure $2^f,20 \times 6,16 = 13^f,552$.

Pour trouver le prix du plomb, il faut en connaître le poids, et pour obtenir celui-ci, il faut calculer le volume de la sphère.

Or (431), on a. . . . . $V = \tfrac{1}{6}$ de $14^3 \cdot 3\tfrac{1}{7} = 1437^{ccc},33$;

donc,   Poids. . . $11^{gr},35 \times 1437,33 = 16313^{gr},6955 = 16^{kg},3137$:

donc,   Prix du plomb. . . . . $1^f,20 \times 16, 3137 = 19^f,576.$

   Prix total de la sphère $13,552 + 19,576 = 33^f,12$.

432. TONNEAU. — A cause de la courbure des douves, il surpasse le double tronc de cône ayant pour hauteur la demi-longueur du tonneau, et pour bases le cercle des fonds et celui du milieu.

Ainsi, R étant le rayon du cercle du milieu, r celui du fond, L la longueur du tonneau, et V son volume, on a (428)

$$V > 2 \text{ fois } \tfrac{1}{3} \text{ de } (R^2 + r^2 + R \cdot r) \cdot \tfrac{1}{2} L \cdot \pi$$

ou bien $$V > \tfrac{1}{3} \text{ de } (R^2 + r^2 + R \cdot r) \cdot L \cdot \pi,$$

et c'est pourquoi, au produit $R \cdot r$ des deux rayons, quelques auteurs ont substitué le carré R^2 du grand rayon ; ils ont posé

$$V = \tfrac{1}{3} \text{ de } (R^2 + r^2 + R^2) \cdot L \cdot \pi = \tfrac{1}{3} \text{ de } (2R^2 + r^2) \cdot L \cdot \pi ;$$

mais plusieurs expériences ayant paru nous indiquer que cette formule donne un résultat trop fort, nous adopterons dans nos calculs la suivante, qu'emploient d'autres auteurs, et qui donne un peu moins que la première :

$$V = \left(R - \frac{R-r}{3}\right)^2 \cdot L \cdot \pi = \tfrac{1}{9} \text{ de } (2R + r)^2 \cdot L \cdot \pi.$$

Ainsi, *Pour calculer* LE VOLUME *d'un tonneau, on peut ôter du plus grand rayon le tiers de la différence entre le plus grand et le plus petit, et carrer le reste; ensuite, multiplier le carré par la longueur du tonneau et le produit par* π. — *Ou bien, ce qui est souvent plus commode : Ajouter le plus petit rayon au plus grand diamètre, et carrer la somme; ensuite, multiplier le carré par la longueur du tonneau et le produit par* π : LE NEUVIÈME *du nouveau produit est le résultat cherché.*

EXEMPLE. *Trouver la capacité d'un tonneau dont la longueur est de* $2^m,70$, *le plus grand diamètre (le diamètre pris à la bonde) de* $1^m,80$, *et le plus petit rayon (celui des fonds) de* $0^m,75$.

Le plus grand rayon est de $0^m,90$, moitié de $1^m,80$. Donc, en exprimant toutes les dimensions en décimètres, et prenant $\pi = 3\tfrac{1}{7}$,

on a $\quad V = (9 - \tfrac{9-7,5}{3})^2 \cdot 27 \cdot 3\tfrac{4}{7} = 8,5^2 \cdot 27 \cdot 3\tfrac{1}{7} = 6130^{\text{lit}},92\ldots\ldots$

ou bien $V = \tfrac{1}{9}$ de $(18 + 7,5)^2 \cdot 27 \cdot 3\tfrac{1}{7} = \tfrac{1}{9}$ de $25,5^2 \cdot 27 \cdot 3\tfrac{1}{7} = \ldots\ldots\ldots$

donc (**138**), Capacité demandée, environ 6130^{lit}, ou $61^{\text{hl}},30$.

433. Pour mesurer la capacité des tonneaux, on se sert aussi d'une baguette appelée *jauge*, qu'on introduit, à partir du milieu de la bonde, jusqu'à la partie inférieure de chaque fond, et l'on note chaque fois le nombre marqué sur la baguette. On prend la moitié de la somme des deux nombres notés, s'ils sont différents ; s'ils sont les mêmes, chacun d'eux fait connaître la capacité cherchée. — Ce moyen est très-expéditif (*a*) ; mais il faut se procurer une jauge.

434. CONSTRUCTION D'UNE JAUGE. — Pour con-

(*a*) Il serait même exact, et tout à fait exact, si les tonneaux étaient des corps parfaitement *semblables*, c'est-à-dire, si les constructeurs observaient une proportion invariable entre toutes leurs dimensions.

struire une jauge, on peut, dans un tonneau de bonne forme et d'une capacité connue, mesurer la distance du milieu de la bonde à la partie inférieure du fond, et diviser *le cube* de cette distance par la capacité : le quotient sera une quantité que l'on multipliera par toute autre capacité dont on veut la distance analogue ; et la racine cubique du produit sera la distance correspondant à la nouvelle capacité. — Ayant fait le même calcul pour 1, 2, 3, 4, 5,... hectolitres, si l'on porte toutes ces distances sur une baguette, chacune à partir de la même extrémité, on aura construit une jauge propre à déterminer, d'hectolitre en hectolitre, la capacité des tonneaux.

Par exemple, je sais qu'un certain tonneau contenant 20 hectolitres, a 1^m,515 du milieu de la bonde à la partie inférieure du fond : pour construire une jauge sur cette base, je cube 1,515, ce qui me donne 3,477 265 875, que je divise par 20, et j'ai 0,173 863 293 75. Multipliant ce quotient tour à tour par 1, 2, 3, 4,... et extrayant la racine cubique de chaque produit, j'aurai les distances du milieu de la bonde à la partie inférieure du fond, pour les tonneaux contenant 1, 2, 3, 4,... hectolitres. En désignant cette distance par D, j'aurai donc

$$\text{Pour 1 hectolitre,....} \quad D = \sqrt[3]{0,173\,863\,293 \times 1} = 0^m,558$$

$$\text{Pour 2 hectolitres,...} \quad D = \sqrt[3]{0,173\,863\,293 \times 2} = 0^m,703$$

$$\text{Pour 3 hectolitres,...} \quad D = \sqrt[3]{0,173\,863\,293 \times 3} = 0^m,805$$

$$\text{Pour 4 hectolitres, ..} \quad D = \sqrt[3]{0,173\,863\,293 \times 4} = 0^m,886$$

On voit, par ces résultats, que les divisions de la jauge seront de plus en plus petites, pour une même différence dans la capacité. — On trouvera, comme cela doit être, qu'une distance *double, triple, quadruple,* ... indique une capacité, non pas double, triple, quadruple,... mais bien 8 *fois,* 27 *fois,* 64 *fois...* *plus grande.*

APPENDICE.

QUELQUES PROBLÈMES RÉSOLUS PAR LE SECOURS SEUL DU RAISONNEMENT.

—

1. *Trouver deux nombres dont on connaît la somme et la différence.*

Il est évident que le plus grand des deux nombres est égal au plus petit $+$ la différence ; donc la somme des deux nombres se compose de *deux fois* le plus petit, $+$ la différence : donc, si de la somme on ôte la différence, on aura *le double* du plus petit nombre ; prenant alors la moitié, on aura le plus petit nombre ; ajoutant à celui-ci la différence, on aura le plus grand. — Par exemple, *si la somme de deux nombres est* 1234, *et leur différence* 96, le plus petit est $\frac{1234-96}{2} = \frac{1138}{2} = 569$, et le plus grand, $569 + 96 = 665$.

II. *Trouver le nombre dont la moitié, le tiers et le quart font 104.*

Comme $\frac{1}{2} + \frac{1}{3} + \frac{1}{4} = \frac{6}{12} + \frac{4}{12} + \frac{3}{12} = \frac{13}{12}$, j'en conclus que $\frac{13}{12}$ du nombre demandé font 104 ;

donc $\frac{1}{12}$ de ce nombre vaut $\frac{104}{13}$;

et les $\frac{12}{12}$, ou le nombre tout entier, $\frac{104 \cdot 12}{13} = 96$.

III. *La somme de deux nombres est 132, et le sixième du plus grand est égal au cinquième du plus petit ; quels sont ces deux nombres ?*

Puisque $\frac{1}{6}$ du plus grand nombre $= \frac{1}{5}$ du plus petit,

on a $\frac{6}{6}$ du pl. gr., ou le pl. gr. tout entier, $= \frac{6}{5}$ du pl. p. :

donc, la somme des deux $= \frac{6}{5}$ du pl. p. $+$ le pl. p. $= \frac{11}{5}$ du pl. p.

Or, la somme des deux nombres demandés est 132 :

donc, $\frac{11}{5}$ du plus petit nombre...... $= 132$;

$\frac{1}{5}$ .... $= \frac{132}{11}$;

et $\frac{5}{5}$ du pl. p., ou ce pl. p. tout entier, $= \frac{132 \cdot 5}{11} = 60$;

par conséquent, le plus grand nombre $= 132 - 60 = 72$.

IV. *L'eau d'un bassin est fournie par trois tuyaux. Le*

premier le remplirait seul en 20 *heures, le second en* 25 *heures, et le troisième en* 30 *heures. Si les trois tuyaux coulaient ensemble, en combien d'heures rempliraient-ils ce bassin ?*

D'après cet énoncé, le premier tuyau donne par heure $\frac{1}{20}$ de la contenance du bassin, le second en donne $\frac{1}{25}$, et le troisième $\frac{1}{30}$; donc, coulant ensemble, ils en donneraient par heure

$$\frac{1}{20} + \frac{1}{25} + \frac{1}{30} = \frac{15}{300} + \frac{12}{300} + \frac{10}{300} = \frac{37}{300}.$$

Ainsi, $\frac{37}{300}$ de la contenance sont donnés en   1ʰ ;

donc $\frac{1}{300}$ est donné en................... $\frac{1}{37}$ d'heure ;

et $\frac{300}{300}$, ou la contenance entière, en.... $\frac{300}{37}$ d'heure ;

ce qui fait 8ʰ $\frac{4}{37}$, ou 8ʰ6ᵐ29ˢ $\frac{7}{37}$ (Nº **234**).

V. *On a payé* 22 800ᶠ *pour gratification à* 105 *officiers, tant capitaines que lieutenants. Les capitaines ont reçu chacun* 400ᶠ, *et les lieutenants* 160ᶠ. *Combien y avait-il d'officiers de chaque grade ?*

Pour découvrir les deux nombres demandés, donnons d'abord 160ᶠ à chacun des 105 officiers ; il restera 22 800ᶠ — 160ᶠ.105, ou 6000ᶠ, qu'il faudra partager entre les seuls capitaines. Or, tous les officiers ayant reçu 160ᶠ, il revient en outre à chaque capitaine 400 — 160, ou 240ᶠ : donc, il y a autant de capitaines que de fois 240ᶠ dans 6000ᶠ. Ainsi (86, 1º),

Nombre de capitaines....... $\frac{6000}{240} = 25$;

donc,   Nombre de lieutenants....... 105 — 25 = 80.

VI. *Le change étant à* 227 *florins d'Amsterdam pour* 480 *francs, à* 141 *florins pour* 160 *marcs de Hambourg, et à* 37 *sous de Hambourg pour* 4 *roubles de Russie, trouver combien* 20 000 *roubles de Russie valent de francs, sachant d'ailleurs que* 16 *sous de Hambourg valent un marc.*

Il est évident que pour avoir le nombre demandé, il suffit de trouver combien 1 rouble vaut de francs, et de multiplier cette valeur par 20 000. — Or,

4 roubles valant 37 sous,   ou $\frac{37}{16}$ de marc,

1 rouble vaut 4 fois moins,   ou $\frac{37}{64}$ de marc ;

160ᵐ valant 141 florins, 1ᵐ vaut $\frac{141}{160}$ de florin :

donc, 1 rouble, ou $\frac{37}{64}$ de marc, vaut les $\frac{37}{64}$ des $\frac{141}{160}$ d'un florin.

Puisque 227 florins valent 480 fr.   1 fl. vaut $\frac{480}{227}$ de franc :

donc, 1 rouble vaut · les $\frac{37}{64}$ des $\frac{141}{160}$ de $\frac{480}{227}$ de franc,

ce qui fait (Nº **218**) $\frac{480}{227}$ de franc $\times \frac{141}{160} \times \frac{37}{64}$:

donc, 20 000 roubl. valent $\frac{480}{227}$ de franc $\times \frac{141}{160} \times \frac{37}{64} \times$ 20 000.

Effectuant les calculs, on trouve......... 24 545ᶠ,98.

VII. *Un négociant achète une propriété pour la somme de 50 000^f, payable comme il suit : Le quart après 6 mois, le cinquième après un an, le huitième après 18 mois, le dixième après 2 ans, et le reste au bout de 3 ans. Il convient ensuite avec son créancier de lui payer les 50 000^f tout d'une fois. A quelle époque doit se faire l'unique paiement, pour que les intérêts soient compensés?*

Suivant la première convention, le négociant paierait 12 500^f après 6 mois, 10 000^f après un an, 6250^f après 18 mois, 5000^f après 2 ans, et 16 250^f après 3 ans : il a donc droit à l'intérêt du premier paiement pour six mois, du second pour 12 mois, du troisième pour 18 mois, du quatrième pour 24 mois, et du cinquième pour 36 mois. Or, en désignant par i l'intérêt d'un franc par mois, nous aurons pour l'intérêt des divers paiements :

$$
\begin{aligned}
\text{De } 12\,500^f \text{ pour } 6^m,\ldots\ldots & \quad i.6.12\,500 = 75\,000i\,; \\
\text{De } 10\,000^f \text{ pour } 12^m,\ldots\ldots & \quad i.12.10\,000 = 120\,000i\,; \\
\text{De } 6250^f \text{ pour } 18^m,\ldots\ldots & \quad i.18.6\,250 = 112\,500i\,; \\
\text{De } 5000^f \text{ pour } 24^m,\ldots\ldots & \quad i.24.5\,000 = 120\,000i\,; \\
\text{De } 16250^f \text{ pour } 36^m,\ldots\ldots & \quad i.36.16\,250 = 585\,000i\,;
\end{aligned}
$$

ce qui fait en tout. . . . . 1012 500i.

Pour qu'il y ait compensation d'intérêt, il faut qu'il attende que les 50 000^f, placés au même taux, aient donné un intérêt égal à 1 012 500i. Mais, en appelant x le nombre de mois de l'époque demandée, l'intérêt des 50 000^f à cette époque sera $i.x.50\,000$, ou $x.50\,000i$: donc on doit avoir

$$ x.50\,000i = 1\,012\,500i $$

d'où (86)
$$ x = \frac{1\,012\,500i}{50\,000i} = \frac{1\,012\,500}{50\,000} \quad (105) = 20^m 7\tfrac{1}{2} $$

N. B. Il est à remarquer que le taux de l'intérêt n'est absolument pour rien dans $\frac{1012500}{50000}$, valeur de l'inconnue.

VIII. *Un particulier achète des marchandises pour une somme de 1200^f, dont 600^f sont payables après 4 mois, 300^f après 10 mois, et le reste 300^f après 15 mois. S'il paie 400^f comptant, et 250^f après 8 mois, à quelle époque devra-t-il payer le reste 550^f, pour qu'il y ait compensation d'intérêt?*

Désignant par i l'intérêt d'un franc par mois, nous aurons pour l'intérêt des divers paiements, première convention :

$$
\begin{aligned}
\text{De } 600^f \text{ pour } 4 \text{ mois},\ldots\ldots & \quad i.4.600 = 2400i\,; \\
\text{De } 300^f \text{ pour } 10 \text{ mois},\ldots\ldots & \quad i.10.300 = 3000i\,; \\
\text{De } 300^f \text{ pour } 15 \text{ mois},\ldots\ldots & \quad i.15.300 = 4500i\,;
\end{aligned}
$$

ce qui fait en tout. . . . . 9900i.

Mais les 400^f payés comptant, ne lui donnent aucun intérêt, et les 250^f après 8 mois lui donnent seulement $i.8.250 = 2000i$; il lui revient donc $9900i - 2000i$ ou $7900i$, que doivent lui donner les 550^f qui restent à payer. Or, en appelant x le nombre de mois qu'il doit attendre, l'intérêt des 550^f à cette époque sera $i.x.550$, ou $x.550i$: donc on doit avoir

$$x.550i = 7900i,$$

d'où (86) $x = \dfrac{7900i}{550i} = \dfrac{7900}{550}$ (105) $= 14^{m}11^{j}$

Même remarque que dans le PROBLÈME VII.

IX. *Deux courriers vont dans le même sens, sur la même route. Le premier qui est parti depuis 26 heures, fait 12 kilomètres par heure ; le second fait un kilomètre en 4 minutes. A quelle distance du point de départ le premier courrier sera-t-il joint par le second ?*

Lorsque le second courrier se met en route, le premier a déjà fait $12.26 = 312$ kilomètres. Pour qu'il y ait jonction, il faut donc que le second courrier gagne par sa vitesse plus grande 312^k sur le premier. Or, en faisant un kilomètre en 4 minutes, il en fait 15 dans une heure ; donc il gagne par heure sur le premier $15 - 12 = 3^k$; pour gagner 312^k, il lui faudra autant d'heures qu'il y a de fois 3^k dans 312^k ; donc (86, 1°), il lui faut $\frac{312}{3} = 104^h$: donc la jonction se fera à $15^k.104 = 1560$ kilomètres.

X. *Trouver le moment précis où les deux aiguilles d'une montre bien réglée indiquent le même point du cadran entre 3 et 4 heures.*

Au moment où l'aiguille des heures était sur 3 heures, celle des minutes était sur midi, c'est-à-dire qu'elle était de 15 divisions du cadran en arrière sur celle des heures. Cherchons donc en combien de temps l'aiguille des minutes gagne 15 divisions sur celles des heures : ce temps, ajouté à 3 heures, donnera l'instant demandé. — Or, l'aiguille des minutes va 12 fois plus vite que l'autre ; donc, dans le temps où elle parcourt une division du cadran, ce qu'elle fait en une minute, l'autre n'en parcourt que $\frac{1}{12}$; donc, elle gagne par minute $1 - \frac{1}{12} = \frac{11}{12}$ de division sur celle des heures. Par conséquent, il lui faut autant de minutes, pour gagner les 15 divisions, qu'il y a de fois $\frac{11}{12}$ dans 15. Ainsi (86, 1°), ce nombre de minutes est $15 : \frac{11}{12} = 15 \times \frac{12}{11} = 16\frac{4}{11}$. Concluons de là que le moment précis demandé est $3^h16^m\frac{4}{11}$.

XI. *Un nombre est tel que si l'on y ajoute 123, ou qu'on le multiplie par 10, on obtient le même résultat ; quel est ce nombre ?*

Le produit d'un nombre par 10 le contient 10 fois, ce qui est la même chose que *une fois le nombre* $+$ 9 fois le nombre; ainsi, pour obtenir le même résultat *par l'addition*, il faut, au nombre dont il s'agit, en ajouter un autre qui le contienne 9 fois; donc, dans la question actuelle, 123 est égal à 9 fois le nombre demandé : donc

$$\text{Nombre demandé} \ldots\ldots \quad \tfrac{123}{9} = 13\,\tfrac{2}{3}.$$

XII. *Un nombre est tel qu'en le divisant par* 10, *ou en le diminuant de* 123, *on obtient le même résultat; quel est ce nombre?*

Le quotient d'un nombre par 10 en est le dixième, ce qui est la même chose que le nombre tout entier *diminué* de ses 9 dixièmes; ainsi, pour obtenir le même résultat *par la soustraction,* il faut, du nombre dont il s'agit, en ôter un autre qui en contienne les $\tfrac{9}{10}$; donc, dans le problème actuel, 123 est égal aux $\tfrac{9}{10}$ du nombre demandé. Ainsi,

$$\tfrac{9}{10}\ \text{du nombre demandé} = 123;$$

donc, $\tfrac{1}{10} \ldots\ldots\ldots\ldots\ldots \ldots = \tfrac{123}{9};$

donc,   Le nombre demandé $= \tfrac{123 \cdot 10}{9} = \tfrac{1230}{9} = 136\,\tfrac{2}{3}.$

XIII. *Deux frères sont âgés, l'un de* 24 *ans et l'autre de* 10 *ans : combien y a-t-il que l'âge de l'aîné était le triple de celui de son frère? Dans combien d'années n'en sera-t-il plus que le double?*

La différence des deux âges est de $24 - 10 = 14$ ans.

Or, lorsque le plus grand était *triple* du plus petit, leur différence était égale au *double* du plus petit; donc, le plus jeune avait alors $\tfrac{14}{2} = 7$ ans : donc *il y a* 10 $-$ 7, ou 3 *ans, que l'aîné avait le triple de l'âge de son frère.*

Et lorsque le plus grand âge ne sera plus que le *double* du plus petit, leur différence sera *égale* au plus petit; donc alors, le plus jeune aura 14 ans : donc ce sera dans 14 $-$ 10, ou 4 *ans, que l'âge de l'aîné sera double de celui du plus jeune.*

XIV. *Une paysanne vient au marché avec un panier d'œufs frais. Une cuisinière lui achète la moitié de son panier, et demande la moitié d'un œuf par-dessus le marché, ce que la marchande lui accorde. Un moment après, arrive une autre personne, qui lui achète la moitié de son reste, et reçoit aussi la moitié d'un œuf par-dessus. Enfin, arrive une troisième personne, qui achète la moitié du second reste; elle reçoit comme les autres la moitié d'un œuf par-dessus, et il ne reste plus dans le panier qu'un œuf que la marchande donne à un mendiant. Combien le panier contenait-il d'œufs?*

Chaque personne, prenant un demi-œuf de plus que la moitié de ce qu'elle en trouve, laisse l'autre moitié moins un demi-œuf : donc elle prend un œuf de plus qu'elle n'en laisse. Or, la troisième a laissé un œuf; donc elle en a pris 2; donc elle en a trouvé 2 + 1, ou 3. La seconde ayant laissé 3 œufs, en a pris 4; donc elle en a trouvé 4 + 3, ou 7. Enfin, la première personne ayant laissé 7 œufs, en a pris 8; donc elle en a trouvé 8 + 7, ou 15. Ainsi, la paysanne avait 15 œufs.

XV. *Pierre dit à André : « Si je te donne 5 de mes pièces, nous en aurons autant l'un que l'autre; et si tu m'en donnes 4 des tiennes, j'en aurai le triple de ce qu'il t'en restera ». Combien ont-ils de pièces l'un et l'autre ?*

En ôtant 5 du plus grand nombre de pièces, et ajoutant 5 au plus petit, on les rend égaux ; donc, pour rendre le plus petit nombre égal au plus grand, il faut y ajouter deux fois 5, ou 10 : donc 10 est la différence des deux nombres demandés. Mais en diminuant le plus petit nombre de 4, et augmentant le plus grand de 4, la différence est augmentée de deux fois 4, ou 8; donc elle devient alors 10 + 8, ou 18. Or, dans ce cas, le plus grand nombre est le triple du plus petit; donc 18 est le double de ce qu'est alors le plus petit : donc celui-ci est alors la moitié de 18, c'est-à-dire 9. André a donc 9 + 4 ou 13 pièces, et Pierre 13 + 10, ou 23.

XVI. *Louis et Charles avaient ensemble 108ᶠ; Louis a dépensé le tiers de ce qu'il avait, et Charles le quart; la somme de leurs dépenses est 32ᶠ. Trouver combien ils avaient l'un et l'autre, et combien chacun a dépensé.*

La somme 32ᶠ comprend $\frac{1}{3}$ de l'argent de Louis $+\frac{1}{4}$ de celui de Charles; si on la multiplie par 3, on aura 96ᶠ, qui comprendront $\frac{3}{3}$ de l'argent de Louis $+\frac{3}{4}$ de celui de Charles (155, 4°). Par là, on voit que ce qu'il manque à 96ᶠ pour faire 108ᶠ, c'est $\frac{1}{4}$ de l'argent de Charles. Ce quart est donc 108 — 96 = 12ᶠ : donc Charles *avait* 12.4 = 48ᶠ, et Louis 108 — 48 = 60ᶠ; donc Louis a dépensé $\frac{60}{3}$ = 20ᶠ, et Charles $\frac{48}{4}$ = 12ᶠ.

XVII. *Un père, interrogé sur l'âge de son fils, répond : « Mon âge est double de celui de mon fils; et il y a 20 ans qu'il en était le sextuple. » Trouver l'âge du fils et celui du père.*

D'après cette réponse, si le fils a 30 ans, le père a 60 ans. Il y a 20 ans, le père avait 40 ans, et le fils 10 ans. Or, le *sextuple* de 10, ou 60, *surpasse* 40 de 20 : donc, le fils n'a pas 30 ans, ni le père 60.

Si le fils a 31 ans, le père en a 62. Il y a 20 ans, le père avait 42 ans, et le fils 11. Or, *le sextuple* de 11, ou 66, *surpasse* 42 de 24 : donc le fils n'a pas 31 ans, ni le père 62.

Nous ignorons encore quels sont les nombres demandés : mais, du moins, nous voyons la possibilité de les découvrir. En effet, le nombre 30 ne nous a donné que 20 de trop, tandis que 31 nous donne 24 ; si donc nous prenions 29, nous n'aurions plus que 16 d'erreur ; 28 ne nous donnerait que 12 ; etc. Ainsi, en diminuant d'une unité l'âge supposé du fils, nous diminuons de 4 l'erreur que nous trouvons ; donc, en diminuant 30 d'autant d'unités qu'il y a de fois 4 dans l'erreur correspondante 20, cette erreur deviendra nulle, et nous aurons le nombre vrai. Donc,

$$\text{Age du fils} \dots \dots \quad 30 - \tfrac{20}{4} = 25 \text{ ans};$$
$$\text{Age du père} \dots \dots \quad 25.2 = 50 \text{ ans}.$$

TABLE DES MATIÈRES.

www.ingramcontent.com/pod-product-compliance
Lightning Source LLC
Chambersburg PA
CBHW061342060726
47597CB00003B/684